飞行器系列丛书

结构半主动振动控制
——压电同步开关阻尼技术

季宏丽　裘进浩　赵金玲　著

科 学 出 版 社
北 京

内 容 简 介

本书简要地介绍了压电智能结构振动控制技术的必要性及其发展与应用现状，系统地阐述了压电同步开关阻尼（synchronized switch damping，SSD）半主动振动控制方法的基础理论与应用探索。其中，SSD 半主动振动控制系统的机电耦合和能量转换模型、SSD 振动控制效果的参数影响规律、提高 SSD 单模态与多模态半主动振动控制效果与鲁棒性的方法设计、负电容SSD半主动振动控制方法以及非对称SSD振动控制方法等内容是全书的重点。

本书可供从事结构振动噪声控制、压电智能材料与结构等相关专业的工程技术人员参考，也可作为高等院校工程力学、测试计量与技术等相关专业的研究生教材或教学参考书。

图书在版编目（CIP）数据

结构半主动振动控制——压电同步开关阻尼技术 / 季宏丽，裘进浩，赵金玲著. —北京：科学出版社，2018.6

（飞行器系列丛书）

ISBN 978-7-03-056798-7

Ⅰ. ①结… Ⅱ. ①季… ②裘… ③赵… Ⅲ. ①同步开关-阻尼-技术 Ⅳ. ①TM561

中国版本图书馆 CIP 数据核字（2018）第 046102 号

责任编辑：许　健

责任印制：谭宏宇 / 封面设计：殷　靓

科学出版社出版

北京东黄城根北街 16 号

邮政编码：100717

http：//www.sciencep.com

北京虎彩文化传播有限公司印刷

科学出版社发行　各地新华书店经销

*

2018 年 6 月第　一　版　　开本：B5（720 × 1000）

2019 年11月第三次印刷　　印张：10

字数：201 000

定价：80.00 元

（如有印装质量问题，我社负责调换）

《飞行器系列丛书》编委会

丛书序

飞行器是指能在地球大气层内外空间飞行的器械，可分为航空器、航天器、火箭和导弹三类。航空器中，飞机通过固定于机身的机翼产生升力，是数量最大、使用最多的航空器；直升机通过旋转的旋翼产生升力，能垂直起降、空中悬停、向任意方向飞行，在航空器中具有独特的不可替代的作用。航天器可绕地球飞行，也可远离地球在外太空飞行。1903 年，美国的莱特兄弟研制成功了人类第一架飞机，实现了可持续、有动力、带操纵的飞行。1907 年，法国的科尔尼研制成功了人类第一架直升机，实现了有动力的垂直升空和连续飞行。1957 年，人类第一颗人造地球卫星由苏联发射成功，标志着人类由此进入了航天时代。1961 年，苏联宇航员加加林乘“东方 1 号”飞船进入太空，实现了人类遨游太空的梦想。1969 年，美国的阿姆斯特朗和奥尔德林乘“阿波罗 11 号”飞船登月成功，人类实现了涉足地球以外的另一个天体。这些飞行器的成功，实现了人类两千年以来的各种飞行梦想，推动了飞行器的不断进步。

目前，飞行器科学与技术快速发展，各种新构型、新概念飞行器层出不穷，反过来又催生了许多新的飞行器科学与技术，促使人们不断地去研究和探索新理论、新方法。出版《飞行器系列丛书》，将为人们的研究和探索提供非常有益的参考和借鉴，也将有力促进飞行器科学与技术的进一步发展。

本《飞行器系列丛书》，将介绍飞行器科学与技术研究的最新成果与进展，主要由南京航空航天大学从事飞行器设计及相关研究的教授、专家撰写。南京航空航天大学已研制成功了 30 多种型号飞行器，包括我国第一架大型无人机、第一架通过适航审定的全复合材料轻型飞机、第一架直升机、第一架无人直升机、第一架微型飞行器等，参与了我国几乎所有重大飞行器型号的研制，拥有航空宇航科学与技术一级学科国家重点学科。在这样深厚的航空宇航学科基础上，撰写出并由科学出版社出版本套《飞行器系列丛书》，具有十分重要的学术价值，将为我国航空航天界献上一份厚重的礼物，将为我国航空航天事业的发展作出一份重要的贡献。

祝《飞行器系列丛书》出版成功！

夏品奇

2017 年 12 月 1 日于南京

前　言

振动噪声控制是机械结构和实际工程应用中需要考虑的问题，杆、梁、板等作为各类装备和工程结构的基本组成构件或部件，是产生和传递振动与噪声的主要载体及导体。因此，针对各类工程结构的减振降噪研究，是机械工程、声学、力学乃至土木工程等多学科领域广泛关注的重要基础问题。振动控制方法大致分为两类：主动方法和被动方法。主动方法虽然控制效果好、适用频带宽，但需要外部提供能量，系统功耗大、质量重，且实现起来比较复杂。现有的被动方法大多采用阻尼材料和隔振器等对振动进行削弱或隔离，这对中高频振动噪声的控制极为有效，但对于低频段，被动方法控制效果很差，控制频带很窄，且系统体积庞大，质量重。

航空航天、土木工程、交通运输等领域的飞速发展，对振动控制系统提出质量轻、频带范围宽、自适应能力强等要求，传统的主动、被动方法难以适应其快速发展的步伐，不能满足设计要求。特别是在当前我国“全面提高重大装备技术水平”的国家战略发展需求下和人民日益增长的美好生活需求下，更有必要大力发展结构减振降噪的新理论、新方法和新技术。在这种新的时代背景下，各种各样的半主动控制方法应运而生。待百花齐放式的控制方法竞相涌现，振动噪声控制水平离我们的要求就不远了。

基于压电的同步开关阻尼（synchronized switch damping，SSD）半主动控制方法是半主动控制的一种，最先由法国里昂国立应用科学学院的 Guyomar 等提出。SSD 半主动控制方法是在压电主动控制和压电被动控制的基础之上发展起来的，它的出现不仅克服了主动控制系统复杂、能量供给系统庞大的缺点，同时弥补了被动控制低频能力差、鲁棒性低等不足。基于压电的同步开关阻尼半主动控制方法刚开始并没有那么神奇，但是经过科学家几十年来的不懈努力，半主动控制的应用范围才逐步扩大，并走向成熟。

作者所在课题组自 2000 年起开展压电同步开关阻尼半主动控制的基础理论研究，建立了较为完整的理论模型，提出了包括负电容、非对称等多种半主动控制方法，并结合工程应用对象，开展了半主动控制方法在结构减振降噪领域的应用探索研究。本书将课题组十几年来在该领域的研究进展进行提炼和整理，同时广泛参考国内外具有代表性的最新研究成果，以作为科研参考之用。

本书共八章，各章内容大致如下：第 1 章为绪论；第 2 章介绍基于解析模态分析法的压电智能结构建模方法；第 3 章阐述基于压电元件同步开关阻尼技术的半主动控制方法的原理；第 4 章介绍提高 SSD 的半主动控制效果和鲁棒性的几种方法；第 5 章着重介绍一般情况下的 SSD 能量转换以及开关切换参数对控制效果的影响关系；第 6 章介绍提高 SSD 多模态振动控制的几种方法；第 7 章介绍基于负电容的同步开关阻尼半主动控制方法和参数影响规律；第 8 章针对压电元件的固有非对称极化特性，介绍了非对称同步开关阻尼半主动控制方法。

在近 20 年从事半主动控制的研究过程中，作者先后得到国家自然科学基金、国防预研项目、航空科学基金、博士后特别资助基金、江苏省青年基金等资助，在此表示由衷的感谢。

由于作者水平有限，书中难免存在不妥之处，敬请读者批评指正。

作　者

2018 年 1 月

目　录

第1章 绪 论

1.1 引 言

振动和噪声品质是衡量现代装备发展的一个重要技术指标。近年来，在我国国民经济领域，以空天运载工具、大型飞机、高速列车、大型发电机组、高档数控机床等为代表的各类重大装备的自主研发被提升到国家战略发展的高度。这些重大装备正日益向高速、重载、大型、轻质、柔性和极端运行环境等方向发展，由此带来更为严重的振动与噪声问题，已经成为制约我国重大装备性能提升的重要因素。在我国国防工业领域，潜艇、战机、军舰、战车、导弹等武器装备面临的振动与噪声问题非常突出。这些武器装备的工作环境恶劣，产成的振动与噪声非常剧烈，降低了装备的战场生存能力。此外，这些武器装备都装载了大量的精密仪器仪表，剧烈的振动与噪声将使仪器仪表的性能、精度降低，甚至失效，进而影响装备的作战性能。从一定程度上讲，民用重大装备和当代武器装备的迅猛发展，将减振降噪技术的需求和要求都推向了高峰[1]。

杆、梁、板等工程结构作为各类装备的基本组成构件或部件，是产生和传递振动与噪声的主要载体及导体。因此，针对各类工程结构的减振降噪研究，长期以来都是机械工程、声学、力学乃至土木工程等多学科领域广泛关注的重要基础问题。振动控制方法大致可以分为两类：主动方法和被动方法[2-7]。主动方法一般需要外部提供能量，系统比较复杂，离实用化还有一定的距离，所以目前工程结构中普遍使用的是被动方法。现有的被动方法多采用阻尼材料对振动进行削弱，但随着对民用飞机的舒适性、军用飞机的隐身性能等要求的不断提高，现有的被动方法已经不能满足设计要求。特别是在当前我国“全面提高重大装备技术水平”的国家战略发展需求下，更有必要大力发展结构减振降噪的新理论、新方法和新技术。

智能材料的概念在 20 世纪 80 年代末被首次提出，随着硬件设备的发展，各式各样的新型智能材料交叠更换。智能材料发迹于航空航天领域，现已发展至服饰艺术、医疗器械、土木工程等各个领域[8-15]。21 世纪以来，以功能材料为基础的智能材料受到世界科技强国的重视。智能材料与结构的研发和应用掀起了智能时代的新篇章，也为结构减振降噪的理论和技术突破提供了新的契机与解决途径。

1.2 智能材料与结构

1.2.1 智能材料与结构的定义

传统结构是被动的，受到扰动或激励时，会产生响应，如图 1.1（a）所示，而响应完全取决于系统本身的动力学、静力学特性。为了进一步提高系统的性能，提出了智能结构的概念。智能结构自提出以来，获得众多研究学者的关注。它是将传感器、驱动器、控制器等集成或融合在基体材料中，组成一种新的材料或结构，使之具有自诊断、自适应、自修复等“智能功能”，实现结构健康监测、减振降噪和智能传感等作用，从而延长结构寿命，提高结构性能，如图 1.1（b）所示。智能结构是一门涉及材料、电子、机械工程、化学等多学科交叉的综合科学。

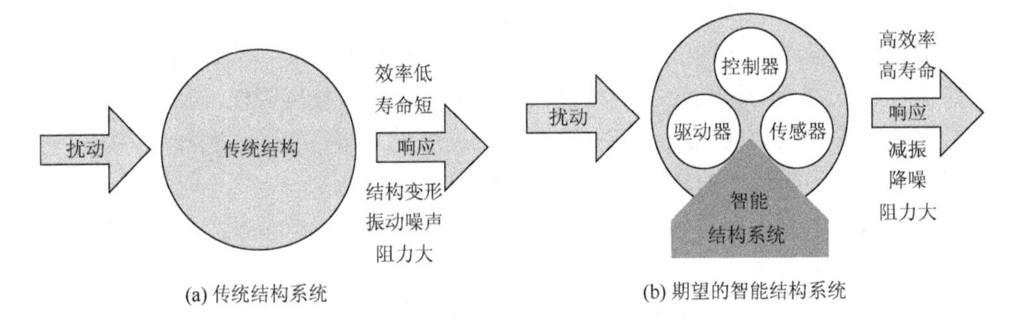

(a) 传统结构系统　　(b) 期望的智能结构系统

图 1.1　结构响应系统

目前，国际学术界关于智能材料与结构有关名称的定义尚不统一，但一般认为智能材料系统都应该由传感、处理、执行三个主要部分构成。一般来说，智能材料是能够感知环境变化（即传感功能），通过自我判断（即处理的功能）来实现自我执行（即执行功能）的新型功能材料。从仿生学角度来看，智能材料与结构相当于一个由骨骼、感官和神经、肌肉及大脑组成的系统[9]：

（1）基体材料和结构——人体的骨骼；

（2）传感功能元件——人体的感官和神经；

（3）驱动功能元件——人体的肌肉；

（4）处理和控制芯片——人的大脑。

从工程角度来看，智能材料与结构是一类具有感知、驱动和控制功能的材料、结构系统，它代表一种全新的材料、结构、功能一体化的设计思想[13]。

1.2.2　智能材料与结构的发展

在各种工程应用中，航空领域最早开展智能材料与结构的研究。1984年前后，美国陆军科研局给予旋翼飞行器技术研究赞助，研究目的是减小旋翼桨叶的振动和扭曲。美国空军着重于航空和航天飞行器智能表层的研究，它被认为是亟须发展的、具有原创性的项目。随后，美国空军莱特研发中心下属的航空设备实验室又规划了相应的智能表层的发展路线图。1988年以后，美国各大学和航空航天公司、研究所等机构都参与研究，他们研究范围广泛，且取得了创造性的进展。同时，美国国防部的边缘科学研究规划（代号UR1）、陆军科研局和海军科研局等部门都给予智能材料与结构研究人员一定的赞助。UR1资助课题包括材料科学、结构方程推导、单一和复合智能结构的数学模型研发、传感器与驱动器、控制系统和处理方法、多体结构动力学、结构识别和气动弹性修正等诸多方面。陆军科研局的规划侧重于旋翼飞行器和地面运输装置，如减小结构件的振动、增大气动力学稳定性、加强旋翼飞行器的控制能力与损伤的检测、减轻和修理损伤部分。海军科研局的规划则侧重于水中潜艇噪声强度的控制。

20世纪90年代，智能材料与结构的研究在多方面取得了初步成就。自1998年在美国弗吉尼亚大学召开关于“智能材料结构和数学问题”的专题学术讨论会以来，智能材料结构技术的研究已经成为材料科学与工程的热点之一，且很快被土木工程、船舶、海上陆架、汽车、医学等行业看中，认为它将会引起这些行业的新技术革命。

在日本科学技术厅的主持下，日本继美国之后开展了智能材料与结构的研究。同时，日本与美国联合组成专门研究小组，在智能材料方面（特别在自适应结构方面）已取得很大进展。接着，澳大利亚、欧洲、亚洲等国家和地区也积极开展智能材料与结构的研究。21世纪以来，研究遍及世界各国，它将信息与控制技术融入材料本身的物理特性中，其研究成果影响到信息、电子、生命科学、宇宙、海洋科学技术等领域。目前，智能材料与结构的研究范围和涉及的行业仍在不断扩大，它的研究与开发孕育着新一代的技术革命，被认为是最有前途的未来技术之一。

当前，智能材料与结构在航空、航天飞行器上的典型应用主要有智能蒙皮、自适应机翼、振动噪声控制和结构健康监测等。

1.3　基于压电智能结构的振动控制

作为一种重要的智能材料，压电材料具有正、逆压电效应[16]。利用其压电效应把压电材料制作成传感器和驱动器，再施加以一定的控制策略，可以实现结构的智能化。另外，压电材料还具有体积小、质量轻、适用频带宽、机电转换效率高等优点，使其在诸多智能材料的研究中受到重视。振动和噪声控制是一个兼具研究价值和关注度的领域[17-19]，使用压电材料作为传感器和驱动器对结构进行减振降噪控制是智能结构研究的一个重要方向。

国内外学者针对压电材料的减振降噪技术已经开展了几十年的研究，并提出多种减振降噪新方法。依据是否需要外界能源，结构控制可分为被动控制、主动控制、半主动控制三类，具体分类如图 1.2 所示。在不同的控制方法中，压电材料起着不同的作用。依据控制调整方式的不同，结构控制还可以分为开环控制（仅由外界荷载变化调整，被动控制多为此种控制）、闭环控制（即反馈控制，依据结构当前反应值和估计值调整）、开闭环控制（能同时感受外界荷载和结构反应的变化，理想地控制结构振动，但工程实现困难）。振动控制的实质是通过机械能和电能之间的转换，减小结构振动的机械能，从而达到振动控制的目的，其原理图如图 1.3 所示。下文将依次介绍被动控制、主动控制以及半主动控制三种技术的原理和发展现状。

1.3.1 被动控制方法

基于压电材料的被动控制技术，指的是在被控结构上粘贴或埋入压电材料，利用压电材料的正压电效应，由压电元件感受由振动产生的结构应变，将振动机械能转变为电能，通过在压电元件两端串联合适的外部分支电路，来耗散或吸收由结构振动产生的机械能，从而达到减振降噪的目的。被动控制也称为无源控制，它不需要外部输入能量，仅通过控制系统改变结构系统的动力特性，达到减轻动力响应的目的。由于不需要各种控制器、传感器或滤波器，被动控制系统非常简单，在实际工程安装中比主动控制系统更加便捷，对于特定的被控结构，通常控制效果比较稳定。

最有效的被动控制方法是调整外部分支电路中的电阻和电感，使压电系统的谐振频率与受控结构的某阶固有频率一致，从而实现对该阶模态的振动进行控制。基于压电分支电路的被动控制概念于 1979 年由 Forward[20]首先提出，通过设计由压电元件和电感构成的回路，实现了抑制金属梁振动的目的。1991 年，Hagood 和 Flotow[21]就不同压电分支电路建立了相应的计算模型，结合大量实验，使得该方法得到长足的发展。最初的压电被动控制通过 RLC 谐振电路来消耗电能，达到振动控制的目的（其中 R 为电阻、L 为电感、C 为压电元件的电容）。但是这种方法存在三个主要的弊端：一是电感和电阻的选择受环境的影响非常大，当共振频率漂移或压电特性改变时，就要重新选择合适的电感和电阻，否则控制效果会大大削弱；二是低频振动往往需要较大的电感值，实现起来比较困难，因为铁芯的增加和线圈匝数的增多会导致系统质量增加、结构庞大，且很难得到具有精确电感值的电感元件；三是随着振动模态数量的增加，分支电路将变得非常复杂，且分支电路中电阻电感的参数将更加难以优化。因此，这种形式的振动控制技术比较适合用于高频的单阶振动控制；另外，这种方法通用性差，通常对参数相对固定的系统才能有较好的控制效果，如果系统参数发生变化，将会影响控制性能，鲁棒性较差。

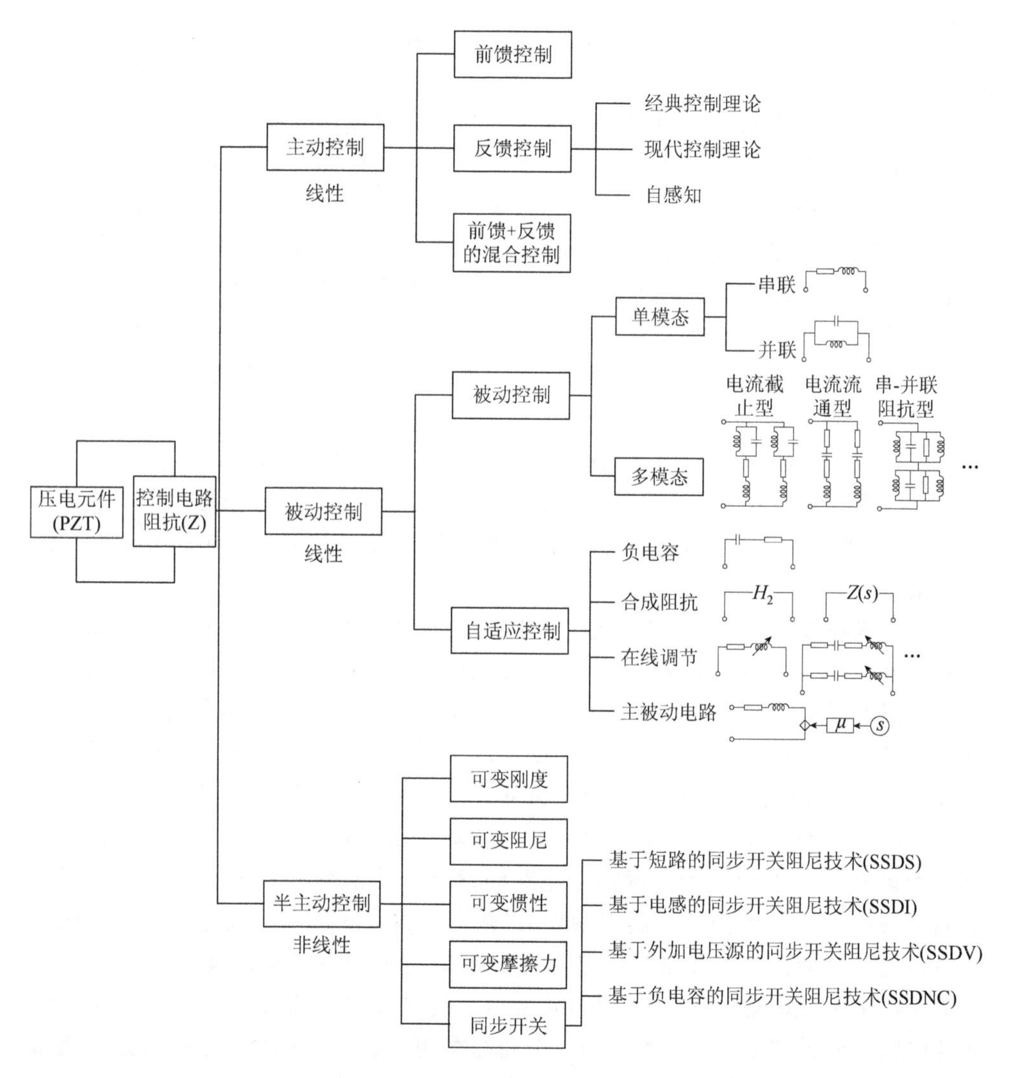

图 1.2 基于压电元件的振动控制方法分类

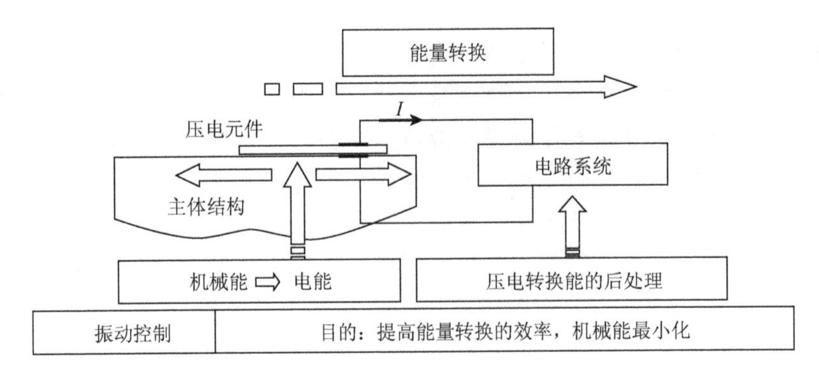

图 1.3　振动控制原理

然而，实际结构的振动往往是多模态的。如果使用传统的单模态被动控制方法，需要采用多个压电元件，构造多个被动分支电路，对每个振动模态进行分别控制。这势必造成系统庞大，难以调节，也会增加结构质量，因此需要利用少数的压电元件实现对多个模态的同时控制。Hollkamp[22]提出采用特定电路对多个模态进行控制，但该方法需要与可控模态数量相同的分支电路相结合，才能对多个模态进行控制，且需要优化算法对回路中每个分支电路参数同时优化，这导致优化问题高度的非线性；且由于各个模态的相互影响，要实现对各个模态控制回路的同时调节是十分困难的。为此，Wu[23]提出了相关电流截止型电路，利用 LC 电路的并联谐振来隔断某一阶频率信号，而让其他频率的信号通过，相当于一个带阻滤波器。对于 n 阶多模态控制，需要在每个支路上串联 $n-1$ 个阻塞电路。随后，研究者又提出多种多模态分支电路，如电流流通型、串-并联阻抗型等。

为了提高被动控制策略的鲁棒性，国内外学者提出一系列方法。Hollkamp 和 Starchville[24]首先提出以结构振动位移均方根值（RMS）最小化为指标调节串联电阻和模拟电感值的方法，但这种方法系统结构复杂，需要很多高压电子元件，不宜对超过两个模态的多频振动进行控制。瑞士联邦科技学院的 Dominik[25]推导出一种基于相对相位的自适应（relative phase adaptation）调节分支电路谐振的技术，利用 RLC 回路达到谐振时电源电压和电感两端电压相差 90°这一特性来调节回路中的电感值。采用这种技术控制电路较简单，收敛较快，但需要在结构背面另贴一块压电元件作为传感器。Fleming 等[26]将数字滤波器的概念引入自适应控制中，通过构造数字滤波器的传递函数，其和一些运算放大器一起组成虚拟合成阻抗（synthetic impedance），如图 1.4 所示，其中 U_a 表示激励电压，U_p 表示压电元件电压，通过调节传递函数的分子分母系数可以改变虚拟合成阻抗电路的阻抗或导纳值，运算放大器芯片作为电压控制电流源或电流控制电压源来使用。虽然这种方法不需要其他传感器，但是收敛较慢，且收敛速度易受外界干扰影响。

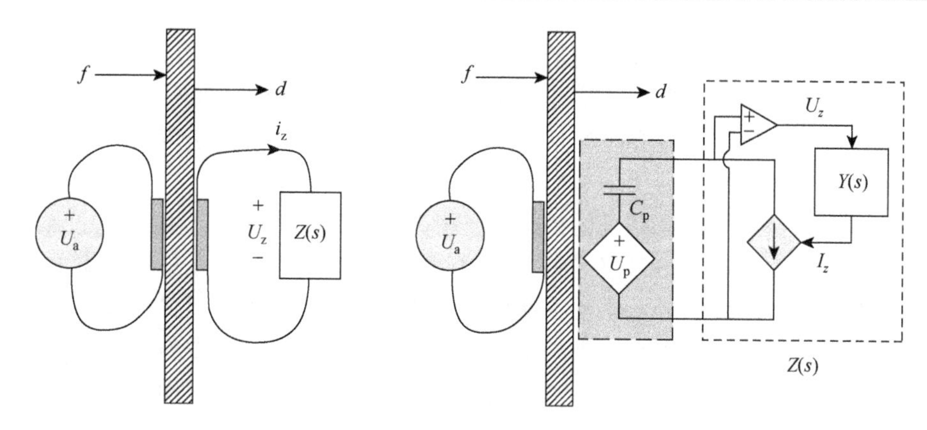

图 1.4 虚拟合成阻抗

在被动分支电路中，控制效果取决于系统的机电耦合系数，即主要取决于压电元件的固有电容。早在 1979 年，Forward[27]就提出设计一个主动的电路，降低压电元件的电容，从而提高机电耦合系数，并命名为负电容电路。传统的被动分支电路中，都是通过电路中的电阻来消耗结构振动的能量。在负电容电路中，负电容本身并不消耗能量，而是提高分支电路中电阻消耗能量的能力。负电容分支电路不仅具有传统阻尼电路的优点，还极大地拓宽了阻尼频域，这给实际工程应用带来了极大的方便[28-33]。负电容控制器在电路构造上和被动 RLC 电路类似，也是由压电片和外接电路连接组成的。国外已经有相关文献论述过这种方法，如 Behrens 等[34]从控制论的角度推导出压电元件两端并联负电容电路后结构位移与激振力之间的传递关系，并利用 H_2 范数最优化的方法对负电容值及电路中电阻值进行了最优值选取。

被动控制方法的研究已开展了几十年，取得了很大的进展，研究者提出了一系列方法来提高控制效果和鲁棒性。被动控制方法是三种控制方法中最简单易行的一种方法，但实际应用的推广并不很理想。虽然在航空领域中被动控制应用得最多，但是大都是基于阻尼材料的被动控制，质量较重。由于航空领域对可靠性要求极高，基于压电元件的被动控制方法仍不能满足其要求，因此需要进行进一步的研究以提高实际应用的可靠性。

1.3.2 主动控制方法

压电主动控制方法，指的是在被控结构上粘贴或埋入压电材料，将其作为受控结构的传感器和作动器，由压电传感器感受因振动产生的结构应变，并转变为相应的电信号，通过一定的控制率产生控制信号，经功率放大后施加于作动器，由作动器将电能转化为机械能，产生控制力，从而实现对结构的振动控制，其控制流程如图 1.5 所示。主动控制的过程依赖于外界激励和结构响应信息，并需要外部输入能量，提供“控制力”。这种方法以现代控制理论为主要工具，设计出的控制系统有很强的灵活性和环境适应能力，可控频带宽，响应速度快，且通常会取得很好的控制效果，因此仍是当前振动工程中的一个研究热点。

该方法通常需要建立精确的结构数学模型，然而结构模型一般难以建立，或者建立的模型误差较大，最终导致主动控制方法的可靠性降低，如控制溢出等问题，甚至失效。除此之外，主动控制由于需要外界向被控系统提供能量，功率放大器等大驱动设备必不可少。如果不进行小型化改进，就会导致整套系统庞大且笨重，不能满足航空航天等领域对控制技术的增重限制要求，因而制约了其实际应用。

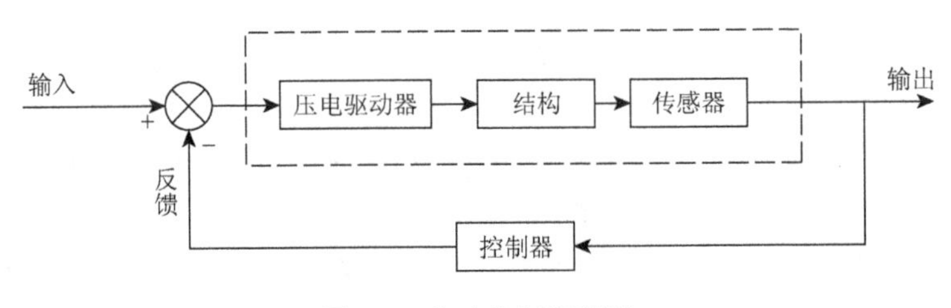

图 1.5　主动控制流程图

基于压电元件的主动减振降噪研究包含多个方面，如压电结构的理论分析和建模、模态截断、压电元件的布局优化、控制算法以及系统执行等，下面将分别针对这些方面进行简要概述。

（1）压电结构的理论分析和建模：当被控结构上粘有压电元件时，压电结构系统既可以是集中质量系统，也可以是分布参数系统，在数学上分别对应常微分方程和偏微分方程。进行主动控制器的设计时，往往需要建立精确的结构状态空间模型。Ji 等[35, 36]对压电智能悬臂梁结构进行了理论分析与建模。Fu 和 Zhang[37]对微型板结构进行了建模。对于复杂的结构，基于理论分析的方法进行系统建模是较难实现的，需要借助于数值仿真的方法，如有限元法（FEM）等。Qiu[38]利用 FEM 对压电梁结构进行了建模，Shen 等[39]和 Zhao[40]对板结构进行了建模。

（2）模态截断：FEM 离散模型自由度多，如果基于原结构进行控制系统设计，将难以进行仿真控制分析，因此有必要先对原结构进行降阶处理。目前常用的方法主要有静力凝聚降阶方法、动力凝聚降阶方法、改进的动力凝聚降阶方法以及基于模态分析的降阶方法等[41, 42]。其中，基于模态分析的降阶控制是目前运用较多且较容易的方法。它通过奇异值分解法，将多自由度系统的振动控制转换到模态空间内；通过删除不重要的模态坐标，保留少量主导模态的振动控制。黄平等[43]对柔性板的模态进行了降阶和主动控制，仿真和实验结果显示，降阶模态分析方法能够有效地显示出系统各阶模态的重要程度，因此能够有效地对系统模型进行降阶。

（3）压电元件的布局优化：在压电主动控制中，传感器和驱动器的位置布置同样是一个非常重要的问题。位置会直接影响传感器和驱动器的执行效率。例如，如果将传感器布置在结构振动的某振动模态节点处，它将无法测量这一模态的振动特性。对于多模态控制，为了最大化地提高系统的可观测性和可控制性，传感器和驱动器的位置优化就显得格外重要。Qiu 等[44]对柔性悬臂板结构中的压电元件布片位置进行了优化。Zhang 和 Erdman[45]结合可控性和可观性的方法来优化压电驱动器和传感器的布置位置，提高了建筑物楼层的主动控制效果。Chen 等[46]用粒子群优化方法对压电驱动器在被控板结构中的位置进行了优化，取得了较好的效果。

（4）控制算法：主动控制方法主要有反馈和前馈两种。这两种方法的差别在于前馈控制需要获得结构的激励信号作为参考信号，控制器由前馈滤波器完成。而反馈控制的输入是基于系统的输出，不需要系统激振力的信息。一般而言，人们通常采用前馈控制，因为它的稳定性比反馈控制要好得多，且通常能达到最好的性能。另外，自适应前馈方法对含有定期干扰振动问题的结构展现了更好的控制效果。Zhang 等[47]和 Zhao[40]采用带通有限脉冲响应（FIR）滤波器分别对弹性连杆机构和板材的振动进行了有效抑制。但是在实际情况下，系统的激振信息通常无法获知，此时控制方法基本只能采用反馈控制。反馈控制理论主要包括经典控制理论（主要是 SISO 系统，典型控制为 PID 控制）和现代控制理论（采用状态空间法，主要控制 MIMO 系统，已发展出鲁棒控制理论、神经网络控制理论和最优控制理论等多个控制分支）。在最近的主动控制方法的研究中，Qiu 等[44]基于分布式驱动器，利用反馈控制方法对柔性悬臂板进行了振动控制的研究。Hu 和 Ma[48]开展了最优控制的主动控制方法。为了进一步提高控制效果和鲁棒性，学者又提出了前馈和反馈复合控制方法，即系统中既有针对主要扰动信号进行补偿的前馈控制，又对被调量采用反馈控制（以克服其他的扰动信号）。目前该方法研究得比较多。

（5）系统执行：在主动控制以及其他很多应用中，压电元件广泛用作执行器或传感器。通常情况下，压电元件只能执行单一的传感或驱动功能。但是在主动控制中，一般需要同位配置压电传感器和驱动器，以提高控制效果和控制稳定性。在实际控制中，很难实现两片压电元件的同位配置，而且同位配置影响了结构的紧凑性。自感知执行器（self-sensing actuator，SSA）概念的提出吸引了众多研究者的关注。自感知执行器，顾名思义，就是一块压电元件同时作为传感器和执行器，最早由 Dosch 等提出[49]。通过提取压电元件两端的电压，进行一定的分离处理，从而将结构振动引起的传感应变信号从驱动电压中分离出来，并以此作为主动控制的反馈传感信号。SSA 技术代替了一般主动控制系统中的辅助反馈传感器，能真正解决传感器和执行器之间的同位配置问题，以达到更好的闭环系统稳定性，同时可以消除传统的压电元件配置方法中传感器与执行器之间的电容耦合问题。此外，SSA 技术可以减少压电元件使用的数量，节约成本。

总之，学者针对主动控制方法已经开展了几十年的研究，主动控制方法是三种控制方法中历史最悠久的方法。然而至今为止，该方法仍存在各种问题，尤其是控制系统附加质量重的问题仍没有得到有效解决。因此，该方法在航空航天中的应用还不广泛，需要进一步研究和探索。

1.3.3 半主动控制方法

压电半主动控制方法是在压电主动控制方法的和被动控制方法的基础上发展起来的，它不仅克服了主动控制方法需要复杂的实时控制系统和庞大的能量供给系统的缺点，同时克服了被动控制方法对环境变化适应能力差等不足，而且保留了被动控制系统简单、质量轻的优点。它是当前振动控制工程的一个新兴方向。主动控制方法将能量直接施加在压电驱动器上，产生一定的控制力；而半主动控制方法的能量供给介于主动控制方法和被动控制方法之间，将能量用于半主动控制的回路中，通过控制串联在压电元件两端回路中的参数，改变系统的特性，如刚度、阻尼、惯性等，从而达到控制的目的。目前，许多学者将自适应的被动控制方法也称为半主动控制，但本书根据能量转换的分类方式，将其仍然归类于被动控制范畴。根据改变系统参数的类型分类，半主动控制方法可以分为可变刚度半主动控制方法、可变阻尼半主动控制方法、可变惯性半主动控制方法、可变摩擦力半主动控制方法等。

随着开关并联技术的发展，引入了非线性开关技术，即通过改变压电元件上的电压特性达到控制效果。半主动控制方法根据开关技术不同，主要包含以下几种：

Clark 在 2000 年提出状态开关的方法（state-switched approach），通过回路中开关的状态切换（断开和闭合），使得压电元件周期性地处于开路与闭路回路中，并与结构的运动同步，从而调节结构的有效刚度，使得压电元件在高刚度状态下存储能量，低刚度状态下消耗能量[50]。Cunefare[51]和 Larson 等[52]在状态开关研究的基础上，提出了状态开关吸振器（SSA），成功地对振动进行了有效的控制。

法国里昂国立应用科学学院的 Guyomar 等[53]、Richard 等[54-56]提出了另外一种非线性半主动控制技术，这种方法被他们称为同步开关阻尼（synchronized switch damping，SSD）法，此技术的基本原理是在结构上粘贴压电片，在其两极串联开关和电感，设计合适的开关控制算法，当压电元件的感应电压达到极值时闭合开关，压电元件与旁路电感构成高频振荡回路，经过半个振荡周期，使得压电片的电压与开关闭合前反向（图 1.6），这时断开开关。这样不仅使压电元件产生的力与结构速度始终保持方向相反，还增大了压电元件上电压的幅值，从而提高了机电转换效率，起到振动阻尼的效果。开关控制策略是该方法的核心技术。

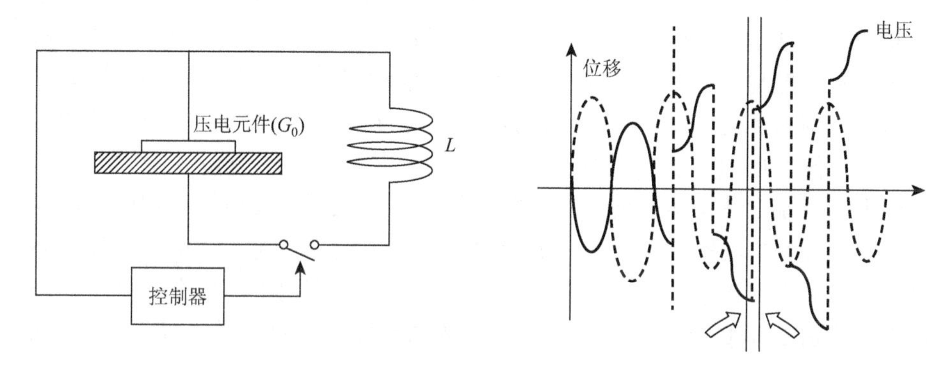

图 1.6　基于同步开关阻尼技术的半主动控制的原理

SSD 方法与前面所介绍的控制方法相比有如下优点：适合于多模态的振动控制，不需要精确的结构模型，振动控制效果很稳定，不受外界环境改变的影响，振动控制系统非常简单，仅需要较少的电子元件。尽管这种方法也需要电感等元件，但是比被动控制方法中所用的电感元件要少得多。此外，这种方法解决了以往控制系统中需要功率放大器、配线复杂等问题，从而大大简化了系统，节省了成本，使得系统结构紧凑，可靠性得到提高，有利于系统的小型化、轻量化，满足了航天航空领域对高可靠性、微型化、轻量化的要求。

SSD 方法的形式有很多种，最先提出来的是基于短路的同步开关阻尼（SSD based on short circuit，SSDS）技术[54]。为了进一步提高控制效果，Richard 等[56]于 2000 年提出了基于同步电感的同步开关阻尼（SSD based on inductance，SSDI）技术，即在回路中串联一个电感 L，与压电元件电容构成 LC 共振电路，从而增大压电元件上的控制电压，提高了控制效果。为了进一步增大压电元件上的电压，Lefeuvre 于 2006 年提出了基于外加电压源的同步开关阻尼（SSD based on voltage source，SSDV）技术，即在 SSDI 的回路中串联一个额外的电压源，外加电压源的作用使得电压进一步提高，增加了振动控制效果。

在单模态振动控制（单模态控制）中，SSD 的开关振动控制（开关控制）策略始终是在结构振动位移达到极值时，闭合回路中的开关。但是对于多模态的振动控制，结构振动的位移由各个振动模态叠加，位移信号有多个极值，如果在每个极值处进行切换，由于闭合时开关网络需要消耗部分能量，因此机电转换的能量不能达到最大值，即不能获得最优的控制效果，如果切换次数太少，又会使得机电转换效率很低。因此，对于多模态振动控制（多模态控制），如何切换开关是一大技术难点。Niederberger 提出采用混合系统最优控制方法进行开关振动控制策略的优化，仿真结果证明了该方法对两个模态进行振动控制的有效性。Guyomar 等[57]又提出基于统计方法进行随机振动控制，实验和仿真结果表明，当悬臂梁结构受随机噪声激励时，控制效果显著。Onoda 和 Makihara 等提出利用主动控制理论控制 SSD 中的开关切换，并同时与自感知执行器相结合，成功地实现了对桁架结构的多模态控制。Ji 等[35, 36]提出基于位移阈值和能量阈值两种方法进行 SSD 方法中的开关切换优化策略，提高了切换效率，获得了理想的控制效果，并通过理论推导和数值仿真的方法对影响开关切换效率的参数进行了分析。

半主动控制方法虽然开展研究的时间较晚，研究历程较短，但相比主动控制方法、被动控制方法有很多优点，具有良好的研究前景，尤其适用于对控制系统的质量和可靠性要求较高的航空航天领域。但在实际应用中，仍存在许多问题需要解决，特别是 SSD 方法在多模态宽频带的振动控制中的应用，需要深入研究。

1.4　本书内容和章节安排

近年来，南京航空航天大学系统地开展了同步开关阻尼半主动控制系统的研究，在系统建模、参数和机理分析、优化设计、减振降噪应用探索等方面取得重要进展：建立了同步开关阻尼半主动控制系统的机电耦合和能量转换模型；分析了影响控制效果的参数与多模态耦合条件和机理，提出了多种提高振动控制效果的同步开关阻尼半主动控制新方法。这些研究促进了同步开关阻尼半主动控制系统的应用。具体内容将在后面章节详细介绍，这里不再赘述。

本书共八章，各章的主要研究内容安排如下：

第 1 章为绪论。阐述本书研究的背景和意义，介绍智能材料与结构的基本概念、发展及其在航空航天结构中的典型应用，重点介绍基于压电的智能结构在减振降噪中的应用和方法分类。

第 2 章介绍基于解析模态分析法的压电智能结构建模方法，从连续结构的运动方程建立模态空间的运动方程和状态空间控制模型，奠定了后续控制系统设计和分析的理论基础。

第 3 章阐述基于压电元件同步开关阻尼技术的半主动控制方法原理，分别介绍三种不同的 SSD 的半主动控制方法（SSDS、SSDI、SSDV）。

第 4 章介绍提高 SSD 的半主动控制效果和鲁棒性的几种方法，包括改进的 SSDV 方法，以及基于位移梯度和 LMS 算法的两种自适应 SSDV 半主动控制方法。

第 5 章着重介绍影响 SSD 单模态振动控制效果的参数，并给出定量关系。

第6章介绍基于位移阈值和能量阈值的两种多模态开关切换方法，两种方法对多模态控制效果均有帮助，并探讨多模态控制中的能量转换关系。

第7章介绍基于负电容的SSD半主动控制方法SSDNC和参数影响规律，该方法不但克服了传统SSDI方法控制效果依赖于电感品质因子的不足，而且控制效果好，鲁棒性强。

第8章针对压电元件的固有非对称极化特性，介绍非对称同步开关阻尼半主动控制方法，实现压电元件的非对称高电压切换，充分发挥压电元件的驱动能力。

1.5 参考文献

[1] 国家自然科学基金委员会工程与材料科学部. 机械工程学科发展战略报告：2011-2020. 北京：科学出版社，1994.

[2] 马大猷. 现代声学理论基础. 北京：科学出版社，2004.

[3] 欧进萍. 结构振动控制：主动、半主动和智能控制. 北京：科学出版社，2003.

[4] 马兴瑞. 动力学振动与控制新进展. 北京：中国宇航出版社，2006.

[5] 何琳. 声学理论与工程应用. 北京：科学出版社，2008.

[6] 陈克安. 有源噪声控制. 北京：国防工业出版社，2003.

[7] 顾仲权，马扣根，陈卫东. 振动主动控制. 北京：国防工业出版社，1997.

[8] Rogers C A. Intelligent material systems—The dawn of a new materials age. Journal of Intelligent Material Systems & Structures，1993，4：4-12.

[9] Andrade J D. Polymers have “intelligent” surfaces：Polymer surface dynamics. Journal of Intelligent Material Systems & Structures，1994，5（5）：612-618.

[10] Crawley E F. Intelligent structures for aerospace—A technology overview and assessment. Aiaa Journal，2015，32（8）：1689-1699.

[11] 陶宝祺. 智能材料结构. 北京：国防工业出版社，1997.

[12] Matsuzaki Y. Smart structures research in Japan. Smart Materials & Structures，1997，6（4）：R1.

[13] Tani J，Takagi T，Qiu J. Intelligent material systems：Application of functional materials. Applied Mechanics Reviews，1998，51（8）：505.

[14] 黄尚廉，陶宝祺，沈亚鹏. 智能结构系统——梦想、现实与未来. 中国机械工程，2000，11（1）：32-34.

[15] 裘进浩，边义祥，季宏丽，等. 智能材料结构在航空领域中的应用. 航空制造技术，2009，（3）：26-29.

[16] Tani J，Takagi T，Qiu J. Intelligent material systems：Application of functional materials. Applied Mechanics Reviews，1998，51（8）：505-521.

[17] 文荣，吴德隆. Smart结构——用压电材料抑制结构振动研究之一. 导弹与航天运载技术，1997，226（2）：43-50.

[18] Qiu J，Ji H. The application of piezoelectric materials in smart structures in china. International Journal of Aeronautical and Space Science，2010，11（4）：266-284.

[19] Qiu J，Ji H，Zhu K. Semi-active vibration control using piezoelectric actuators in smart structures. Frontiers of Mechanical Engineering，2009，4（3）：153-159.

[20] Forward R L. Electronic damping of vibration in optical structures. Journal of Applied Optics，1979，18（5）：690-697.

[21] Hagood N W，Flotow A von. Damping of structural vibrations with piezoelectric materials and passive electrical networks. Journal of Sound and Vibration，1991，146（2）：243-268.

[22] Hollkamp J J. Multimodal passive vibration suppression with piezoelectric materials and resonant shunts. Journal of Intelligent Material Systems and Structures，1994，5（1）：49-57.

[23] Wu S Y. Broadband piezoelectric shunt for structural vibration control. US，6075303，2000-06-13.

[24] Hollkamp J J，Starchville T F Jr. A self-tuning piezo-electric vibration absorber. Journal of Intelligent Material Systems and Structures，1994，5（4）：559-565.

[25] Dominik N. Smart damping materials using shunt control. Lausanne：Swiss Federal Institute of Technology，2005.

[26] Fleming A J，Behrens S，Moheimani S O R. Synthetic impedance for implementation of piezoelectric shunt-damping circuits. Electron Letters，2000，36（18）：1525-1526.

[27] Forward R L. Electromechanical transducer-coupled mechanical structure with negative capacitance compensation circuit. US，4 158 787，1979-06-19.

[28] Lin Y J，Venna S V. A novel method for piezoelectric transducers placement for passive vibration control of geometrically non-linear structures. Sensor Review，2008，28（3）：233-241.

[29] Porfiri M，Dell'Isola F，Santini E. Modeling and design of passive electric networks interconnecting piezoelectric transducers for distributed vibration control. International Journal of Applied Electromagnetics and Mechanics，2005，21（2）：69-87.

[30] Bondoux D. Piezo-damping：A low power consumption technique for semi-active damping of light st ructures. Proceedings of the Third International Conf erence on Intelligent Materials，1996，2779：694-699.

[31] Park C H，Park H C. Multiple-mode structural vibration control using negative capacitive shunt damping. KSME International Journal，2003，17（11）：1650-1658.

[32] Park C H，Baz A. Vibration control of beams with negative capacitive shunting of interdigital electrode piezoceramics. Journal of Vibration and Control，2005，11（3）：331-346.

[33] 林志，刘正兴. 弹性基础梁振动的负电容控制. 上海交通大学学报，2007，41（6）：993-997.

[34] Behrens S，Fleming A J，Moheimani S O R. A broadband controller for piezoelectric shunt damping of structural vibration. Smart Materials and Structures，2003，12（1）：18-28.

[35] Ji H L，Qiu J H，Badel A，et al. Multimodal vibration control using a synchronized switch based on a displacement switching threshold. Smart Materials and Structures，2009，18（3）：1-8.

[36] Ji H L，Qiu J H，Zhu K J，et al. Two-mode vibration control of a beam using nonlinear synchronized switching damping based on the maximization of converted energy. Journal of Sound and Vibration，2010，329（14）：2751-2767.

[37] Fu Y M，Zhang J. Active control of the nonlinear static and dynamic responses for piezoelectric viscoelastic microplates. Smart Materials and Structures，2009，18（9）：1-9.

[38] Qiu Z C，Han J D，Zhang X M，et al. Active vibration control of a flexible beam using a non-collocated acceleration sensor and piezoelectric patch actuator. Journal of Sound and Vibration，2009，326（3-5）：438-455.

[39] Shen H S，Liew K M. Postbuckling of axially loaded functionally graded cylindrical panels with piezoelectric actuators in thermal environments. Journal of Engineering Mechanics，2004，130（8）：982-995.

[40] Zhao Y. Vibration suppression of a quadrilateral plate using hybrid piezoelectric circuits. Journal of Vibration and Control，2010，16（5）：701-720.

[41] Wang Y，Zhang X H，Wu G，et al. Mathematical model of self-repairing flight control. Transactions of Nanjing University of Aeronatuctics & Astronautics，2003，20（2）：178-183.

[42] Dong X，Meng G. Dynamics modeling and active vibration control of cantilever beam with piezoelectrics. Journal of Vibration and Shock，2005，24：54-57.

[43] 黄平，陈建军，王小兵，等. 压电智能板结构的振动模型预测控制研究. 机械科学与技术，2005，24（4）：393-396.

[44] Qiu Z C，Zhang X M，Wu H X，et al. Optimal placement and active vibration control for piezoelectric smart flexible cantilever plate. Journal of Sound and Vibration，2007，301（3-5）：521-543.

[45] Zhang X，Erdman A G. Optimal placement of piezoelectric sensors and actuators for controlled flexible linkage mechanisms. Journal of Vibration and Acoustics，Transactions of the ASME，2006，128（2）：256-260.

[46] Chen L X，Cai G P，Pan J. Experimental study of delayed feedback control for a flexible plate. Journal of Sound and Vibration，2009，322（4-5）：629-651.

[47] Zhang X，Lu J，Shen Y. Active noise control of flexible linkage mechanism with piezoelectric actuators. Computers and Structures，2003，81（20）：2045-2051.

[48] Hu Q，Ma G. Spacecraft vibration suppression using variable structure output feedback control and smart materials. Journal of Vibration and Acoustics，Transactions of the ASME，2006，128（2）：221-230.

[49] Dosch J J，Inman D J，Garcia E. A self-sensing piezoelectric actuator for collocated control. Journal of Intelligent Material Systems and Structures，1992，3（1）：166-185.

[50] Clark W W. Vibration control with state-switching piezoelectric materials. Journal of Intelligent Material Systems and Structures，2000，11（4）：263-271.

[51] Cunefare K A. State-switched absorber for vibration control of point-excited beams. Journal of Intelligent Material Systems and Structures，2002，13（2-3）：97-105.

[52] Larson G D，Rofers P H，Munk W. State switched transducers：A new approach to high-power low frequency，underwater projectors. Journal of Acoustics Society American，1998，103（3）：1428-1441.

[53] Guyomar D，Richard C，Petit L. Non-linear system for vibration damping. 142th Meeting of Acoustical Society of America，Fort Lauderdale，2001.

[54] Richard C，Guyomar D，Audigier D，et al. Semi-passive damping using continuous switching of a piezoelectric device. Proceedings of the SPIE Smart Structures and Materials Conference：Passive Damping and Isolation，San Diego，1998：104-111.

[55] Richard C，Guyomar D，Audigier D，et al. Semi-passive damping using continuous switching of a piezoelectric device. Proceedings of the SPIE International Symposium on Smart Structures and Materials：Passive Damping and Isolation，1999，3672：104-111.

[56] Richard C，Guyomar D，Audigier D，et al. Enhanced semi-passive damping using continuous switching of a piezoelectric device on an inductor. Proceedings of the SPIE International Symposium on Smart Structures and Materials：Damping and Isolation，2000，3989：288-299.

[57] Guyomar D，Richard C，Mohammadi S. Semi-passive random vibration control based on statistics. Journal of Sound and Vibration，2007，307（3-5）：818-833.

第 2 章 压电智能结构的建模

大部分压电智能结构是分布参数系统或连续系统，通常可以用偏微分方程数学表达式来描述。然而，在进行振动控制系统的分析和设计时，往往需要建立常微分方程组或者状态方程。因此，有必要将连续的压电模型转化为离散模型。压电智能结构的建模方法已经得到广泛研究，主要包括解析模态分析法、数值模态分析法以及实验模态分析法[1-7]。本章重点介绍基于解析模态分析法的压电智能结构建模方法，即从连续结构的运动方程建立模态空间的运动方程和状态空间控制模型的方法[8-11]。压电智能结构由压电元件与传统的结构集成，其中压电元件用作传感器和驱动器，实现振动和噪声控制[11-16]。大部分主动控制系统中需要压电智能结构的状态方程进行控制器的设计[17-21]。本书介绍的半主动控制方法，虽然不需要控制对象的状态方程来进行控制器的设计，但状态方程有助于进行控制性能的分析和开关切换算法的优化。另外，借助于状态观测器进行半主动控制中的开关设计时，也需要控制对象的状态方程[22-24]。

2.1 压 电 方 程

2.1.1 压电功能元件的本构方程

为了考虑基体结构与压电元件的耦合，首先介绍压电材料的本构方程。压电本构方程是对压电材料的压电效应的数学描述，它是压电传感器、驱动器分析和设计的理论基础[6, 11, 15, 16, 25]。若不考虑温度的影响，压电材料中存在力学状态和电学状态的相互耦合，力学量（T 为应力，S 为应变）和电学量（E 为电场强度，D 为电位移）可用于描述其完整的内部状态。由于力学-电学边界条件和自变量的不同，压电方程具有四种类型[6, 11, 15, 16, 25]，这里只介绍常用的第一类和第二类压电方程。在第一类压电方程（d 方程）中，取 $\{T\}$ 向量和 $\{E\}$ 向量为自变量，$\{S\}$ 向量和 $\{D\}$ 向量为因变量。第一类压电方程为

$$\begin{cases}\{S\}=[s^E]\{T\}+[d]^{\mathrm{T}}\{E\}\\ \{D\}=[d]\{T\}+[\varepsilon^T]\{E\}\end{cases} \tag{2.1}$$

式中，$\{\bullet\}$ 表示物理量为向量；$[\bullet]$表示物理量为矩阵；方括号外面的上标“T”表示矩阵的转置。式中各向量的物理意义如下：$[s^E]$（6×6）表示电场强度 E 为零或常量时的短路弹性柔度系数；$[d]$（3×6）为压电应变常数；$[\varepsilon^T]$（3×3）表示应力 T 为零或常量时的自由介电常数。

对于不同对称性的压电材料，矩阵$[s^E]$、$[d]$、$[\varepsilon^T]$具有不同的形式。对称性越高，矩阵中为零的单元就越多，这里只考虑压电陶瓷元件。单一的压电陶瓷的极化方向一般定义为 3 方向，极化后的压电陶瓷相当于 6mm 点群晶体材料。因此，它的压电学方面的常数完全与 6mm 点群晶体相同，其弹性柔度系数矩阵、压电常数矩阵和介电常数矩阵可以写成以下形式：

$$[s]=\begin{bmatrix} s_{11} & s_{12} & s_{13} & 0 & 0 & 0 \\ s_{12} & s_{11} & s_{13} & 0 & 0 & 0 \\ s_{13} & s_{13} & s_{33} & 0 & 0 & 0 \\ 0 & 0 & 0 & s_{44} & 0 & 0 \\ 0 & 0 & 0 & 0 & s_{44} & 0 \\ 0 & 0 & 0 & 0 & 0 & 2(s_{11}-s_{12}) \end{bmatrix} \tag{2.2}$$

$$[d]=\begin{bmatrix} 0 & 0 & 0 & 0 & d_{15} & 0 \\ 0 & 0 & 0 & d_{15} & 0 & 0 \\ d_{31} & d_{31} & d_{33} & 0 & 0 & 0 \end{bmatrix} \tag{2.3}$$

$$[\varepsilon]=\begin{bmatrix} \varepsilon_{11} & 0 & 0 \\ 0 & \varepsilon_{11} & 0 \\ 0 & 0 & \varepsilon_{33} \end{bmatrix} \tag{2.4}$$

从上面的方程可知，柔度系数矩阵有 5 个独立的分量，压电常数矩阵有 3 个独立的分量，介电常数矩阵有 2 个独立的分量。

如果用工程上的杨氏模量和泊松比表示材料的弹性特性，则可以用线杨氏模量 Y_1、Y_3，剪切杨氏模型 G_{23}，以及泊松比 ν_{12}、ν_{13} 表示。这些参数与柔度系数存在以下关系：

$$s_{11}=1/Y_1,\ s_{33}=1/Y_3,\ s_{12}=-\nu_{12}/Y_1,\ s_{13}=-\nu_{13}/Y_1,\ s_{44}=1/G_{23} \tag{2.5}$$

上述表达式的杨氏模量以及柔度系数的符号中省略了电学边界条件，但使用时必须保证有相同的电学边界条件。

第二类压电方程（e 方程），取 $\{S\}$ 向量和 $\{E\}$ 向量为自变量，$\{T\}$ 向量和 $\{D\}$ 向量为应变量，压电方程为

$$\begin{cases}\{T\}=[c^E]\{S\}+[e]^{\mathrm{T}}\{E\}\\ \{D\}=[e]\{S\}+[\varepsilon^S]\{E\}\end{cases} \tag{2.6}$$

式中，$[c^E]$（6×6）表示电场强度 E 为零或常数时的开路弹性刚度系数；$[e]$（3×6）为压电应力常数；$[\varepsilon^S]$（3×3）为应变 S 为零或常数时的夹持介电常数。

2.1.2 特定力学条件下的压电方程

本书中用到的压电片，通常其厚度方向的尺寸比面内尺寸小得多，电压沿厚度方向加载，而且受控对象是梁和板结构，可以认为厚度方向的应力为零。当被控结构是板结构时，压电方程满足以下条件：

$$E_1=E_2=0,\quad T_3=T_4=T_5=0 \tag{2.7}$$

将式（2.7）代入第一类压电方程（2.1），可得如下简化形式：

$$\begin{cases}S_1=s_{11}T_1+s_{12}T_2+d_{31}E_3\\ S_2=s_{21}T_1+s_{11}T_2+d_{31}E_3\\ S_6=s_{66}T_6\\ D_3=d_{31}T_1+d_{31}T_2+\varepsilon_3E_3\end{cases} \tag{2.8}$$

为了表述方便，式（2.8）省略了上标。其中，s_{ij} 是电场强度为常数时的柔度系数 s_{ij}^E；ε_3 是应力为常数时的介电常数 ε_3^T。

从式（2.8）的第一个和第二个表达式中解出 T_1、T_2，并代入式（2.8）中的第三个和第四个表达式，可得到板结构简化后的第二类压电方程为

$$\begin{cases}T_1=c'_{11}S_1+c'_{12}S_2-e'_{31}E_3\\ T_2=c'_{21}S_1+c'_{11}S_2-e'_{31}E_3\\ T_6=c_{66}S_6\\ D_3=e'_{31}S_1+e'_{31}S_2+\varepsilon'_3E_3\end{cases} \tag{2.9}$$

式中，带上标“′”的系数是通过求解式（2.8）得到的，与标准的第二类压电方程（2.6）中的系数有所不同。通过计算可以得到

$$\begin{aligned}&c'_{11}=\frac{Y_1}{1-\nu_{12}^2},\quad c'_{12}=-\frac{\nu_{12}Y_1}{1-\nu_{12}^2},\quad c_{66}=\frac{Y_1}{2(1+\nu_{12})}\\ &e'_{31}=\frac{Y_1}{1-\nu_{12}}d_{31},\quad \varepsilon'_3=\varepsilon_3\left(1-\frac{2}{1-\nu_{12}}k_{31}^2\right)=\varepsilon_3(1-k_{\mathrm{p}}^2)\end{aligned} \tag{2.10}$$

式中，k_{31}、k_{p} 分别是 31 模式和面内模式下压电材料的机电耦合系数，其中，

$$k_{31}^2 = \frac{d_{31}^2}{s_{11}\varepsilon_3} \tag{2.11}$$

假设梁在宽度方向是自由的，则压电片满足以下条件：

$$E_1 = E_2 = 0,\quad T_2 = T_3 = T_4 = T_5 = T_6 = 0 \tag{2.12}$$

第一类压电方程（2.1）可得如下简化形式：

$$\begin{cases} S_1 = s_{11}T_1 + d_{31}E_3 \\ D_3 = d_{31}T_1 + \varepsilon_3 E_3 \end{cases} \tag{2.13}$$

从式（2.13）的第一个表达式中解出 T_1，并代入第二个表达式，可得到针对梁结构简化后的第二类压电方程：

$$\begin{cases} T_1 = c_{11}'' S_1 - e_{31}'' E_3 \\ D_3 = e_{31}'' S_1 + \varepsilon_3'' E_3 \end{cases} \tag{2.14}$$

式中，带上标“″”的系数是通过求解式（2.13）得到的。由式（2.5）可知：

$$c_{11}'' = Y_1,\quad e_{31}'' = Y_1 d_{31},\quad \varepsilon_3'' = \varepsilon_3 (1 - k_{31}^2) \tag{2.15}$$

2.2　压电材料的机电耦合系数

压电元件可认为是一个线性系统，当用机械加压或者充电的方法把能量加到压电体上时，压电效应和逆压电效应使得一部分机械能（或电能）将转换为电能（机械能）。这种能量转换的强弱可以用一个物理状态变量来描述。通常用机电耦合系数（electromechanical coupling factor）来描述耦合程度，其定义为

$$k^2 = \frac{\text{通过逆压电效应转换的机械能}}{\text{输入的总电能}} \tag{2.16}$$

或

$$k^2 = \frac{\text{通过压电效应转换的电能}}{\text{输入的总机械能}} \tag{2.17}$$

即它的平方是机电能量转换的量度，而机电耦合系数本身可以为正，也可以为负。压电元件作为换能元件，为了有效地转换能量，希望有较高的 k 值，但 k 的平方不应认为是效率的度量。机电耦合系数是在理想的、不考虑损耗的情况下定义的。

在理想情况下，未转换的能量并不损耗，而是以弹性方式或介电方式存储起来。而效率是有效的转换功率与输入功率之比，是对损耗大小的度量。

机电耦合系数的另一个定义是，当压电体受到一个外加应力或外加电场作用时，假定某一体积元的弹性能密度为 W_1，介电能密度为 W_2，弹性-介电相互作用能（又称压电能）密度为 W_{12}，则其体积元的机电耦合系数可定义为

$$k^2 = \frac{W_{12}}{\sqrt{W_1 W_2}} \tag{2.18}$$

即机电耦合系数是弹性-介电相互作用能密度与弹性能密度和介电能密度的几何平均值之比。

由于压电元件的机械能与其形状和振动模式有关，因此不同模式有不同的耦合系数。k_{p} 代表薄圆片径向伸缩模式，称为平面机电耦合系数；k_{31} 代表薄长片长度伸缩模式，称为横向机电耦合系数；k_{33} 代表圆柱体轴向伸缩模式，称为纵向机电耦合系数；k_t 代表薄片厚度伸缩模式，称为厚度机电耦合系数；k_{15} 代表矩形板厚度切变模式，称为厚度切变机电耦合系数。表 2.1 给出常用压电元件的 5 种振动模式及相应的机电耦合系数。关于机电耦合系数的具体推导过程，本书将不做详细介绍，读者可参考文献[26]。

表 2.1　压电元件的 5 种振动模式及相应的机电耦合系数

样品形状/振动模式	机电耦合系数
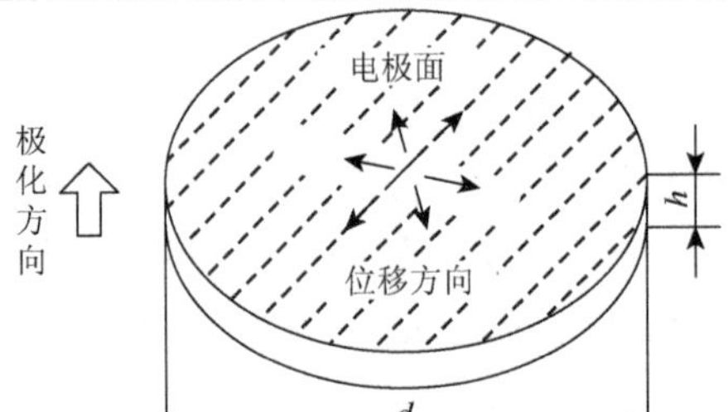 电极面；极化方向；位移方向；h；d	平面机电耦合系数 k_{p} $k_{\mathrm{p}}^2 = \frac{2}{1-\nu}\frac{d_{31}^{\ 2}}{s_{11}^E \varepsilon_{33}^T}$
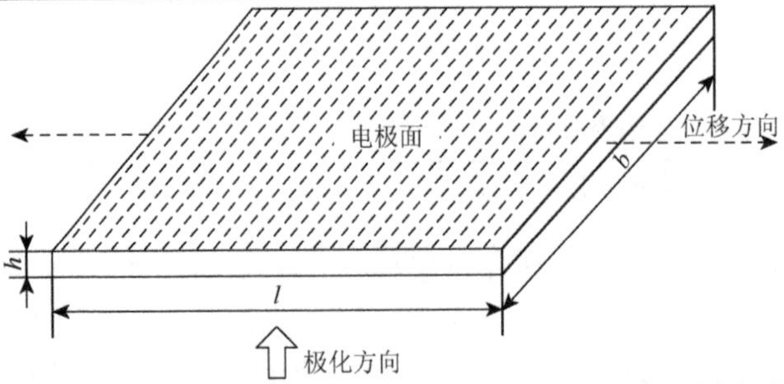 电极面；位移方向；b；h；l；极化方向	横向机电耦合系数 k_{31} $k_{31}^2 = \frac{d_{31}^{\ 2}}{s_{11}^E \varepsilon_{33}^T}$

续表

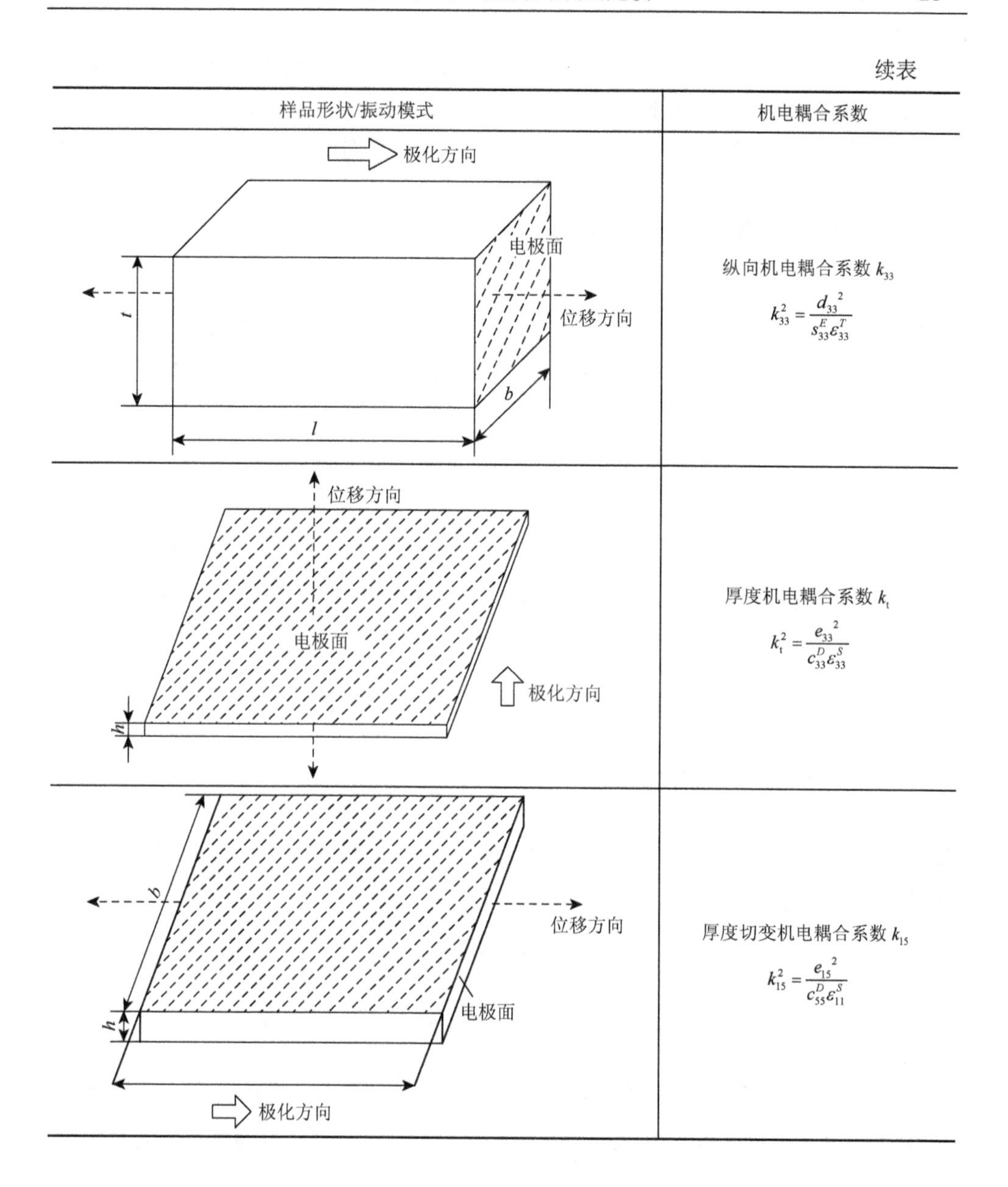

样品形状/振动模式	机电耦合系数
	纵向机电耦合系数 k_{33} $k_{33}^2 = \dfrac{d_{33}{}^2}{s_{33}^E \varepsilon_{33}^T}$
	厚度机电耦合系数 k_t $k_\text{t}^2 = \dfrac{e_{33}{}^2}{c_{33}^D \varepsilon_{33}^S}$
	厚度切变机电耦合系数 k_{15} $k_{15}^2 = \dfrac{e_{15}{}^2}{c_{55}^D \varepsilon_{11}^S}$

2.3　压电梁的振动

2.3.1　压电梁的运动方程

这里考虑图 2.1 所示的压电梁，它是将压电片粘贴在基体梁的两侧而得到的。

当压电片对称粘贴时，压电梁的中性轴与基体梁的中性轴保持一致。当不对称粘贴时，压电梁的中性轴会偏离基体梁的中性轴。为了方便起见，假设压电片对梁中性轴的位置影响很小，在建立运动方程和进行后续分析时仍然认为压电梁的中性轴与基体梁的中性轴保持一致。设梁的长度方向沿 x 轴，宽度方向沿 y 轴，厚度方向沿 z 轴。只考虑梁在厚度方向的振动，其位移用 w 表示。

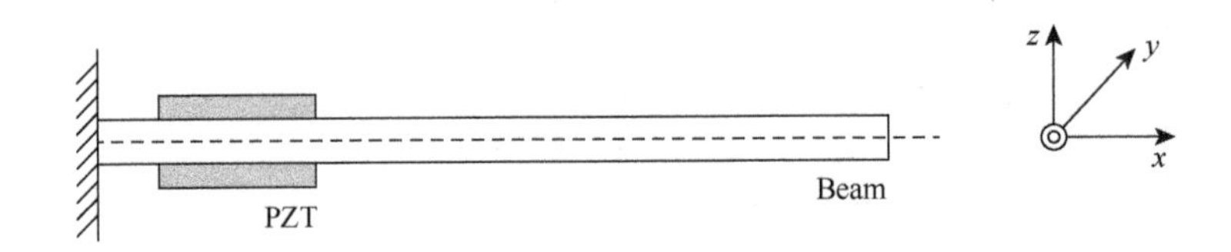

图 2.1　压电梁结构示意图

假设基体梁的长度为 L，宽度为 b，厚度为 h_{b}，压电片的厚度为 h_{p}（如果各压电元件的厚度不等，则 h_{p} 为所有压电片中的最大厚度），粘贴在基体梁上表面的压电元件在以下坐标之间：

$$z_1 = h_{\mathrm{b}}/2, \quad z_2 = h_{\mathrm{b}}/2 + h_{\mathrm{p}} = h_{\mathrm{t}}/2 \tag{2.19}$$

式中，h_{t} 相当于基体梁的两侧粘贴了压电元件后压电梁的总厚度。粘贴在基体梁下表面的压电元件在坐标 $-z_1$ 和 $-z_2$ 之间。为了对梁的运动有一个统一的描述，假设压电梁的总厚度为 h_{t}，压电梁的密度、压电常数、弹性常数，以及介电常数随空间坐标分布，即

$$\rho = \rho(x,z), \quad e_{ij} = e_{ij}(x,z), \quad c_{ij} = c_{ij}(x,z), \quad \varepsilon_i = \varepsilon_i(x,z) \tag{2.20}$$

假设压电梁上贴有 K 个压电驱动器，第 k 个压电片的区域为

$$\Omega_k = \{(x,z), x_{\mathrm{p}k} \leqslant x < x_{\mathrm{p}k} + L_{\mathrm{p}k}, z_{\mathrm{p}k} \leqslant z < z_{\mathrm{p}k} + h_{\mathrm{p}k}\} \tag{2.21}$$

式中，$x_{\mathrm{p}k}$ 为第 k 个压电片左端的横坐标；$z_{\mathrm{p}k}$ 为第 k 个压电片下表面的纵坐标。另外，$L_{\mathrm{p}k}$ 和 $h_{\mathrm{p}k}$ 分别为第 k 个压电元件的长度和厚度。这样，式（2.20）中的密度可以表示为

$$\rho(x,z) = \begin{cases} \rho_{\mathrm{b}}, & -z_1 < z < z_1 \\ \rho_{\mathrm{p}}, & (x,z) \in \Omega_k \quad (k = 1, \cdots, K) \end{cases} \tag{2.22}$$

式中，ρ_{b} 和 ρ_{p} 分别是基体梁和压电材料的密度。定义两个函数：

$$\begin{aligned}H(x-x_{pk},x-x_{pk}-L_{pk})=H(x-x_{pk})-H(x-x_{pk}-L_{pk})\\H(z-z_{pk},z-z_{pk}-h_{pk})=H(z-z_{pk})-H(z-z_{pk}-h_{pk})\end{aligned} \tag{2.23}$$

式中，$H(\cdot)$ 是阶跃函数，则密度函数可表示为

$$\rho(x,z)=\rho_{b}H(z+z_{1},z-z_{1})+\rho_{p}\sum_{k=1}^{K}H(x-x_{pk},x-x_{pk}-L_{pk})\cdot H(z-z_{pk},z-z_{pk}-h_{pk}) \tag{2.24}$$

假设基体梁的压电常数和介电常数等于零，则式（2.20）中的压电常数、弹性常数和介电常数可以表示成类似的形式：

$$c_{ij}''(x,z)=c_{bij}H(z+z_{1},z-z_{1})+c_{pij}\sum_{k=1}^{K}H(x-x_{pk},x-x_{pk}-L_{pk})\cdot H(z-z_{pk},z-z_{pk}-h_{pk}) \tag{2.25}$$

$$e_{ij}''(x,z)=e_{ij}\sum_{k=1}^{K}H(x-x_{pk},x-x_{pk}-L_{pk})\cdot H(z-z_{pk},z-z_{pk}-h_{pk}) \tag{2.26}$$

$$\varepsilon_{i}''(x,z)=\varepsilon_{i}\sum_{k=1}^{K}H(x-x_{pk},x-x_{pk}-L_{pk})\cdot H(z-z_{pk},z-z_{pk}-h_{pk}) \tag{2.27}$$

并定义压电元件的宽度函数以及压电梁的宽度函数为

$$b_{p}(x,z)=\sum_{k=1}^{K}b_{pk}H(x-x_{pk},x-x_{pk}-L_{pk})\cdot H(z-z_{pk},z-z_{pk}-h_{pk}) \tag{2.28}$$

$$b_{b}(x,z)=bH(z+h_{b},z-h_{b})+b_{p}(x,z) \tag{2.29}$$

根据弹性力学中 Bernoulli-Euler 梁的理论，梁弯曲振动的运动方程可以表示为

$$\overline{m}(x)\frac{\partial^{2}w(x,t)}{\partial t^{2}}-\frac{\partial^{2}\mathcal{M}(x,t)}{\partial x^{2}}=f_{e}(x,t) \tag{2.30}$$

式中，$\overline{m}(x)$、$\mathcal{M}(x,t)$、$f_{e}(x,t)$ 分别为梁的线密度、断面的弯矩以及单位长度上的外力。$\overline{m}(x)$ 和 $\mathcal{M}(x,t)$ 分别可以表示为

$$\overline{m}(x)=\int_{-z_{1}}^{z_{1}}b\rho(x,z)\mathrm{d}z+\int_{z_{1}}^{z_{2}}b_{p}(x,z)\rho(x,z)\mathrm{d}z+\int_{-z_{2}}^{-z_{1}}b_{p}(x,z)\rho(x,z)\mathrm{d}z \tag{2.31}$$

$$\mathcal{M}(x,t)=\int_{-z_1}^{z_1}bzT_1\mathrm{d}z+\int_{z_1}^{z_2}b_{\mathrm{p}}(x,z)zT_1\mathrm{d}z+\int_{-z_2}^{-z_1}b_{\mathrm{p}}(x,z)zT_1\mathrm{d}z \tag{2.32}$$

将密度表达式（2.24）代入式（2.31），可得线密度为

$$\overline{m}(x)=\rho_{\mathrm{b}}bh_{\mathrm{b}}+\rho_{\mathrm{p}}\sum_{k=1}^{K}b_{\mathrm{p}k}h_{\mathrm{p}k}H(x-x_{\mathrm{p}k},x-x_{\mathrm{p}k}-L_{\mathrm{p}k}) \tag{2.33}$$

对于没有贴压电片的梁截面，其线密度为

$$\overline{m}(x)=\rho_{\mathrm{b}}bh_{\mathrm{b}} \tag{2.34}$$

在上下表面均贴有宽度$b_{\mathrm{p}k}$、高度$h_{\mathrm{p}k}$的压电元件的梁截面，其线密度为

$$\overline{m}(x)=\rho_{\mathrm{b}}bh_{\mathrm{b}}+2\rho_{\mathrm{p}}b_{\mathrm{p}k}h_{\mathrm{p}k} \tag{2.35}$$

根据式（2.14）可得梁的应力为

$$T_1=-c''_{11}\frac{\partial^2 w}{\partial x^2}z-e''_{31}E_3 \tag{2.36}$$

将式（2.36）代入式（2.32），可得梁的弯矩：

$$\begin{aligned}\mathcal{M}(x,t)&=-\frac{\partial^2 w}{\partial x^2}\int_{-z_2}^{z_2}b_{\mathrm{b}}(x,z)c''_{11}z^2\mathrm{d}z-\int_{-z_2}^{z_2}b_{\mathrm{p}}(x,z)e''_{31}E_3z\mathrm{d}z\\&=-\left\{\frac{1}{12}c''_{\mathrm{b}11}b_{\mathrm{b}}h_{\mathrm{b}}^3+\frac{1}{24}\sum_{k=1}^{N}b_{\mathrm{p}k}c''_{\mathrm{p}11}[(2h_{\mathrm{p}k}+h_{\mathrm{b}})^3-h_{\mathrm{b}}^3]H(x-x_{\mathrm{p}k},x-x_{\mathrm{p}k}-L_{\mathrm{p}k})\right\}\frac{\partial^2 w}{\partial x^2}-\mathcal{M}_{\mathrm{p}}(x,t)\\&=-\overline{\mathrm{YI}}(x)\frac{\partial^2 w}{\partial x^2}-\mathcal{M}_{\mathrm{p}}(x,t)\end{aligned} \tag{2.37}$$

其中，

$$\overline{\mathrm{YI}}(x)=\frac{1}{12}c''_{\mathrm{b}11}b_{\mathrm{b}}h_{\mathrm{b}}^3+\frac{1}{24}b_{\mathrm{p}}c''_{\mathrm{p}11}[(2h_{\mathrm{p}}+h_{\mathrm{b}})^3-h_{\mathrm{b}}^3]\sum_{k=1}^{K}H(x-x_{\mathrm{p}k},x-x_{\mathrm{p}k}-L_{\mathrm{p}}) \tag{2.38}$$

$$\mathcal{M}_{\mathrm{p}}(x,t)=\int_{-z_2}^{z_2}b_{\mathrm{p}}(x,z)e''_{11}E_3z\mathrm{d}z=\sum_{k=1}^{K}\mathcal{M}_{\mathrm{p}k}(x,t) \tag{2.39}$$

$$\mathcal{M}_{\mathrm{p}k}(x,t)=b_{\mathrm{p}k}e''_{31}H(x-x_{\mathrm{p}k},x-x_{\mathrm{p}k}-L_{\mathrm{p}k})(z_{\mathrm{p}k}+h_{\mathrm{p}k}/2)V_k \tag{2.40}$$

式中，$\overline{\mathrm{YI}}(x)$、$\mathcal{M}_{\mathrm{p}}$分别为梁的弯曲刚度和由压电效应产生的弯矩；$V_k$为第$k$个压电片上的电压。对于没有贴压电片的梁截面，其弯曲刚度为

$$\overline{\mathrm{YI}}(x)=\frac{1}{12}Y_{\mathrm{b}}b_{\mathrm{b}}h_{\mathrm{b}}^{3} \tag{2.41}$$

对于上下表面均贴有压电元件的梁截面，其弯曲刚度为

$$\overline{\mathrm{YI}}(x)=\frac{1}{12}Y_{\mathrm{b}}b_{\mathrm{b}}h_{\mathrm{b}}^{3}+\frac{1}{12}b_{\mathrm{p}k}Y_{\mathrm{p1}}[(2h_{\mathrm{p}k}+h_{\mathrm{b}})^{3}-h_{\mathrm{b}}^{3}] \tag{2.42}$$

式中，Y_{b} 为基体梁的弹性模量；Y_{p1} 为压电材料在 1 方向上的弹性模量。

将式（2.37）、式（2.38）以及式（2.39）代入式（2.30）得到梁的运动方程为

$$\bar{m}(x)\frac{\partial^{2}w}{\partial t^{2}}+\frac{\partial^{2}}{\partial x^{2}}\left(\overline{\mathrm{YI}}\frac{\partial^{2}w}{\partial x^{2}}\right)=-\frac{\partial^{2}}{\partial x^{2}}\sum_{k=1}^{K}\mathcal{M}_{\mathrm{p}k}(x,t)+f_{\mathrm{e}}(x,t) \tag{2.43}$$

将式（2.40）代入式（2.43）得

$$\bar{m}(x)\frac{\partial^{2}w}{\partial t^{2}}+\frac{\partial^{2}}{\partial x^{2}}\left(\overline{\mathrm{YI}}\frac{\partial^{2}w}{\partial x^{2}}\right)=-e_{31}''\sum_{k=1}^{K}b_{\mathrm{p}k}(z_{\mathrm{p}k}+h_{\mathrm{p}k}/2)V_{k}[\delta'(x-x_{\mathrm{p}k})-\delta'(x-x_{\mathrm{p}k}-L_{\mathrm{p}k})]+f_{\mathrm{e}}(x,t) \tag{2.44}$$

式中，$\delta(\bullet)$ 是狄拉克函数（Dirac function）；$\delta'(\bullet)$ 是狄拉克函数的导数。

对于左端固定、右端自由的悬臂梁，其边界条件可表示为

$$w(0)=0,\quad \frac{\partial w(0)}{\partial x}=0,\quad \left.\frac{\partial^{2}w}{\partial x^{2}}\right|_{x=L}=0,\quad \left.\frac{\partial^{3}w}{\partial x^{3}}\right|_{x=L}=0 \tag{2.45}$$

由运动方程（2.44）可知，压电梁的振动特性还取决于压电片上的电压，下面建立压电片上的电压与电学边界条件之间的关系。根据压电方程（2.14）的第二个表达式有

$$D_{3}=-e_{31}''\frac{\partial^{2}w}{\partial x^{2}}z+\varepsilon_{3}''E_{3} \tag{2.46}$$

在第 k 个压电片的区域 Ω_{k}，对式（2.46）进行积分得到

$$Q_{k}=e_{31}''b_{\mathrm{p}k}(z_{\mathrm{p}k}+h_{\mathrm{p}k}/2)\left(\left.\frac{\partial w}{\partial x}\right|_{x=x_{\mathrm{p}k}+L_{\mathrm{p}k}}-\left.\frac{\partial w}{\partial x}\right|_{x=x_{\mathrm{p}k}}\right)+C_{\mathrm{p}k}''V_{k} \tag{2.47}$$

式中，Q_{k}、V_{k} 分别为第 k 个压电片上的电荷和电压，压电片的电容 C_{p}'' 定义为

$$C_{\mathrm{p}k}''=\frac{\varepsilon_{3}''b_{\mathrm{p}k}L_{\mathrm{p}k}}{h_{\mathrm{p}k}}=(1-k_{31}^{2})\frac{\varepsilon_{3}b_{\mathrm{p}k}L_{\mathrm{p}k}}{h_{\mathrm{p}k}}=(1-k_{31}^{2})C_{\mathrm{p}}^{T}\text{。} \tag{2.48}$$

式中，C_{p}^{T} 为自由电容（无约束条件下的电容）；$C_{\mathrm{p}k}''$ 为特定约束条件下压电片的受夹电容，它小于无约束条件下的电容值 C_{p}^{T} 。当压电片作为主动控制的驱动器使用时，V_k 是直接给定的。当压电片作为传感器使用时，通常认为压电片处于开路状态，即 $Q_k = 0$ 。式（2.47）通常称为传感方程。

2.3.2　压电梁的模态运动方程

在本书中，忽略压电片对梁的线密度和弯曲刚度的影响，近似地将其看成等截面梁，即只考虑基体梁的质量和弯曲刚度。下面先对等截面悬臂梁进行模态分析，以确定其固有频率和固有振型。梁的运动方程为

$$\overline{m}\frac{\partial^2 w}{\partial t^2} + \overline{\mathrm{YI}}\frac{\partial^4 w}{\partial x^4} = 0 \tag{2.49}$$

悬臂梁的边界条件为

$$w(0) = 0, \quad \frac{\partial w(0)}{\partial x} = 0, \quad \left.\frac{\partial^2 w}{\partial x^2}\right|_{x=L} = 0, \quad \left.\frac{\partial^3 w}{\partial x^3}\right|_{x=L} = 0 \tag{2.50}$$

假设振动位移为

$$w(x,t) = \phi(x)\sin(\omega t + \varphi) \tag{2.51}$$

代入运动方程可得

$$\phi(x) = D_1\sin(\xi x) + D_2\cos(\xi x) + D_3\sinh(\xi x) + D_4\cosh(\xi x) \tag{2.52}$$

式中，D_1、D_2、D_3、D_4 为待定参数，且

$$\omega^2 = \frac{\overline{\mathrm{YI}}}{\overline{m}}\xi^4 \tag{2.53}$$

由边界条件可得特征函数和特征方程：

$$\phi(x) = \overline{d}\{\cosh(\xi x) - \cos(\xi x) - \overline{\beta}[\sinh(\xi x) - \sin(\xi x)]\} \tag{2.54}$$

$$\cos(\xi L)\cosh(\xi L) = -1 \tag{2.55}$$

式中，$\overline{d}$ 为待定参数，且

$$\overline{\beta} = \frac{\cosh(\xi L) + \cos(\xi L)}{\sinh(\xi L) + \sin(\xi L)} \tag{2.56}$$

特征方程前 4 阶的解为

$$\xi_1 L = 1.875\,104,\quad \xi_2 L = 4.694\,091,\quad \xi_3 L = 7.854\,757,\quad \xi_4 L = 10.995\,541$$

上述特征方程的解，可从式（2.53）得到固有频率，从式（2.54）得到响应的固有模态函数。如果将模态函数对质量归一化，即使其满足

$$\int_0^L \overline{m}\phi_i(x)\phi_j(x)\mathrm{d}x = \delta_{ij} \tag{2.57}$$

则可得

$$\overline{d}_i^2 = \frac{1}{\overline{m}L}\left(\frac{\cosh(\xi_i L)+\cos(\xi_i L)}{\sinh(\xi_i L)\sin(\xi_i L)}\right)^2 \tag{2.58}$$

由上面的推导过程可知，模态函数满足

$$\overline{\mathrm{YI}}\frac{\mathrm{d}^4\phi_i}{\mathrm{d}x^4} = \omega_i^2\overline{m}\phi_i \tag{2.59}$$

下面考虑外力作用下压电梁的运动方程，其运动方程可以表示为

$$\overline{m}\frac{\partial^2 w}{\partial t^2} + \overline{\mathrm{YI}}\frac{\partial^4 w}{\partial x^4} = f_\mathrm{c}(x,t) + f_\mathrm{e}(x,t) \tag{2.60}$$

式中，$f_\mathrm{c}(x,t)$ 为压电片产生的分布力：

$$f_\mathrm{c}(x,t) = -e_{31}''\sum_{k=1}^{K} b_{\mathrm{p}k}(z_{\mathrm{p}k} + h_{\mathrm{p}k}/2)V_k[\delta'(x-x_{\mathrm{p}k}) - \delta'(x-x_{\mathrm{p}k}-L_{\mathrm{p}k})] \tag{2.61}$$

已经推导过等截面梁的固有频率和振型函数。基于模态叠加法，梁的振动可表示为如下形式：

$$w(x,t) = \sum_{i=1}^{\infty}\phi_i(x)u_i(t) \tag{2.62}$$

将 $w(x,t)$ 代入运动方程（2.60），在方程的两边乘模态函数 $\phi_j(x)$，并对 x 从 0 到 L 积分得

$$\int_0^L \phi_j(x)\sum_{i=1}^{\infty}\left(\overline{m}\phi_i(x)\left\{\frac{\mathrm{d}^2[u_i(t)]}{\mathrm{d}t^2} + \omega_i^2 u_i(t)\right\}\right)\mathrm{d}x = \int_0^L \phi_j(x)f_\mathrm{c}(x,t)\mathrm{d}x + \int_0^L \phi_j(x)f_\mathrm{e}(x,t)\mathrm{d}x \tag{2.63}$$

利用模态的正交性可以得到模态空间的运动方程为

$$M_i\ddot{u}_i + C_i\dot{u}_i + K_i^E u_i = F_{ci}(t) + F_{ei}(t) \tag{2.64}$$

式中，

$$M_i = \int_0^L \overline{m}p[\phi_i(x)]^2 \mathrm{d}x, \quad K_i^E = \int_0^L \overline{\mathrm{YI}}\left[\frac{\partial^2 \phi_i(x)}{\partial x^2}\right]^2 \mathrm{d}x = M_i\omega_i \tag{2.65}$$

此外，方程（2.64）考虑了模态阻尼项$C_i\dot{u}_i$，C_i为模态阻尼系数。运动方程（2.63）右端第一项为压电片产生的力，可表示为

$$\begin{aligned}
F_{ci} &= \int_0^L \phi_i(x) f_c(x,t)\mathrm{d}x \\
&= -e_{31}''\sum_{k=1}^{K} b_{pk}(z_{pk} + h_{pk}/2)V_k \cdot \int_0^L \{\phi_i(x)[\delta'(x - x_{pk}) - \delta'(x - x_{pk} - L_{pk})]\}\mathrm{d}x \\
&= \sum_{k=1}^{K} e_{31}'' b_{pk}(z_{pk} + h_{pk}/2)[\phi_i'(x_{pk} + L_{pk}) - \phi_i'(x_{pk})]V_k \\
&= -\sum_{k=1}^{K} \alpha_{ik}V_k
\end{aligned} \tag{2.66}$$

式中，

$$\begin{aligned}
\alpha_{ik} &= -e_{31}'' b_{pk}(z_{pk} + h_{pk}/2)[\phi_i'(x_{pk} + L_{pk}) - \phi_i'(x_{pk})] \\
&= -d_{31}Y_{p1}b_{pk}(z_{pk} + h_{pk}/2)[\phi_i'(x_{pk} + L_{pk}) - \phi_i'(x_{pk})]
\end{aligned} \tag{2.67}$$

忽略高阶模态，只保留N阶低频模态时，模态空间的运动方程可表示为如下矩阵形式：

$$\boldsymbol{M}\ddot{\boldsymbol{u}} + \boldsymbol{C}\dot{\boldsymbol{u}} + \boldsymbol{K}\boldsymbol{u} = -\boldsymbol{A}\boldsymbol{V} + \boldsymbol{F}_{\mathrm{e}} \tag{2.68}$$

式中，$\boldsymbol{M}$为质量矩阵；$\boldsymbol{C}$为阻尼矩阵；$\boldsymbol{K}$为刚度矩阵；$\boldsymbol{F}_{\mathrm{e}}$为激振力向量；$\boldsymbol{A}$为系数矩阵；$\boldsymbol{V}$是压电元件上产生的电压向量。它们可以定义为

$$\begin{gathered}
\boldsymbol{M} = \begin{bmatrix} M_1 & & \\ & \ddots & \\ & & M_N \end{bmatrix}, \quad \boldsymbol{C} = \begin{bmatrix} C_1 & & \\ & \ddots & \\ & & C_N \end{bmatrix}, \quad \boldsymbol{K} = \begin{bmatrix} K_1^E & & \\ & \ddots & \\ & & K_N^E \end{bmatrix} \\
\boldsymbol{A} = \begin{bmatrix} \alpha_{11} & \alpha_{12} & \cdots & \alpha_{1K} \\ \vdots & \vdots & & \vdots \\ \alpha_{N1} & \alpha_{N2} & \cdots & \alpha_{NK} \end{bmatrix}, \quad \boldsymbol{u} = \begin{Bmatrix} u_1 \\ \vdots \\ u_N \end{Bmatrix}, \quad \boldsymbol{V} = \begin{Bmatrix} V_1 \\ \vdots \\ V_K \end{Bmatrix}, \quad \boldsymbol{F}_{\mathrm{e}} = \begin{Bmatrix} F_{\mathrm{e}1} \\ \vdots \\ F_{\mathrm{e}N} \end{Bmatrix}
\end{gathered} \tag{2.69}$$

取式（2.62）中的前N项，代入式（2.47）可得

$$Q_k = e_{31}'' b_p(z_{pk} + h_p/2)\sum_{i=1}^{N}[\phi_i'(x_{pk} + L_{pk}) - \phi_i'(x_{pk})]u_i(t) + C_{pk}''V_k \tag{2.70}$$

或

$$Q_k = -\sum_{i=1}^{N} \alpha_{ik} u_i(t) + C''_{pk} V_k \quad (2.71)$$

将式（2.71）表示为矩阵形式，可得

$$\boldsymbol{A}^{\mathrm{T}} \boldsymbol{u} - \boldsymbol{C}_{\mathrm{p}} \boldsymbol{V} = \boldsymbol{Q} \quad (2.72)$$

式中，$\boldsymbol{C}_{\mathrm{p}}$ 为压电元件固有电容矩阵；$\boldsymbol{Q}$ 是压电元件上存储的电容向量，且有

$$\boldsymbol{C}_{\mathrm{p}} = \begin{bmatrix} C''_{\mathrm{p}1} & & 0 \\ & \ddots & \\ 0 & & C''_{\mathrm{p}K} \end{bmatrix}, \quad \boldsymbol{Q} = \begin{pmatrix} Q_1 \\ \vdots \\ Q_K \end{pmatrix} \quad (2.73)$$

式（2.68）和式（2.72）组成压电等截面梁的模态运动方程和传感方程。

2.4　压电板的振动

2.4.1　压电板的运动方程

这里考虑如图 2.2 所示的压电板结构，它是将压电片粘贴在基体板结构的两侧而得到的，板的四周为固支边界条件。和上述压电梁类似，假设压电片对板结构中性面位置的影响很小，在建立运动方程和后续分析时仍然认为压电板结构的中性面与基体板结构的中性面保持一致[2, 19, 20, 27, 28]。压电板结构坐标系如图 2.2 所示，坐标原点在板的中心，x、y 轴在中性面内，z 轴沿厚度方向。只考虑板结构沿厚度方向的振动，其位移用 w 表示。

假设基体板在 x 方向的长度为 L，y 方向的长度为 B，厚度为 h_{b}，压电片的厚度为 h_{p}（如果各压电元件的厚度不等，则定义 h_{p} 为所有压电片中的最大厚度），粘贴在基体板上表面的压电元件在以下坐标之间：

$$z_1 = h_{\mathrm{b}}/2, \quad z_2 = h_{\mathrm{b}}/2 + h_{\mathrm{p}} = h_{\mathrm{t}}/2 \quad (2.74)$$

式中，h_{t} 相当于基体板的两侧粘贴了压电片后的压电板的总厚度。为了对板的运动有一个统一的描述，和压电梁一样，可以假设压电板的厚度为 h_{t}、压电层的密度，压电常数、弹性常数和介电常数随空间坐标分布，即

$$\rho = \rho(x,y,z), \quad e_{ij} = e_{ij}(x,y,z), \quad c_{ij} = c_{ij}(x,y,z), \quad \varepsilon_{ij} = \varepsilon_{ij}(x,y,z) \quad (2.75)$$

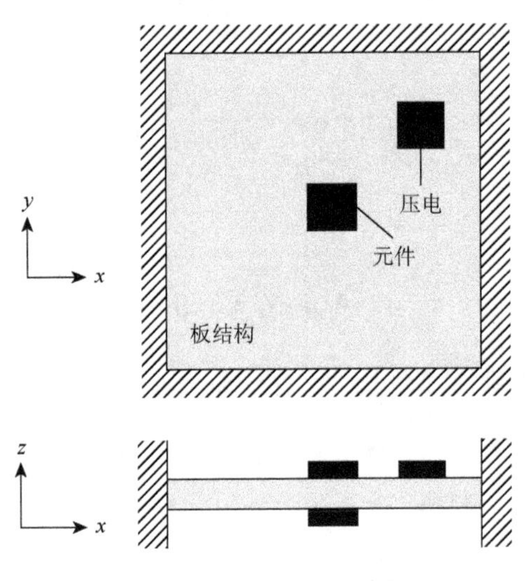

图 2.2　压电板结构示意图

假设压电板含有 K 个压电驱动器，第 k 个压电片的区域为

$$\Omega_k = \{(x,y,z), x_{pk} \leqslant x < x_{pk} + L_{pk}, y_{pk} \leqslant y < y_{pk} + B_{pk}, z_{pk} \leqslant z < z_{pk} + h_{pk}\} \quad (2.76)$$

式中，L_{pk}、B_{pk}、h_{pk} 分别是第 k 个压电片在 x 方向的长度、y 方向的长度和 z 方向的厚度。式（2.75）中的密度可以表示为

$$\rho(x,y,z) = \begin{cases} \rho_b, & -z_1 < z < z_1 \\ \rho_p, & (x,y,z) \in \Omega_k \quad (k = 1,\cdots,K) \end{cases} \quad (2.77)$$

式中，ρ_b 和 ρ_p 分别是基体板和压电材料的密度。定义三个函数：

$$\begin{aligned} H(x - x_{pk}, x - x_{pk} - L_{pk}) &= H(x - x_{pk}) - H(x - x_{pk} - L_{pk}) \\ H(y - y_{pk}, y - y_{pk} - B_{pk}) &= H(y - y_{pk}) - H(y - y_{pk} - B_{pk}) \\ H(z - z_{pk}, z - z_{pk} - h_{pk}) &= H(z - z_{pk}) - H(z - z_{pk} - h_{pk}) \end{aligned} \quad (2.78)$$

则密度函数可表示为

$$\begin{aligned} \rho(x,y,z) = {} & \rho_b H(z + z_1, z - z_1) + \rho_p \sum_{k=1}^{N} H(x - x_{pk}, x - x_{pk} - L_{pk}) \\ & \cdot H(y - y_{pk}, y - y_{pk} - B_{pk}) H(z - z_{pk}, z - z_{pk} - h_{pk}) \end{aligned} \quad (2.79)$$

式中，x_{pk}、y_{pk}、z_{pk} 是第 k 个压电片六个侧面中三个法向量为负的面的坐标。只要假设基体材料的压电常数为零，则式（2.75）中的 e_{ij}、c_{ij}、ε_{ij} 均可以表示成类似的形式：

$$\begin{aligned} c'_{ij}(x,y,z) = {} & c'_{bij} H(z + z_1, z - z_1) + c'_{pij} \sum_{k=1}^{N} H(x - x_{pk}, x - x_{pk} - L_{pk}) \\ & \cdot H(y - y_{pk}, y - y_{pk} - B_{pk}) H(z - z_{pk}, z - z_{pk} - h_{pk}) \end{aligned} \quad (2.80)$$

$$e'_{ij}(x,y,z) = e'_{ij}\sum_{k=1}^{N} H(x-x_{pk}, x-x_{pk}-L_p)H(y-y_{pk}, y-y_{pk}-B_{pk}) \cdot H(z-z_{pk}, z-z_{pk}-h_{pk}) \tag{2.81}$$

$$\varepsilon'_3(x,y,z) = \varepsilon'_{ij}\sum_{k=1}^{N} H(x-x_{pk}, x-x_{pk}-L_{pk})H(y-y_{pk}, y-y_{pk}-B_{pk}) \cdot H(z-z_{pk}, z-z_{pk}-h_{pk}) \tag{2.82}$$

基于弹性薄板的假设，板的运动方程为

$$\overline{m}(x,y)\frac{\partial^2 w}{\partial t^2} - \left(\frac{\partial^2 \mathcal{M}_x}{\partial x^2} + 2\frac{\partial^2 \mathcal{M}_{xy}}{\partial x \partial y} + \frac{\partial^2 \mathcal{M}_y}{\partial y^2}\right) = f_e(x,y) \tag{2.83}$$

式中，$\mathcal{M}_x$、$\mathcal{M}_y$、$\mathcal{M}_{xy}$ 为截面上单位宽度的弯矩，由弹性力学可知：

$$\mathcal{M}_x = \int_{-h_t/2}^{h_t/2} zT_1 \mathrm{d}z,\quad \mathcal{M}_y = \int_{-h_t/2}^{h_t/2} zT_2 \mathrm{d}z,\quad \mathcal{M}_{xy} = \int_{-h_t/2}^{h_t/2} zT_6 \mathrm{d}z \tag{2.84}$$

截面上的应变可以表示成以下形式：

$$S_1 = -\frac{\partial^2 w}{\partial x^2}z,\quad S_2 = -\frac{\partial^2 w}{\partial y^2}z,\quad S_6 = -2\frac{\partial^2 w}{\partial x \partial y}z \tag{2.85}$$

将式（2.85）代入式（2.9），再代入式（2.84）可得

$$\begin{aligned}\mathcal{M}_x &= -\left(\int_{-h_t/2}^{h_t/2} c'_{11}z^2 \mathrm{d}z\frac{\partial^2 w}{\partial x^2} + \int_{-h_t/2}^{h_t/2} c'_{12}z^2 \mathrm{d}z\frac{\partial^2 w}{\partial y^2}\right) - \int_{-h_t/2}^{h_t/2} e'_{31}E_3 z\mathrm{d}z \\ &= -\left(\overline{D}_{11}\frac{\partial^2 w}{\partial x^2} + \overline{D}_{12}\frac{\partial^2 w}{\partial y^2}\right) - \mathcal{M}_{px}\end{aligned} \tag{2.86}$$

$$\begin{aligned}\mathcal{M}_y &= -\left(\int_{-h_t/2}^{h_t/2} c'_{12}z^2 \mathrm{d}z\frac{\partial^2 w}{\partial x^2} + \int_{-h_t/2}^{h_t/2} c'_{11}z^2 \mathrm{d}z\frac{\partial^2 w}{\partial y^2}\right) - \int_{-h_t/2}^{h_t/2} e'_{31}E_3 z\mathrm{d}z \\ &= -\left(\overline{D}_{12}\frac{\partial^2 w}{\partial x^2} + \overline{D}_{11}\frac{\partial^2 w}{\partial y^2}\right) - \mathcal{M}_{py}\end{aligned} \tag{2.87}$$

$$\mathcal{M}_{xy} = -2\int_{-h_t/2}^{h_t/2} c_{66}z^2 \mathrm{d}z\frac{\partial^2 w}{\partial x \partial y} = -2\overline{D}_{66}\frac{\partial^2 w}{\partial x \partial y} \tag{2.88}$$

式中，弯曲刚度 $\overline{D}_{11}$、$\overline{D}_{12}$、$\overline{D}_{66}$ 的表达式如下：

$$\begin{aligned}\overline{D}_{11} &= \frac{Y_{b1}h_b^3}{12(1-\nu_{b12}^2)} + \frac{Y_{p1}}{24(1-\nu_{p12}^2)}[(h_b + 2h_{pk})^3 - h_b^3] \\ &\cdot\sum_{k=1}^{K} H(x-x_{pk}, x-x_{pk}-L_{pk})H(y-y_{pk}, y-y_{pk}-B_{pk})\end{aligned} \tag{2.89}$$

$$\bar{D}_{12} = \frac{\nu_{\mathrm{p}12} Y_{\mathrm{b}1} h_{\mathrm{b}}^3}{12(1-\nu_{\mathrm{b}12}^2)} + \frac{\nu_{\mathrm{p}12} Y_{\mathrm{p}1}}{24(1-\nu_{\mathrm{p}12}^2)}[(h_{\mathrm{b}} + 2h_{\mathrm{p}k})^3 - h_{\mathrm{b}}^3] \\ \cdot \sum_{k=1}^{K} H(x - x_{\mathrm{p}k}, x - x_{\mathrm{p}k} - L_{\mathrm{p}k}) H(y - y_{\mathrm{p}k}, y - y_{\mathrm{p}k} - B_{\mathrm{p}k}) \tag{2.90}$$

$$\bar{D}_{66} = \frac{Y_{\mathrm{b}1} h_{\mathrm{b}}^3}{12(1+\nu_{\mathrm{b}12})} + \frac{Y_{\mathrm{p}1}}{24(1+\nu_{\mathrm{p}12})}[(h_{\mathrm{b}} + 2h_{\mathrm{p}k})^3 - h_{\mathrm{b}}^3] \\ \cdot \sum_{k=1}^{K} H(x - x_{\mathrm{p}k}, x - x_{\mathrm{p}k} - L_{\mathrm{p}k}) H(y - y_{\mathrm{p}k}, y - y_{\mathrm{p}k} - B_{\mathrm{p}k}) \\ = \bar{D}_{11} - \bar{D}_{12} \tag{2.91}$$

式（2.86）和式（2.87）中的$\mathcal{M}_{\mathrm{p}x}$、$\mathcal{M}_{\mathrm{p}y}$是由压电片产生的弯矩，在控制中作为控制力。利用$e'_{31}(x,y,z)$的表达式（2.81），可得$\mathcal{M}_{\mathrm{p}x}$、$\mathcal{M}_{\mathrm{p}y}$如下：

$$\mathcal{M}_{\mathrm{p}x} = \mathcal{M}_{\mathrm{p}y} = \int_{-h_{\mathrm{t}}/2}^{h_{\mathrm{t}}/2} e'_{31} E_3 z \mathrm{d}z \\ = \sum_{k=1}^{K} e'_{31} \frac{V_k}{h_{\mathrm{p}k}} H(x - x_{\mathrm{p}k}, x - x_{\mathrm{p}k} - L_{\mathrm{p}k}) H(y - y_{\mathrm{p}k}, y - y_{\mathrm{p}k} - B_{\mathrm{p}k}) \\ \cdot \int_{-h_{\mathrm{t}}/2}^{h_{\mathrm{t}}/2} H(z - z_{\mathrm{p}k}, z - z_{\mathrm{p}k} - h_{\mathrm{p}}) z \mathrm{d}z \\ = \sum_{k=1}^{K} (z_{\mathrm{p}k} + h_{\mathrm{p}k}/2) e'_{31} V_k H(x - x_{\mathrm{p}k}, x - x_{\mathrm{p}k} - L_{\mathrm{p}}) H(y - y_{\mathrm{p}k}, y - y_{\mathrm{p}k} - B_{\mathrm{p}k}) \tag{2.92}$$

将式（2.86）和式（2.87）代入式（2.83）可得压电板的运动方程为

$$\bar{m}(x,y)\frac{\partial^2 w}{\partial t^2} + \frac{\partial^2}{\partial x^2}\left(\bar{D}_{11}\frac{\partial^2 w}{\partial x^2} + \bar{D}_{12}\frac{\partial^2 w}{\partial y^2}\right) + 2\frac{\partial^2}{\partial x \partial y}\left(\bar{D}_{66}\frac{\partial^2 w}{\partial x \partial y}\right) \\ + \frac{\partial^2}{\partial y^2}\left(\bar{D}_{12}\frac{\partial^2 w}{\partial x^2} + \bar{D}_{11}\frac{\partial^2 w}{\partial y^2}\right) \\ = \frac{\partial^2 \mathcal{M}_{\mathrm{p}x}}{\partial x^2} + \frac{\partial^2 \mathcal{M}_{\mathrm{p}y}}{\partial y^2} + f_{\mathrm{e}}(x,y) \tag{2.93}$$

假设压电片对结构的质量和刚度都没有影响，则可以得到简化的运动方程：

$$\bar{m}\frac{\partial^2 w}{\partial t^2} + \bar{D}_{11}\left(\frac{\partial^4 w}{\partial x^4} + 2\frac{\partial^4 w}{\partial x^2 \partial y^2} + \frac{\partial^4 w}{\partial y^4}\right) = f_{\mathrm{c}}(x,y) + f_{\mathrm{e}}(x,y) \tag{2.94}$$

式中，右边第一项为压电片产生的控制力，即

$$f_{\mathrm{c}}(x,y) = \frac{\partial^2 \mathcal{M}_{\mathrm{p}x}}{\partial x^2} + \frac{\partial^2 \mathcal{M}_{\mathrm{p}y}}{\partial y^2} \\ = \sum_{k=1}^{K} e'_{31} V_k (z_{\mathrm{p}k} + h_{\mathrm{p}k}/2)[\delta'(x - x_{\mathrm{p}k}, x - x_{\mathrm{p}k} - L_{\mathrm{p}k}) H(y - y_{\mathrm{p}k}, y - y_{\mathrm{p}k} - B_{\mathrm{p}k})$$

$$
\begin{aligned}
&+H(x-x_{pk},x-x_{pk}-L_{pk})\delta'(y-y_{pk},y-y_{pk}-B_{pk})\Big]\\
&=\sum_{k=1}^{K}f_{ck}(x,y)
\end{aligned}
\tag{2.95}
$$

式中，$f_{ck}(x,y)$ 为第 k 个压电片产生的控制力。由式（2.95）可知，每个压电片沿其周边都产生控制力。根据式（2.9）的第四个方程，压电片中的电位移表示为

$$
D_3=e'_{31}S_1+e'_{31}S_2+\varepsilon'_3E_3 \tag{2.96}
$$

在第 k 个压电片的区域 Ω_k，对式（2.96）进行积分得

$$
\begin{aligned}
Q_k&=\frac{1}{h_p}\left\{\int_{z_k}^{z_k+h_{pk}}\int_{y_{pk}}^{y_{pk}+B_{pk}}\int_{x_{pk}}^{x_{pk}+L_{pk}}e'_{31}\left[-\frac{\partial w^2(x,y)}{\partial x^2}-\frac{\partial w^2(x,y)}{\partial y^2}\right]z\mathrm{d}x\mathrm{d}y\mathrm{d}z\right.\\
&\quad\left.+\int_{z_k}^{z_k+h_{pk}}\int_{y_{pk}}^{y_{pk}+B_{pk}}\int_{x_{pk}}^{x_{pk}+L_{pk}}\varepsilon'_3E_3\mathrm{d}x\mathrm{d}y\mathrm{d}z\right\}\\
&=e'_{31}V_k(z_{pk}+h_{pk}/2)\left\{\int_{y_{pk}}^{y_{pk}+B_{pk}}[w'_{i,x}(x_{pk}+L_{pk},y)-w'_{i,x}(x_{pk},y)]\mathrm{d}y\right.\\
&\quad\left.+\int_{x_{pk}}^{x_{pk}+L_{pk}}[w'_{i,y}(x,y_{pk}+B_{pk})-w'_{i,y}(x,y_{pk})]\mathrm{d}x\right\}+C'_{pk}V_k
\end{aligned}
\tag{2.97}
$$

式中，Q_k、V_k 分别为第 k 个压电片上的电荷和电压；C'_p 为该边界条件下压电片的电容，定义为

$$
C'_{pk}=\frac{\varepsilon'_3B_{pk}L_{pk}}{h_{pk}}=(1-k_p^2)\frac{\varepsilon_3B_{pk}L_{pk}}{h_{pk}}=(1-k_p^2)C_P^T \tag{2.98}
$$

比较式（2.98）和式（2.48）可知，在不同的工作模式下，压电片具有不同的电容量。

本书主要考虑四边固支的压电板，其边界条件可表示为

$$
\begin{aligned}
&w(-L/2,y)=0,\quad w(L/2,y)=0,\quad \frac{\partial w(-L/2,y)}{\partial x}=0,\quad \frac{\partial w(L/2,y)}{\partial x}=0\\
&w(x,-B/2)=0,\quad w(x,B/2)=0,\quad \frac{\partial w(x,-B/2)}{\partial y}=0,\quad \frac{\partial w(x,B/2)}{\partial y}=0
\end{aligned}
\tag{2.99}
$$

2.4.2　压电板的模态运动方程

和压电梁求解的方法相同，假设运动方程（2.83）右端的项为零，对压电板进行模态分析。对于四边固支的矩形板，固有模态没有封闭形式的解析解。但可以将其模态展开成级数的形式进行分析，或者用瑞利-里茨法（Rayleigh-Ritz method）

求近似解[28]。假设求得的固有角频率和模态函数分别为 ω_{ij} 和 $\phi_{ij}(x,y)$（其中 i，j 分别为振型在 x 方向和 y 方向的阶数），则结构的强迫振动可表示为以下形式：

$$w(x,y,t)=\sum_{i=1}^{\infty}\sum_{j=1}^{\infty}\phi_{ij}(x,y)u_{ij}(t) \tag{2.100}$$

为了后续公式简便起见，模态函数和振型换成一个下标表示。在下标变换时，将固有频率按从小到大的顺序排列，依次确定序号。式（2.100）改写成以下形式：

$$w(x,y,t)=\sum_{i=1}^{\infty}\phi_i(x,y)u_i(t) \tag{2.101}$$

将式（2.101）代入运动方程（2.83），并利用模态的正交性，可得

$$M_i\ddot{u}_i+C_i\dot{u}_i+K_i^E u_i=F_{ci}(t)+F_{ei}(t) \tag{2.102}$$

式中，$C_i\dot{u}_i$ 为人为加入的模态阻尼项；C_i 为模态阻尼系数。模态质量 M_i 和模态刚度 K_i^E 分别为

$$M_i=\int_0^B\int_0^L \overline{m}[\phi_i(x,y)]^2\mathrm{d}x\mathrm{d}y\,, \tag{2.103}$$

$$K_i^E=\int_0^B\int_0^L \overline{D}_{11}\left[\frac{\partial^2\phi_i(x,y)}{\partial x^2}+\frac{\partial^2\phi_i(x,y)}{\partial y^2}\right]^2\mathrm{d}x\mathrm{d}y \tag{2.104}$$

激振力 $F_{ei}(t)$ 可表示为

$$F_{ei}=\int_0^B\int_0^L f_{\mathrm{e}}(x,y)\phi_i(x,y)\mathrm{d}x\mathrm{d}y \tag{2.105}$$

控制力 $F_{ci}(t)$ 为

$$\begin{aligned}
F_{ci}&=\int_0^B\int_0^L f_{\mathrm{c}}(x,y)\phi_i(x,y)\mathrm{d}x\mathrm{d}y=\sum_{k=1}^{K}\int_0^B\int_0^L f_{ck}(x,y)\phi_i(x,y)\mathrm{d}x\mathrm{d}y\\
&=\sum_{k=1}^{K}e_{31}'V_k(z_{pk}+h_{pk}/2)\int_0^B\int_0^L\Big[\delta'(x-x_{pk},x-x_{pk}-L_{pk})H(y-y_{pk},y-y_{pk}-B_{pk})\\
&\quad+H(x-x_{pk},x-x_{pk}-L_{pk})\delta'(y-y_{pk},y-y_{pk}-B_{pk})\Big]\phi_i(x,y)\mathrm{d}x\mathrm{d}y\\
&=\sum_{k=1}^{K}e_{31}'V_k(z_{pk}+h_{pk}/2)\Big\{\int_{y_{pk}}^{y_{pk}+B_{pk}}[\phi_{i,x}'(x_{pk}+L_{pk},y)-\phi_{i,x}'(x_{pk},y)]\mathrm{d}y\\
&\quad+\int_{x_{pk}}^{x_{pk}+L_{pk}}[\phi_{i,y}'(x,y_{pk}+B_{pk})-\phi_{i,y}'(x,y_{pk})]\mathrm{d}x\Big\}\\
&=-(\alpha_{i1},\cdots,\alpha_{iK})\begin{pmatrix}V_1\\ \vdots\\ V_K\end{pmatrix}
\end{aligned} \tag{2.106}$$

式中，$\phi_{i,x}'(x,y)$、$\phi_{i,y}'(x,y)$ 分别为 $\phi_i(x,y)$ 关于 x、y 的导数，α_{ik} 可表示为

$$\alpha_{ik} = -e'_{31}(z_{pk} + h_{pk}/2)\left\{\int_{y_{pk}}^{y_{pk}+B_{pk}} [w'_{i,x}(x_{pk}+L_{pk}, y) - w'_{i,x}(x_{pk}, y)]\mathrm{d}y \right. \\ \left. + \int_{x_{pk}}^{x_{pk}+L_{pk}} [w'_{i,y}(x, y_{pk}+B_{pk}) - w'_{i,y}(x, y_{pk})]\mathrm{d}x\right\} \tag{2.107}$$

进一步忽略高阶模态，只考虑前 N 阶模态，可得模态空间的运动方程，表示为

$$\boldsymbol{M}\ddot{\boldsymbol{u}} + \boldsymbol{C}\dot{\boldsymbol{u}} + \boldsymbol{K}\boldsymbol{u} = -\boldsymbol{A}\boldsymbol{V} + \boldsymbol{F}_{\mathrm{e}} \tag{2.108}$$

同样可以得到传感方程为

$$\boldsymbol{A}^{\mathrm{T}}\boldsymbol{u} - \boldsymbol{C}_{\mathrm{p}}\boldsymbol{V} = \boldsymbol{Q} \tag{2.109}$$

式中，$\boldsymbol{C}_{\mathrm{p}}$ 对角线上的元素为式（2.98）中定义的 C'_{p} 的对角矩阵。

2.5　压电智能结构的基本特性

2.5.1　电学边界条件对压电结构刚度与固有频率的影响

当压电元件短路时，其电压始终为零，即 $\boldsymbol{V} = 0$。代入式（2.68）或者式（2.108）可得

$$\boldsymbol{M}\ddot{\boldsymbol{u}} + \boldsymbol{C}\dot{\boldsymbol{u}} + \boldsymbol{K}\boldsymbol{u} = \boldsymbol{F}_{\mathrm{e}} \tag{2.110}$$

从式（2.110）也可以看出，由 $K_i^E (i=1,\cdots,N)$ 为对角单元组成的刚度矩阵 $\boldsymbol{K}$ 就是压电元件单元短路时的结构刚度矩阵。

当压电元件为开路时，电路上没有电流通过，可以认为压电元件上的电荷为零，即 $\boldsymbol{Q} = 0$。由式（2.72）或者式（2.109）可得

$$\boldsymbol{A}^{\mathrm{T}}\boldsymbol{u} - \boldsymbol{C}_{\mathrm{p}}\boldsymbol{V} = 0 \tag{2.111}$$

从式（2.111）解出 $\boldsymbol{V}$，并代入式（2.68）或者式（2.108）可得

$$\boldsymbol{M}\ddot{\boldsymbol{u}} + \boldsymbol{C}_{\mathrm{d}}\dot{\boldsymbol{u}} + (\boldsymbol{K} + \boldsymbol{A}\boldsymbol{C}_{\mathrm{p}}^{-1}\boldsymbol{A}^{\mathrm{T}})\boldsymbol{u} = \boldsymbol{F}_{\mathrm{e}} \tag{2.112}$$

由于 $\boldsymbol{A}\boldsymbol{C}_{\mathrm{p}}^{-1}\boldsymbol{A}^{\mathrm{T}}$ 是非对角矩阵，$\boldsymbol{A}\boldsymbol{C}_{\mathrm{p}}^{-1}\boldsymbol{A}^{\mathrm{T}}$ 的存在导致模态间的耦合，但这种耦合非常弱，可以忽略不计。矩阵 $\boldsymbol{A}\boldsymbol{C}_{\mathrm{p}}^{-1}\boldsymbol{A}^{\mathrm{T}}$ 的对角线上的元素直接影响模态的刚度，由于对角线上的元素均为正，因此压电元件开路状态时的结构刚度高于短路时的结构刚度。这是因为在开路状态下变形时压电片上不仅储存机械能，而且储存电能，从而增加了结构的刚性。

如果把所有压电元件开路时和所有压电元件短路时第 i 阶模态的固有角频率分别定义为 $\omega_{\mathrm{oc},i}$ 和 $\omega_{\mathrm{sc},i}$，则由式（2.110）和式（2.112）可知

$$\omega_{\mathrm{sc},i}^2 = \frac{K_i^E}{M_i},\ \omega_{\mathrm{oc},i}^2 = \left(K_i^E + \sum_{k=1}^{K}\frac{\alpha_{ik}^2}{C_{\mathrm{p}i}}\right)\bigg/ M_i \tag{2.113}$$

上述第二个表达式是忽略了式（2.112）中耦合项的影响后得到的。由于 $\omega_{\text{oc},i}^2$ 的表达式中的第二项为正，因此开路状态的固有频率高于短路状态的固有频率。$\omega_{\text{oc},i}$ 和 $\omega_{\text{sc},i}$ 之间存在以下关系：

$$\omega_{\text{oc},i}^2 = \omega_{\text{sc},i}^2 + \left(\sum_{k=1}^{K}\frac{\alpha_{ik}^2}{C_{\text{p}k}}\right)\Big/ M_i \tag{2.114}$$

如果第 k 个压电元件为开路，那么当其他所有压电元件均为短路时，第 i 阶模态的固有角频率为 $\omega_{\text{oc},ik}$，则式（2.115）成立：

$$\omega_{\text{oc},ik}^2 = \omega_{\text{sc},i}^2 + \alpha_{ik}^2 \big/ (C_{\text{p}k} M_i) \tag{2.115}$$

式（2.115）可以用于实验中估计力因子 α_{ik} [29]。

2.5.2　结构机电耦合系数与机械品质因子

压电智能结构中一个重要的参数是结构机电耦合系数，它是结构振动时储存的电能和机械能之比的一种度量。一般而言，结构机电耦合系数越大，结构越容易控制。本书中在控制性能的表达式中也将经常用到结构机电耦合系数。

对于具有多个振动模态的连续结构，不同模态振动时储存的电能和机械能之比是不同的，即不同模态的结构机电耦合系数是不同的。因此按照振动模态定义结构机电耦合系数为

$$K_{\text{s},i}^2 = \frac{\omega_{\text{oc},i}^2 - \omega_{\text{sc},i}^2}{\omega_{\text{sc},i}^2} \tag{2.116}$$

式中，$K_{\text{s},i}$ 为第 i 阶模态的机电耦合系数。

因此，角频率 $\omega_{\text{oc},i}$ 和 $\omega_{\text{sc},i}$ 之间的关系可以用 $K_{\text{s},i}$ 表示成以下形式：

$$\omega_{\text{oc},i}^2 = \omega_{\text{sc},i}^2 (1 + K_{\text{s},i}^2) \tag{2.117}$$

将式（2.113）代入式（2.116），可得

$$K_{\text{s},i}^2 = \sum_{k=1}^{K}\frac{\alpha_{ik}^2}{C_{\text{p}k} K_i^E} \tag{2.118}$$

第 k 个压电元件产生的结构机电耦合系数可表示为

$$K_{\text{s},ik}^2 = \frac{\alpha_{ik}^2}{C_{\text{p}k} K_i^E} \tag{2.119}$$

该式表明，$K_{\text{s},ik}$ 与压电元件的力因子平方成正比。

根据结构振动理论[28]，第 i 阶模态的阻尼比定义为

$$\zeta = \frac{C_{\text{d}i}}{2\sqrt{M_i K_i^E}} \tag{2.120}$$

第 i 阶模态的机械品质因子定义为

$$Q_{\mathrm{m}} = \frac{1}{2\zeta} = \frac{\sqrt{M_i K_i^E}}{C_{\mathrm{d}i}} \tag{2.121}$$

从后面的章节中可以看到，Q_{m} 值对控制效果具有重要的影响。

2.6　压电智能结构的状态空间模型

如果定义状态向量为

$$\boldsymbol{X}(t) = \begin{Bmatrix} \boldsymbol{u} \\ \hline \dot{\boldsymbol{u}} \end{Bmatrix} \tag{2.122}$$

则可以直接将 2.2 节和 2.3 节中的模态运动方程和传感方程转换为状态方程与输出方程。为了后面应用的方便，这里从基于模态质量归一化后的模态运动方程中获得状态空间模型。

如果 2.2 节和 2.3 节中所用的模态函数是关于模态质量归一化的，则直接可以得到如下模态运动方程：

$$\ddot{u}_i + 2\zeta_i \omega_i \dot{u}_i + \omega_i^2 u_i = F_{\mathrm{c}i}(t) + F_{\mathrm{e}i}(t) \tag{2.123}$$

式中，$2\zeta_i \omega_i \dot{u}_i$ 为人为加入的模态阻尼项；ζ_i 为模态阻尼比，一般需要通过实验的方法测得。忽略高阶模态，模态空间的运动方程可表示为如下矩阵形式：

$$\ddot{\boldsymbol{u}} + [2\zeta_i \omega_i]\dot{\boldsymbol{u}} + [\omega_i^2]\boldsymbol{u} = -\boldsymbol{A}\boldsymbol{V} + \boldsymbol{F}_{\mathrm{e}} \tag{2.124}$$

其中，

$$[2\zeta_i \omega_i] = \begin{bmatrix} 2\zeta_1\omega_1 & \cdots & 0 \\ \vdots & \ddots & \vdots \\ 0 & \cdots & 2\zeta_N \omega_N \end{bmatrix}, [\omega_i^2] = \begin{bmatrix} \omega_1^2 & \cdots & 0 \\ \vdots & \ddots & \vdots \\ 0 & \cdots & \omega_N^2 \end{bmatrix} \tag{2.125}$$

式（2.124）中 $\boldsymbol{u}$ 、$\boldsymbol{A}$ 、$\boldsymbol{V}$ 、$\boldsymbol{F}_{\mathrm{e}}$ 的定义与 2.2 节相同，但 $\boldsymbol{A}$ 、$\boldsymbol{F}_{\mathrm{e}}$ 的计算公式中都用归一化的模态函数。传感方程的形式与式（2.72）相同。

在建立系统的状态方程时需要考虑系统的输入和输出量。现在考虑两种情况，第一种情况是将部分压电片作为传感器；第二种情况是用位移传感器直接测量结构上的位移。

2.6.1　使用压电传感器的状态方程

假设 K 个压电片中前 K_1 个压电片作为驱动器，后 K_2 个压电片可作为传感器，模态运动方程可以重新表示为

$$\ddot{\boldsymbol{u}}+2[\zeta_i\omega_i]\dot{\boldsymbol{u}}+[\omega_i^2]\boldsymbol{u}=-\boldsymbol{A}_1\mathbf{V}_1-\boldsymbol{A}_2\boldsymbol{V}_2+\boldsymbol{F}_{\mathrm{e}} \tag{2.126}$$

$$-\left[\frac{\boldsymbol{A}_1^{\mathrm{T}}}{\boldsymbol{A}_2^{\mathrm{T}}}\right]\boldsymbol{u}+\left[\frac{\boldsymbol{C}_{\mathrm{p1}}\quad \boldsymbol{0}}{\boldsymbol{0}\quad \boldsymbol{C}_{\mathrm{p2}}}\right]\left[\frac{\boldsymbol{V}_1}{\boldsymbol{V}_2}\right]=\left[\frac{\boldsymbol{Q}_1}{\boldsymbol{Q}_2}\right] \tag{2.127}$$

对于作为驱动器的压电片，其电压是由控制器决定的。对于作为传感器的压电片，一般假设它们是开路的，其电压作为输出量。因此可以得到

$$-\boldsymbol{A}_2^{\mathrm{T}}\boldsymbol{u}+\boldsymbol{C}_{\mathrm{p2}}\boldsymbol{V}_2=0 \tag{2.128}$$

从式（2.128）解出$\boldsymbol{V}_2$：

$$\boldsymbol{V}_2=\boldsymbol{C}_{\mathrm{p2}}^{-1}\boldsymbol{A}_2^{\mathrm{T}}\boldsymbol{u} \tag{2.129}$$

代入式（2.126）可得

$$\ddot{\boldsymbol{u}}+2[\zeta_i\omega_i]\dot{\boldsymbol{u}}+([\omega_i^2]+\boldsymbol{A}_2\boldsymbol{C}_{\mathrm{p2}}^{-1}\boldsymbol{A}_2^{\mathrm{T}})\boldsymbol{u}=-\boldsymbol{A}_1\boldsymbol{V}_1+\boldsymbol{F}_{\mathrm{e}} \tag{2.130}$$

最后，系统的状态方程可表示为

$$\dot{X}(t)=A_{\mathrm{c}}X(t)+B_{\mathrm{c}}u_{\mathrm{c}}(t)+\tilde{F}_{\mathrm{e}}(t) \tag{2.131}$$

$$y_{\mathrm{c}}=C_{\mathrm{c}}X \tag{2.132}$$

其中，

$$A_{\mathrm{c}}=\left[\frac{\boldsymbol{0}\qquad\qquad \boldsymbol{I}}{-([\omega_i^2]+\boldsymbol{A}_2\boldsymbol{C}_{\mathrm{p2}}^{-1}\boldsymbol{A}_2^{\mathrm{T}})\ \ -[2\zeta_i\omega_i]}\right],\quad B_{\mathrm{c}}=\begin{bmatrix}\boldsymbol{0}\\ \mathbf{A}_1\end{bmatrix},\quad \tilde{F}_{\mathrm{e}}=\begin{bmatrix}\boldsymbol{0}\\ \boldsymbol{F}_{\mathrm{e}}\end{bmatrix} \tag{2.133}$$

$$C_{\mathrm{c}}=\boldsymbol{C}_{\mathrm{p2}}^{-1}\boldsymbol{A}_2^{\mathrm{T}},\quad u_{\mathrm{c}}=\boldsymbol{V}_1,\quad y_{\mathrm{c}}=\boldsymbol{V}_2$$

2.6.2 使用位移传感器的状态方程

在实际的控制实验中，常采用位移传感器直接测量结构上某一点或者某一些点的位移。这里将K个压电片均作为驱动器，用一个位移传感器测量结构上x_{s}处的位移状态，可知

$$w(x_{\mathrm{s}})=\sum_{i=1}^{N}\phi_i(x_{\mathrm{s}})u_i(t)=\{\phi_1(x_{\mathrm{s}}),\phi_2(x_{\mathrm{s}}),\cdots,\phi_N(x_{\mathrm{s}})\}\boldsymbol{u}(t)=\boldsymbol{\Phi}_{\mathrm{s}}\boldsymbol{u}(t) \tag{2.134}$$

其中，

$$\boldsymbol{\Phi}_{\mathrm{s}}=\{\phi_1(x_{\mathrm{s}}),\phi_2(x_{\mathrm{s}}),\cdots,\phi_N(x_{\mathrm{s}})\} \tag{2.135}$$

此时，状态方程的形式仍然与式（2.131）和式（2.132）相同，其系数矩阵、输入量、输出量分别为

$$A_{\mathrm{c}}=\left[\frac{\boldsymbol{0}\qquad \boldsymbol{I}}{-[\omega_i^2]\ \ -[2\zeta_i\omega_i]}\right],\quad B_{\mathrm{c}}=\begin{bmatrix}\boldsymbol{0}\\ \boldsymbol{A}\end{bmatrix},\quad \tilde{F}_{\mathrm{e}}=\begin{bmatrix}\boldsymbol{0}\\ \boldsymbol{F}_{\mathrm{e}}\end{bmatrix} \tag{2.136}$$

$$C_{\mathrm{c}}=[\boldsymbol{\Phi}_{\mathrm{s}}\ \ \boldsymbol{0}],\quad u_{\mathrm{c}}=\boldsymbol{V},\quad y_{\mathrm{c}}=\{w(x_{\mathrm{s}})\}$$

上述讨论虽然是在使用一个位移传感器的情况下，但很容易扩展到使用多个

位移传感器的情况，使用多个传感器的推导过程和上述使用单个位移传感器的推导类似。

2.7　压电智能结构的振动响应

包括压电元件在内的智能结构一般都是连续体结构。当使用前面介绍的建模方法，并忽略高阶模态时，压电智能结构可以简化成一个离散的多自由度系统。假设有一个包含 K 个压电元件的压电智能结构，考虑其中的 n 个模态，结构的动力学控制方程为

$$\sum_{i=1}^{n} M_i\ddot{u}_i + C_i\dot{u}_i + K_i^E u_i = -\sum_{i=1}^{n}\sum_{l=1}^{K}\alpha_{il}V_{al}(t) + F_{ei}(t) \tag{2.137}$$

式中，α_{il} 为第 i 个模态和第 l 个压电元件之间的力因子。压电智能结构只有一个压电元件时，其简化的 n 自由度机电耦合模型可以表示为如图 2.3 所示的形式。

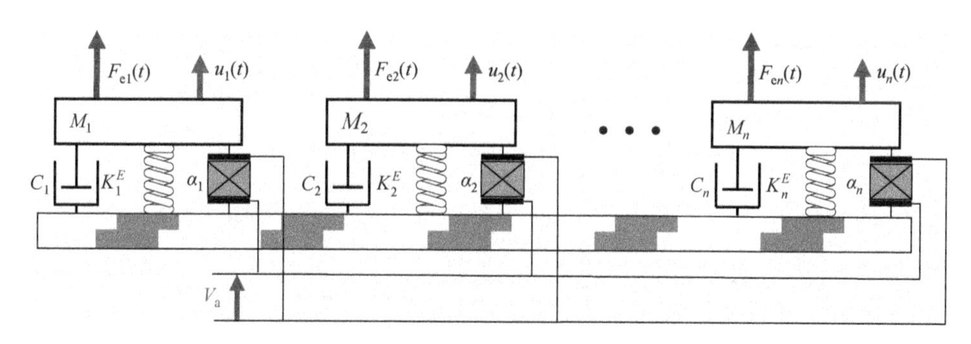

图 2.3　多模态机电耦合模型

如果模态的固有频率相差足够大，并且在某一阶模态的固有频率的附近激励系统时，该模态的振动一般要比其他模态大得多。此时，其他模态的振动可以忽略不计，而近似地将系统简化为单自由度系统，可以用如图 2.4 所示的机电耦合模型（只含有一个压电元件的单自由度系统）表示[30]。假设包含压电元件的智能结构是线弹性的，那么系统的微分方程可表示为

$$M\ddot{u} + C\dot{u} + K^E u = F_e - \alpha V \tag{2.138}$$

式（2.138）两边同乘以速度 $\dot{u}$，并对时间序列积分得

$$\int_0^T F_e\dot{u}\mathrm{d}t = \left(\frac{1}{2}M\dot{u}^2 + \frac{1}{2}K^E u^2\right)\Bigg|_0^T + \int_0^T C\dot{u}^2\mathrm{d}t + \int_0^T \alpha V\dot{u}\mathrm{d}t \tag{2.139}$$

从式（2.139）中可以看出，系统总的输入能量 $\int F_e\dot{u}\mathrm{d}t$ 可分为四个部分：动能 $M\dot{u}^2/2$、势能 $K^E u^2/2$、机械损耗能 $\int C\dot{u}^2\mathrm{d}t$ 和机电转换能 $\int \alpha V\dot{u}\mathrm{d}t$。在稳态振

动条件下，式（2.139）中的动能和势能的值近似为常数，且两者之和接近为 0。因此输入的总能量主要由机械损耗能以及机电转换的能量来平衡，即式（2.139）可简化为

$$\int_0^T F_e \dot{u} \mathrm{d}t = \int_0^T C\dot{u}^2 \mathrm{d}t + \int_0^T \alpha V \dot{u} \mathrm{d}t \tag{2.140}$$

当激励的频率与结构某阶固有频率相同时，可以认为结构的振动速度 $\dot{u}$ 与激振力 $F_e(t)$ 是同相位的。那么，输入的能量以及阻尼耗散的能量可表示为

$$\int_0^T F_e \dot{u} \mathrm{d}t = F_M u_M \pi, \quad \int_0^T C\dot{u}^2 \mathrm{d}t = C\omega_0 u_M^2 \pi \tag{2.141}$$

结构的机械损耗能由结构材料本身决定，因此可以通过提高机电转换的能量达到振动控制的目的。

这也是本书介绍的非线性同步开关阻尼技术的理论依据。下面的章节中会重点介绍通过分支电路中开关的切换，改变压电元件上电压的幅值和相位，提高机电转换的能量，从而达到振动控制的效果。

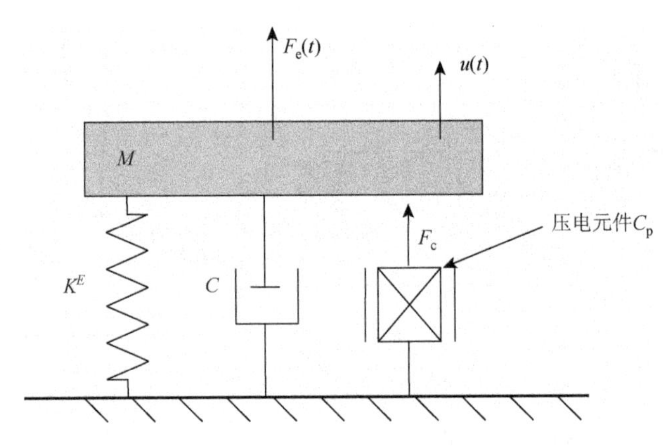

图 2.4　单自由度系统机电模型的示意图

单自由度系统在简谐激励下的振动响应表达式可以详见于诸多教科书[31]：先考虑结构共振频率处的单频振动，即以结构的固有频率对其进行激励，激振力可以表示为

$$F_e = F_{eM} \sin \omega_r t \tag{2.142}$$

式中，F_{eM} 为模态激振力的幅值；ω_r 是该模态的固有角频率。位移响应可表示为

$$u = u_M \cos(\omega_r t + \beta) \tag{2.143}$$

式中，u_M 为振动位移幅值；β 为相位角。当结构在共振频率下激励时，其相位角为 0。

控制前位移幅值为

$$u_{M0}=\frac{F_M}{C\omega_r}\cos(\omega_r t+\beta) \tag{2.144}$$

当压电元件处于开路状态（即未控制时），压电元件电压与结构振动位移和速度的关系如图 2-5 所示。

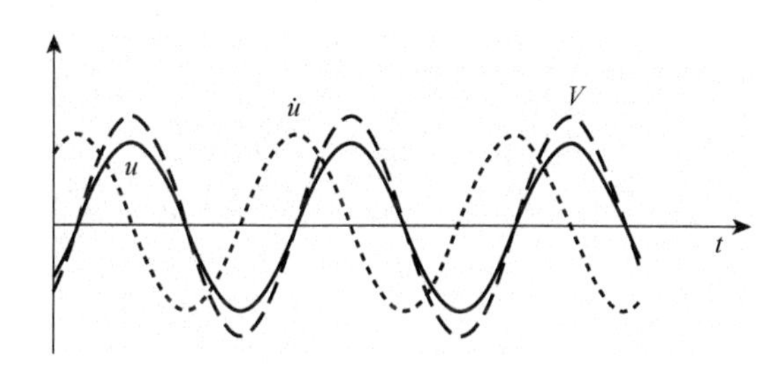

图 2.5　压电元件处于开路状态时，压电元件电压与结构振动位移和速度的关系

2.8　结构模型参数的实验测试方法

前面介绍了求模态运动方程、传感方程以及状态空间模型的解析方法。由于材料参数、结构几何参数的误差以及实际边界条件与理想状态边界条件的差异，用解析的方法和数值方法求得的模型往往存在误差，即从模型获得的系统响应与实际系统的响应往往存在误差。因此，在实际问题中常常利用实验测试的方法获得模型参数。这里简单介绍通过实验测试获得模态阻尼和压电元件力因子的方法。

假设固有频率之间的差足够大，当第 i 阶模态的固有频率附近激励时，其他模态的振动对响应的影响可以忽略不计。如果通过随机激励或者扫频测得所有压电片短路时第 i 阶模态的响应如图 2.6 所示，其中 y_r 表示共振情况下的振动幅值，则阻尼比为

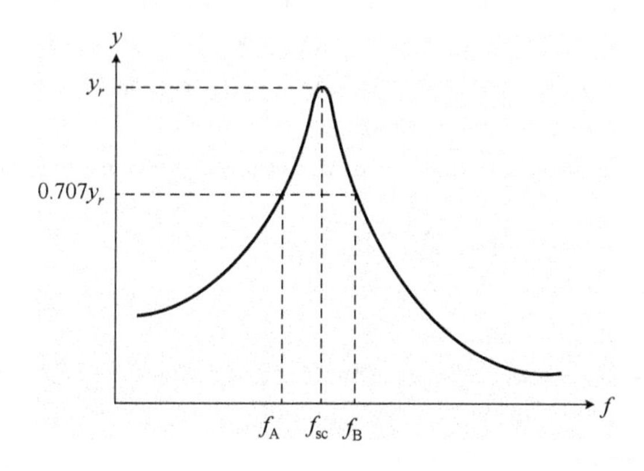

图 2.6　幅频曲线示意图

$$\zeta = \frac{f_{\mathrm{B}} - f_{\mathrm{A}}}{2 f_{\mathrm{sc},i}} \tag{2.145}$$

式中，$f_{\mathrm{sc},i}$ 为所有压电元件短路时第 i 阶模态的固有频率；f_{A}、f_{B} 分别为图 2.6 中振动幅值下降到共振幅值 y_r 的 70.7%时对应的频率。

假设第 k 个压电元件开路测得的第 i 阶模态的固有频率为 $f_{\mathrm{oc},ik}$，则从式(2.115)可知，力因子 α_{ik} 可以通过式（2.146）计算得到：

$$\alpha_{ik}^2 = C_{\mathrm{p}k}[(2\pi f_{\mathrm{oc},ik})^2 - (2\pi f_{\mathrm{sc},i})^2] \tag{2.146}$$

式中，$C_{\mathrm{p}k}$ 为第 k 个压电元件的电容量，很容易测量得到。需要注意的是，式（2.146）中已经假设模态质量为 1。

2.9 参 考 文 献

[1] Meirovitch L. Analytical methods in vibrations. New York：The Macmilan Co，1967.

[2] Qiu J H. A study on vibration control of cylindrical shells. Sendai：Tohoku University，1996.

[3] Gopinathan S V，Varadan V V，Varadan V K. A review and critique of theories for piezoelectric laminates. Smart Materials and Structures，2000，9（1）：24-48.

[4] Lau C W H，Lim C W，Leung A Y T. A variational energy approach for electromechanical analysis of thick piezoelectric beam. Journal of Zhejiang University Science，2005，6A（9）：962-966.

[5] Hagood N W，Chung W H，Flotow A V. Modelling of piezoelectric actuator dynamics for active structural control. Journal of Intelligent Material Systems and Structures，1990，1（3）：327-354.

[6] Ikeda T. Fundamentals of piezoelectricity. New York：Oxford University，1996.

[7] 曹志远. 板壳振动理论. 北京：中国铁道出版社，1989.

[8] Ji H L，Qiu J H，Zhu K J，et al. Two-mode vibration control of a beam using nonlinear synchronized switching damping based on the maximization of converted energy. Journal of Sound and Vibration，2010，329（14）：2751-2767.

[9] Ji H L，Qiu J H，Xia P Q. Analysis of energy conversion in two-mode vibration control using synchronized switch damping approach. Journal of Sound and Vibration，2011，330（15）：3539-3560.

[10] Zhou R C，Xue D Y，Mei C. Finite element time domain-modal foumulation for nonlinear flutter of composite panels. AIAA Journal，1994，32（10）：2044-2052.

[11] Mohammadi S O R，Fleming A J. Piezoelectric transducers for vibration control and damping. Berlin：Springer，2006.

[12] 陶宝祺. 智能材料结构. 北京：国防工业出版社，1997.

[13] Cheng G G. Vibration and noise control of thin structures. Sendai：Tohoku University，1997.

[14] 王矜奉，姜祖桐，石瑞大. 压电振动. 北京：科学出版社，1989.

[15] 欧进萍. 结构振动控制——主动、半主动和智能控制. 北京：科学出版社，2003.

[16] 秦荣. 智能结构力学. 北京：科学出版社，2005.

[17] Qiu J H，Ji H L，Matsuta K，et al. Active noise isolation of a plate structure without using acoustic sensors. Journal of Intelligent Material Systems and Structures，2008，19（3）：325-332.

[18] Qiu Z C，Han J D，Zhang X M，et al. Active vibration control of a flexible beam using a non-collocated acceleration sensor and piezoelectric patch actuator. Journal of Sound and Vibration，2009，326（3-5）：438-455.
[19] Tani J，Takagi T，Qiu J. Intelligent material systems：Application of functional materials. Applied Mechanics Reviews，1998，51（8）：505-521.
[20] Tzou H S，Hollkamp J J. Collocated independent modal control with self-sensing orthogonal piezoelectric actuators（theory and experiment）. Smart Materials and Structures，1994，3（3）：277-284.
[21] Zhang X，Lu J，Shen Y. Active noise control of flexible linkage mechanism with piezoelectric actuators. Computers and Structures，2003，81（20）：2045-2051.
[22] Makihara K，Onoda J，Minesugi K. Novel approach to self-sensing actuation for semi-active vibration suppression. AIAA Journal，2006，44（7）：1445-1453.
[23] Harari S，Richard C，Gaudiller L. New semi-active multi-modal vibration control using piezoceramic components. Journal of Intelligent Material Systems and Structures，2009，20（13）：1603-1613.
[24] Hansen C H，Snyder S D. Active Control of Noise and Vibration. London：E & Fn Spon，1996.
[25] 栾桂冬，张金铎，王仁乾. 压电换能器和换能器阵. 北京：北京大学出版社，2005.
[26] 张福学. 现代压电学. 北京：科学出版社，2001.
[27] Timoshenko S P，Woinowsky-Krieger S. Theory of plates and shells，New York：McGraw-Hill，1959.
[28] 胡海岩，孙久厚，陈怀海. 机械振动与冲击. 北京：航空工业出版社，2002.
[29] Ji H，Qiu J，Nie H，et al. Semi-active vibration control of an aircraft panel using synchronized switch damping method. International Journal of Applied Electromagnetics and Mechanics，2014，46（4）：879-893.
[30] Badel A，Sebald G，Guyomar D，et al. Piezoelectric vibration control by synchronzied switching on adaptive voltage sources：Towards wideband semi-actvie damping. The Journal of the Acoustical Society of America，2006，119（5）：2815-2825.
[31] 胡海岩. 机械振动基础. 北京：北京航空航天大学出版社，2005.

第3章　同步开关阻尼半主动方法的控制原理

基于非线性同步开关阻尼（synchronized switch damping，SSD）技术的半主动控制方法为结构减振降噪提供了新的技术途径。SSD半主动控制方法自20世纪90年代末被提出以来，得到了广大学者的特别关注，并获得了长足的发展。目前SSD已发展成了多种形式[1-12]，包括基于短路的同步开关阻尼（SSD based on short circuit，SSDS）技术[6]、基于电感的同步开关阻尼（SSD based on inductor，SSDI）技术[7]以及基于外加电压源的同步开关阻尼（SSD based on voltage sources，SSDV）技术[9]。本章将重点介绍SSD半主动控制方法的原理及其在单自由度振动控制系统中的应用。

第2章表明，结构振动的能量方程为

$$\int_0^T F_\mathrm{e}\dot{u}\mathrm{d}t = \int_0^T C\dot{u}^2\mathrm{d}t + \int_0^T \alpha V\dot{u}\mathrm{d}t \tag{3.1}$$

由能量方程可知，通过提高系统的机电转换能 $\int_0^T \alpha V\dot{u}\mathrm{d}t$ 可以实现结构的振动抑制，且增大控制电压 V 的幅值可以进一步提升控制效果。基于上述理念，本章将从提高压电元件的控制电压的角度出发，介绍基于SSDS、SSDI和SSDV技术的三种控制方法。

3.1　SSDS控制方法[13-14]

SSDS技术的振动控制系统见图3.1（a）。在压电元件的两端串联一个开关

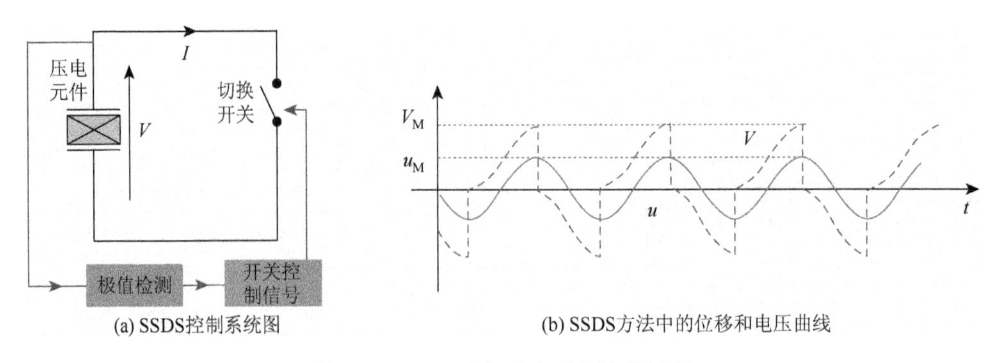

(a) SSDS控制系统图　　(b) SSDS方法中的位移和电压曲线

图3.1　SSDS半主动控制方法的原理

电路，当结构振动的位移达到极值时闭合开关，此时电路放电（开关闭合时间比结构振动时间要短得多）；当压电元件的电压放电到 0 时再迅速断开开关，此时压电元件上产生的电压与结构振动位移成正比。通过开关的切换处理，压电元件上产生的控制电压的幅值得到提高，同时控制电压的相位发生改变，从而使得压电元件上产生的力始终与结构运动的速度方向相反，达到振动控制的目的。

SSDS 控制方法中位移和电压曲线如图 3.1（b）所示。定义 V_{M} 为开关切换前压电元件上的电压值，V_{m} 为翻转后压电元件上的电压值。则在 SSDS 控制方法中，有

$$V_{\mathrm{m}}=0,\quad V_{\mathrm{M}}=2\frac{\alpha}{C_{\mathrm{p}}}u_{\mathrm{M}} \tag{3.2}$$

开关始终在位移极值点处切换，一个振动周期内，结构振动的位移和电压的关系如图 3.2 所示。由位移和电压构成的环面积与结构一个振动周期所做的功相等，因此也称为能量环。在 SSDS 控制方法中，一个振动周期内机电转换的能量为

$$E_t=\int_0^T \alpha V\dot{u}\mathrm{d}t=\frac{4\alpha^2}{C_{\mathrm{p}}}u_{\mathrm{M}}^2 \tag{3.3}$$

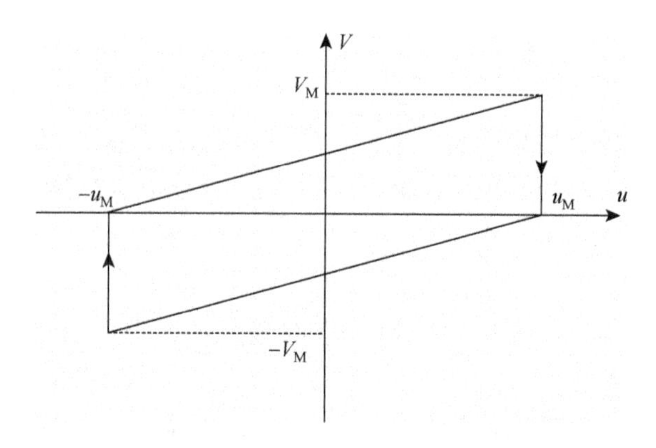

图 3.2　一个周期内机电转换的能量

第 2 章中写明系统的能量平衡方程为

$$\int_0^T F_{\mathrm{e}}\dot{u}\mathrm{d}t=\int_0^T C\dot{u}^2\mathrm{d}t+\int_0^T \alpha V\dot{u}\mathrm{d}t \tag{3.4}$$

式中，输入的能量以及阻尼耗散的能量可表示为

$$\int_0^T F_{\mathrm{e}}\dot{u}\mathrm{d}t=F_M u_M\pi,\quad \int_0^T C\dot{u}^2\mathrm{d}t=C\omega_0 u_{\mathrm{M}}^2\pi \tag{3.5}$$

将式（3.3）和式（3.5）代入能量方程（3.4），得

$$F_{\mathrm{M}}u_{\mathrm{M}}\pi = C\omega_{\mathrm{r}}u_{\mathrm{M}}^{2}\pi + 4\alpha u_{\mathrm{M}}^{2} / C_{\mathrm{p}} \tag{3.6}$$

对式（3.6）进行求解得到位移 u_{M} 为

$$u_{\mathrm{M}} = \frac{F_{\mathrm{M}}}{[C\omega_{\mathrm{r}} + 4\alpha^{2} / (\pi C_{\mathrm{p}})]} = \frac{u_{\mathrm{M0}}}{1 + 4K_{\mathrm{s}}Q_{\mathrm{m}} / \pi} \tag{3.7}$$

式中，K_{s} 为包含压电元件的智能结构的机电耦合系数，Q_{m} 为结构的机械品质因子。根据式（2.119）和式（2.121）知，K_{s} 和 Q_{m} 分别表示为[15-18]

$$K_{\mathrm{s}}^{2} = \frac{\alpha^{2}}{C_{\mathrm{p}}K_{E}},\quad Q_{\mathrm{m}} = \frac{1}{2\varsigma} = \frac{\sqrt{MK_{E}}}{C_{\mathrm{d}}} \tag{3.8}$$

这里忽略了上、下标。

控制效果的阻尼表达式定义如下：

$$A = 20\lg\left(\frac{u_{\mathrm{M}}}{u_{\mathrm{M0}}}\right) \tag{3.9}$$

式中，u_{M0} 为控制前结构振动的位移。单频振动 SSDS 控制时，结构的振动阻尼公式如下：

$$A_{\mathrm{SSDS}} = 20\lg\left[\frac{C\omega_{\mathrm{r}}}{C\omega_{\mathrm{r}} + 4\alpha^{2} / [\pi C_{\mathrm{p}}]}\right] = 20\lg\left(\frac{1}{1 + 4K_{\mathrm{s}}Q_{\mathrm{m}} / \pi}\right) \tag{3.10}$$

式（3.10）表明，控制效果取决于两个无量纲参数 K_{s} 和 Q_{m}。机电耦合系数 K_{s} 越高，控制效果越好。系统的机械品质因子 Q_{m} 越大，表明共振峰越尖，系统越容易被控制。

3.2　SSDI 控制方法[7, 14]

SSDI 可以视为 SSDS 技术的延伸，由 Richard 等提出，其控制系统示意图如图 3.3（a）所示。压电元件可等效为电容，当开关闭合时，等效电容和回路中的电感将发生 LC 共振。通常情况下，LC 振荡频率比结构共振频率高得多，一般为其 20～50 倍。当压电元件的电压实现翻转时，即 LC 振荡半个周期，迅速断开开关。结构振动位移和压电元件上的电压曲线如图 3.3（b）所示。回路中串联了电感，使得压电元件上的电压比 SSDS 技术有了进一步的提高。

从理论上来说，当开关在位移极值处闭合时，电路产生 LC 共振，压电元件上的电压发生翻转，翻转前后绝对值大小不变。但是实际上 $V_{\mathrm{m}} < V_{\mathrm{M}}$，这是由于部

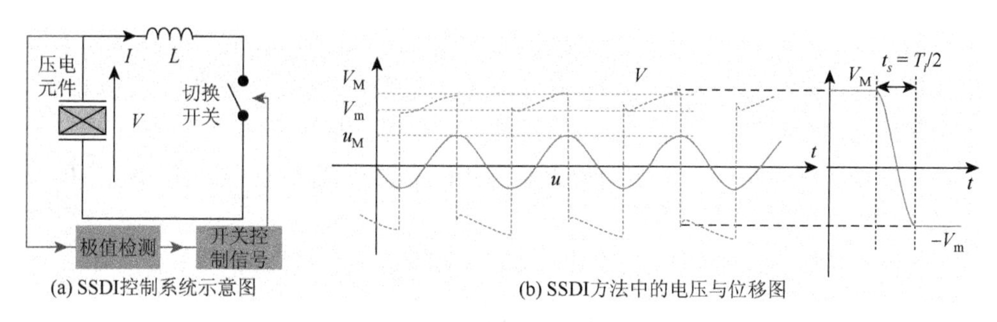

(a) SSDI控制系统示意图　(b) SSDI方法中的电压与位移图

图 3.3　SSDI 半主动控制方法的原理

分能量损耗在开关网络（电开关和电感）上。这些损耗可以用电学品质因子 Q_I 来表示。

$$V_m = \gamma V_M = e^{\frac{-\pi}{2Q_I}} V_M \tag{3.11}$$

SSDI 控制方法中，电压与位移存在如下关系：

$$\begin{cases} V_m = \gamma V_M \\ V_M = V_m + \dfrac{2\alpha}{C_0} u_M \end{cases} \tag{3.12}$$

进而有

$$V_m = 2\frac{\gamma\alpha}{C_p(1-\gamma)} u_M, \quad V_M = 2\frac{\alpha}{C_p(1-\gamma)} u_M \tag{3.13}$$

一个振动周期内，结构振动的位移和电压的关系如图 3.4 所示。由位移和电压构成的环面积即为 SSDI 方法中一个振动周期内机电转换的能量：

$$E_t = \int_0^T \alpha V \dot{u} \mathrm{d}t = \frac{4\alpha^2}{C_0} \frac{1+\gamma}{1-\gamma} u_M^2 \tag{3.14}$$

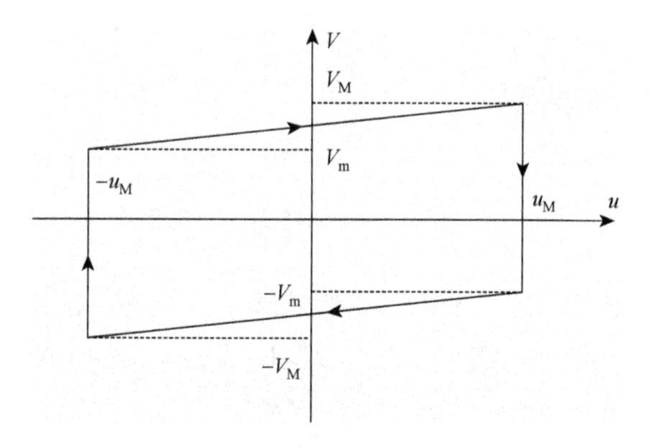

图 3.4　一个周期内机电转换的能量

使用 SSDI 控制方法时，LC 振荡电路的作用，使得电压得到翻转，切换电压的幅值比 SSDS 控制方法有了 $(1+\gamma)/(1-\gamma)$ 的提高。同样，与式（3.3）相比，机电转换的能量也有 $(1+\gamma)/(1-\gamma)$ 的提高。如果电压翻转系数 γ 为 0.9，则电压和机电转换的能量得到 9.5 倍的放大。因此，SSDI 的控制性能要比 SSDS 更为优良。

使用 SSDI 控制方法时，结构的振动位移幅值为

$$u_{\mathrm{M}} = \frac{F_{\mathrm{M}}}{\left(C\omega_{\mathrm{r}} + \dfrac{1+\gamma}{1-\gamma}\dfrac{4\alpha^2}{\pi C_{\mathrm{p}}}\right)} \tag{3.15}$$

结构的振动阻尼公式为

$$A_{\mathrm{SSDI}} = 20\lg\left(\frac{C\omega_{\mathrm{r}}}{C\omega_{\mathrm{r}} + \dfrac{1+\gamma}{1-\gamma}\dfrac{4\alpha^2}{\pi C_{\mathrm{p}}}}\right) = 20\lg\left(\frac{1}{1+\dfrac{1+\gamma}{1-\gamma}\dfrac{4}{\pi}K_{\mathrm{s}}Q_{\mathrm{m}}}\right) \tag{3.16}$$

3.3　SSDV 控制方法[9, 14]

SSDV 控制方法的电路系统相当于在 SSDI 回路中串联一个额外的电压源，如图 3.5（a）所示。当压电元件的电压由于开关的闭合发生 LC 共振进行翻转时，一个外加电压源 V_{cc} 的作用使得电压进一步增加。

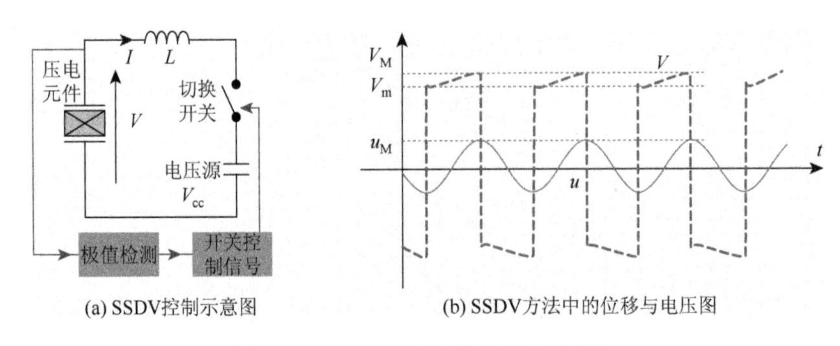

(a) SSDV控制示意图　　(b) SSDV方法中的位移与电压图

图 3.5　SSDV 半主动控制方法的原理

SSDV 控制方法的原理与 SSDI 控制方法相同，当开关在极值点处切换时，位移和电压曲线如图 3.5（b）所示。电压与位移关系表达式如下：

$$\begin{cases} V_{\mathrm{m}} - V_{\mathrm{cc}} = \gamma(V_{\mathrm{M}} + V_{\mathrm{cc}}) \\ V_{\mathrm{M}} = V_{\mathrm{m}} + \dfrac{2\alpha}{C_0}u_{\mathrm{M}} \end{cases} \tag{3.17}$$

从而有

$$V_{\mathrm{m}} = 2\frac{\gamma\alpha}{C_{\mathrm{p}}(1-\gamma)}u_{\mathrm{M}} + \frac{1+\gamma}{1-\gamma}V_{\mathrm{cc}}, \quad V_{\mathrm{M}} = 2\frac{\alpha}{C_{\mathrm{p}}(1-\gamma)}u_{\mathrm{M}} + \frac{1+\gamma}{1-\gamma}V_{\mathrm{cc}} \tag{3.18}$$

在结构振动的一个周期内，机电转换的能量如图 3.6 所示。一个周期内机电转换能量为

$$E_{\mathrm{t}} = \int_0^T \alpha V\dot{u}\mathrm{d}t = \left(\frac{4\alpha^2}{C_0}u_{\mathrm{M}}^2 + 4\alpha u_{\mathrm{M}}V_{\mathrm{cc}}\right)\frac{1+\gamma}{1-\gamma} \tag{3.19}$$

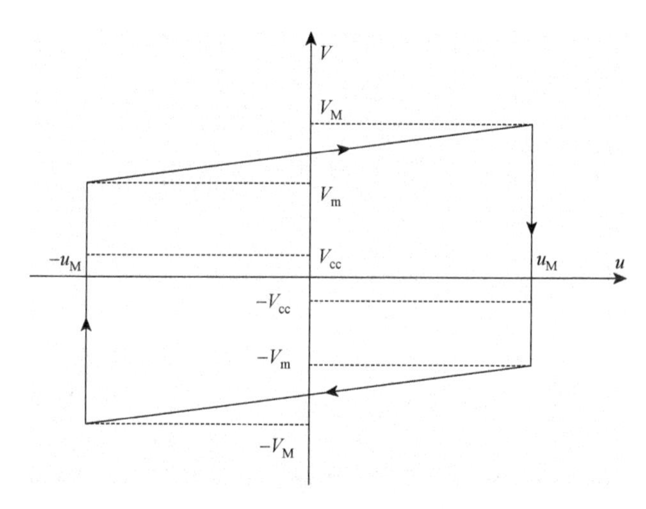

图 3.6　一个周期内机电转换的能量

结构的振动位移幅值为

$$u_{\mathrm{M}} = \left[\frac{F_{\mathrm{M}}}{\left(C\omega_{\mathrm{r}} + \frac{1+\gamma}{1-\gamma}\frac{4\alpha^2}{\pi C_{\mathrm{p}}}\right)}\left(1 - \frac{1+\gamma}{1-\gamma}\frac{4\alpha V_{\mathrm{cc}}}{\pi F_{\mathrm{M}}}\right)\right] \tag{3.20}$$

振动阻尼公式如下：

$$\begin{aligned} A_{\mathrm{SSDV}} &= 20\lg\left[\frac{C\omega_{\mathrm{r}}}{C\omega_{\mathrm{r}} + \frac{1+\gamma}{1-\gamma}\cdot\frac{4\alpha^2}{\pi C_{\mathrm{p}}}}\left(1 - \frac{1+\gamma}{1-\gamma}\cdot\frac{4\alpha V_{\mathrm{cc}}}{\pi F_{\mathrm{M}}}\right)\right] \\ &= 20\lg\left[\frac{1}{1 + \frac{1+\gamma}{1-\gamma}\cdot\frac{4}{\pi}K_{\mathrm{s}}Q_{\mathrm{m}}}\left(1 - \frac{1+\gamma}{1-\gamma}\cdot\frac{4\alpha V_{\mathrm{cc}}}{\pi F_{\mathrm{M}}}\right)\right] \end{aligned} \tag{3.21}$$

式中，F_{M} 为激振力 F_{e} 的幅值。从式（3.21）可知，由于电压源的引入，SSDV 可

以获得比 SSDI 更好的控制效果。但是电压源 V_{cc} 的幅值恒定会引入稳定性的问题。理论上，对于给定的激振力，可以选择最优的电压源 V_{cc} 来完全抵消结构的振动。最优电压源幅值为

$$V_{cc,max}=\frac{\pi}{4\alpha}\frac{1-\gamma}{1+\gamma}F_M \tag{3.22}$$

当 $V_{cc}>V_{cc,max}$ 时，控制效果变差，系统将会出现稳定性的问题。

前面介绍了开关在位移极值处的切换电压和能量表达式。但是在实际控制系统中，由于计算机处理速度、系统采样速度等因素，很难保证开关在极值点处进行切换，而是与极值点有了一定的相位延时[19]。本书第 5 章将详细介绍开关切换延时对控制效果的影响。

3.4　振动控制实验验证

3.4.1　实验装置

利用上述三种（SSDS、SSDI、SSDV）半主动控制方法对悬臂梁一阶弯曲振动进行控制，将三种方法的控制效果进行对比，同时讨论 SSDV 中外加电压源的大小对控制效果的影响。

以工程中常见的悬臂梁结构为例，搭建如图 3.7 所示的实验系统。梁的材料为玻璃纤维增强型复合材料（glass fiber-reinforced polymer，GFRP），其尺寸为 150mm×51mm×0.8mm。激振器用来激振悬臂梁，使其产生振动。在梁的根部正反两面对称埋入两块相同的压电片，用于结构的振动控制，压电片尺寸为 30mm×30mm×0.2mm。在梁的自由端安装激光位移传感器，测量其振动位移信号，在悬臂梁的末端表面贴上箔纸，用来增强测试点的光亮强度。实验测得梁的第一阶固有频率为 25.8Hz。本实验主要对第一阶模态进行控制。开关控制信号由 dSPACE 的 DS1103 控制器产生，将采集的位移传感器信号输入 DSP 系统中，通过三点比较算法判断位移极值，产生开关控制信号。

3.4.2　三种方法的控制效果比较

控制前压电元件上的电压为 1.45V，梁自由端位移幅值为 1.6mm，如图 3.8 所示。

采用 SSDS 控制方法进行振动控制，控制效果如图 3.9 所示。开关闭合后，压电元件上的电压放电至 0。开关闭合的时刻与位移极值存在一定的相位差。压

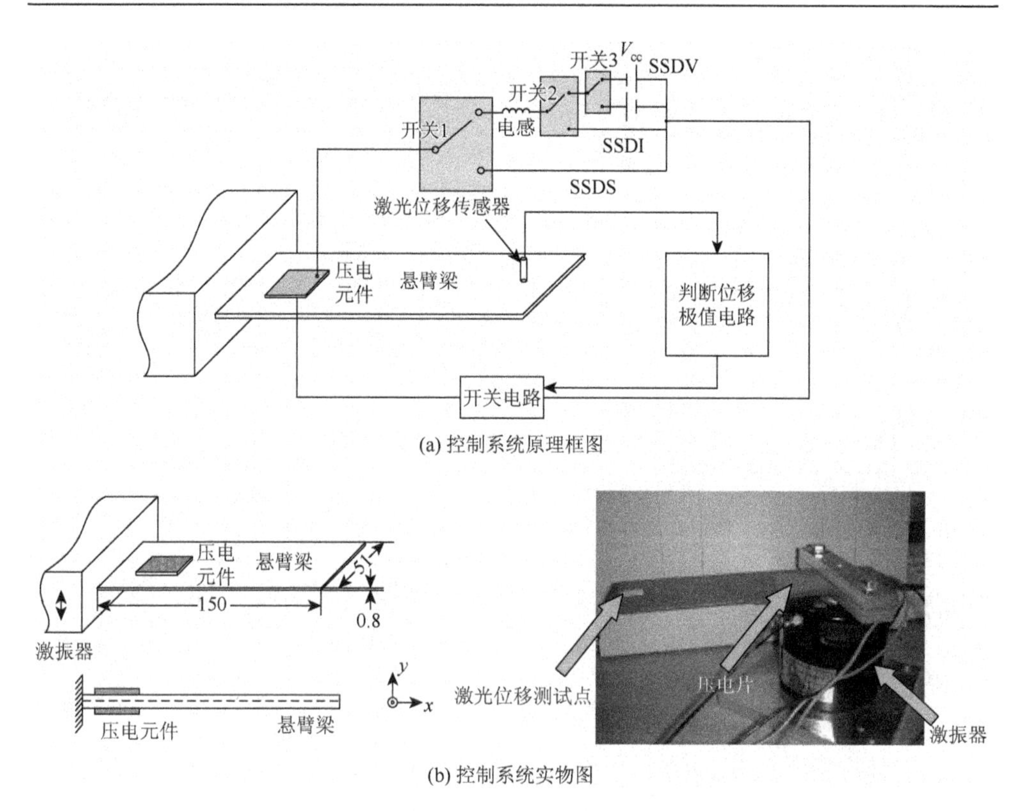

(a) 控制系统原理框图

(b) 控制系统实物图

图 3.7　悬臂梁半主动控制实验系统

电元件上电压从 1.45V 提高到 2V。控制后，梁自由端的振动位移从 1.6mm 降低到 1.5mm。SSDS 控制方法的振动控制效果并不理想。

对悬臂梁采用 SSDI 控制方法进行振动控制，控制效果如图 3.10 所示。LC 振荡使得压电元件上的电压得到有效翻转，电压提高到 3.47V。控制后，悬臂梁自由端的位移降低到 1.2mm。电压的增大使得振动控制效果较 SSDS 有了进一步的提高。

对悬臂梁采用 SSDV 控制方法进行振动控制，当电路中外加电压源 $V_{cc}=1\text{V}$ 时，其控制效果如图 3.11 所示。电路中电压源的作用使得压电元件上的电压进一步提高到 5.8V。控制后，梁自由端位移降低到 0.67mm，振动控制效果达到控制前的 2/5。

通过不断改变 SSDV 控制电路中外加电压源的大小，来探讨控制效果与外加电压源的关系。回路中 V_{cc} 的值从 0V 增加到 4V，控制效果如图 3.12 所示。当 $V_{cc}\leqslant 2.4\text{V}$ 时，控制效果随着电压源的增大而不断增强，但频率为 129Hz 的二阶振动也逐步被激起。当 $V_{cc}>2.4\text{V}$ 时，控制效果随着电压源的增大而不断减弱，二阶振动已非常显著。因此在实际应用中，应该合理选择 V_{cc} 的大小，获得最佳控制效果。

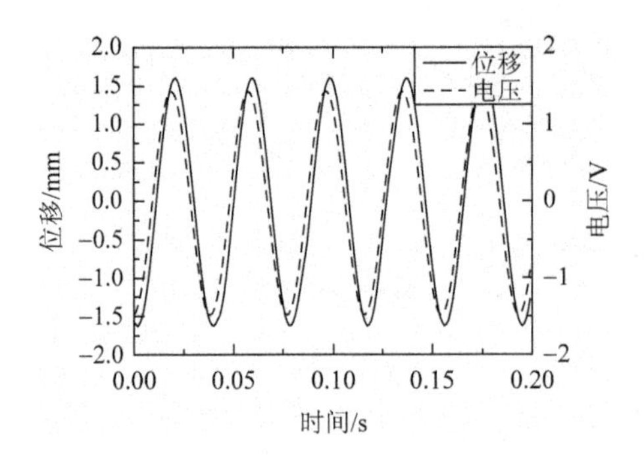

图 3.8　控制前位移与电压曲线图

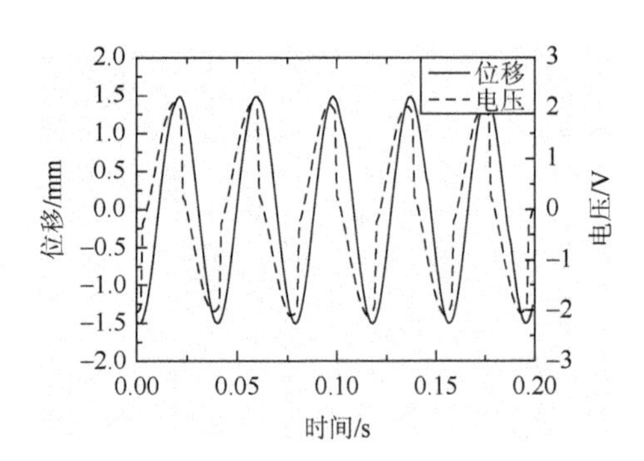

图 3.9　SSDS 控制后位移与电压曲线

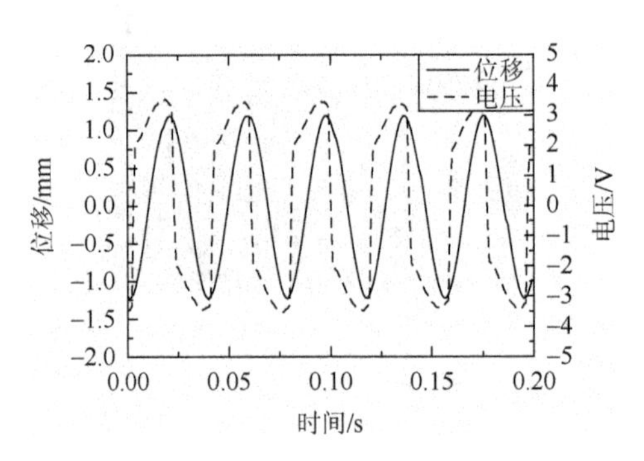

图 3.10　SSDI 控制后位移与电压曲线

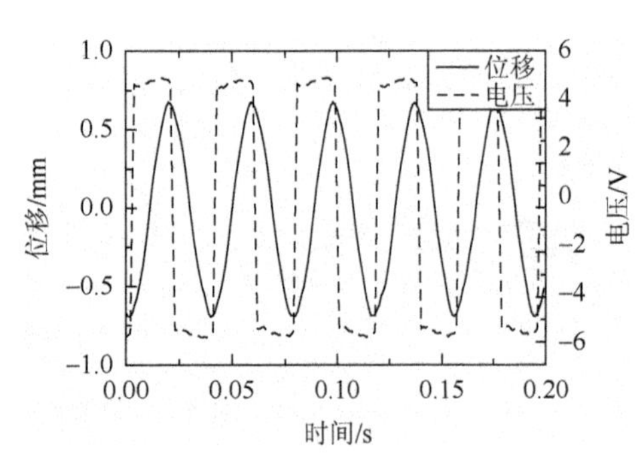

图 3.11　SSDV 控制后位移与电压曲线

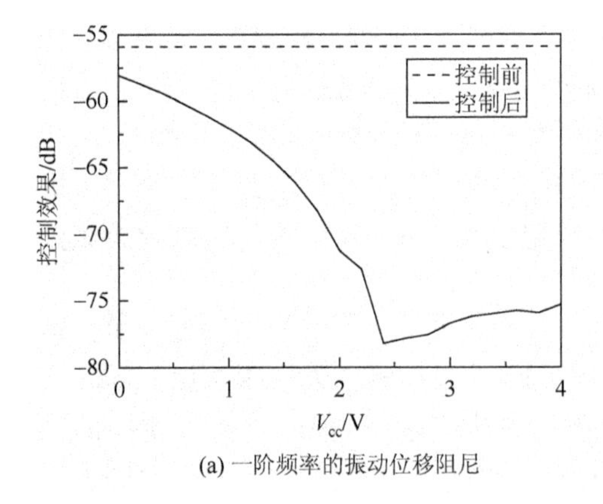

(a) 一阶频率的振动位移阻尼

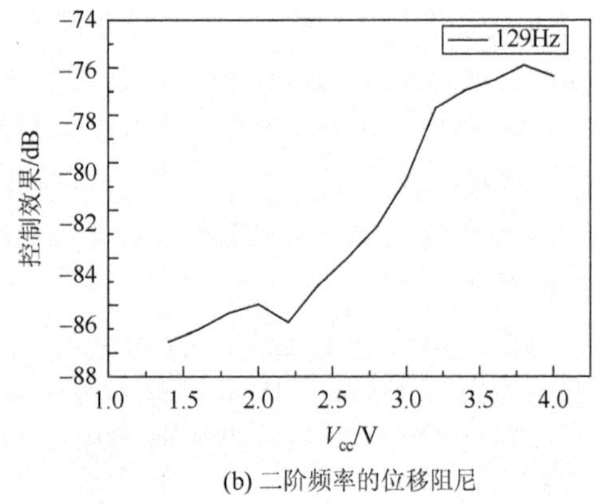

(b) 二阶频率的位移阻尼

图 3.12　SSDV 控制效果

3.5 参 考 文 献

[1] Makihara K，Onoda J，Minesugi K. Novel approach to self-sensing actuation for semi-active vibration suppression. AIAA Journal，2006，44（7）：1445-1453.

[2] Makihara K. Energy-recycling semi-active vibration suppression of space structures. Tokyo：University of Tokyo，2003.

[3] Makihara K，Onoda J，Minesugi K. Low-energy-consumption hybrid vibration suppression based on an energy-recycling approach. AIAA Journal，2005，43（8）：1706-1715.

[4] Makihara K，Onoda J，Minesugi K. Behavior of piezoelectric transducer on energy-recycling semi-active vibration suppression. AIAA Journal，2006，44（2）：411-413.

[5] Guyomar D，Richard C，Petit L. Non-linear system for vibration damping. 142th Meeting of Acoustical Society of America，Fort Lauderdale，2001.

[6] Richard C，Guyomar D，Audigier D，et al. Semi-passive damping using continuous switching of a piezoelectric device. Proceedings of the SPIE Smart Structures and Materials Conference：Passive Damping and Isolation，San Diego，1998.

[7] Richard C，Guyomar D，Audigier D，et al. Enhanced semi-passive damping using continuous switching of a piezoelectric device on an inductor. Proceedings of the SPIE International Symposium on Smart Structures and Materials：Damping and Isolation，2000.

[8] Richard C，Guyomar D，Audigier D，et al. Semi-passive damping using continuous switching of a piezoelectric device. Proceedings of the SPIE International Symposium on Smart Structures and Materials：Passive Damping and Isolation. Newport Beuch，1999.

[9] Lefeuvre E，Guyomar D，Petit L，et al. Semi-passive structural damping by synchronized switching on voltage sources. Journal of Intelligent Material Systems and Structures，2006，17（8/9）：653-660.

[10] Badel A，Sebald G，Guyomar D，et al. Piezoelectric vibration control by synchronzied switching on adaptive voltage sources：Towards wideband semi-actvie damping. The Journal of the Acoustical Society of America，2006，119（5）：2815-2825.

[11] Ji H L，Qiu J H，Badel A，et al. Semi-active vibration control of a composite beam by adaptive synchronized switching on voltage sources based on LMS algorithm. Journal of Intelligent Material Systems and Structures，2009，20（8）：939-947.

[12] Ji H L，Qiu J H，Badel A，et al. Semi-active vibration control of a composite beam using adaptive SSDV approach. Journal of Intelligent Material Systems and Structures，2009，20（3）：401-412.

[13] 陶宝祺. 智能材料结构. 北京：国防工业出版社，1997.

[14] 季宏丽. 飞行器结构压电半主动振动控制研究. 南京：南京航空航天大学博士学位论文，2012.

[15] Hagood N W，Chung W H，Flotow A V. Modelling of piezoelectric actuator dynamics for active structural control. Journal of Intelligent Material Systems and Structures，1990，1（3）：327-354.

[16] 王矜奉，姜祖桐，石瑞大. 压电振动. 北京：科学出版社，1989.

[17] 秦荣. 智能结构力学. 北京：科学出版社，2005.

[18] 胡海岩，孙久厚，陈怀海. 机械振动与冲击. 北京：航空工业出版社，2002.

[19] 季宏丽，裘进浩，赵永春，等. 基于压电元件的半主动振动控制研究. 振动工程学报，2008，21（6）：614-619.

第4章　自适应SSDV半主动控制方法

第3章简要介绍了三种振动控制方法：SSDS、SSDI和SSSV。其中，SSDV技术在回路中串联了电压源，其控制效果较SSDS和SSDI方法有了很大的提高。在SSDV控制方法中，电压源V_{cc}对于提高切换电压和控制效果有着至关重要的影响。对于给定的激振力，外加电压的大小V_{cc}存在最优值，如式（3.22）所示。过小的恒压源会削弱SSDV的控制效果，而不合理地提高恒压源幅值又会带来系统不稳定问题。因此有必要进一步对外加电压源进行优化，确保SSDV控制方法的控制效果和稳定性。

本章将着重介绍三种自适应SSDV半主动振动方法，并结合悬臂梁振动控制实验平台，进行控制效果对比和验证。

4.1　改进的SSDV技术[1]

由于$V_{cc,max}$正比于激振力的幅值，因此可以根据激振力的大小来调节电压源的大小，以解决稳定性的问题。在实际系统中激振力的大小通常未知，而结构振动响应可以通过测试获得。因此，在改进的SSDV（enhanced SSDV）控制方法中，电压源的大小根据结构振动位移的幅值来调整，即

$$V_{cc}=\frac{\alpha}{C_p}\beta u_M \tag{4.1}$$

式中，u_M为振动幅值；β为电压系数。因此，改进的SSDV控制方法中切换电压为

$$V_{sw}=\frac{1+\gamma}{1-\gamma}\frac{\alpha}{C_p}(1+\beta)u_M \tag{4.2}$$

一个周期内机电转换的能量E_t为

$$E_t=\frac{1+\gamma}{1-\gamma}\frac{4\alpha^2}{C_p}(1+\beta)u_M^2 \tag{4.3}$$

类比于第3章推导过程，改进的SSDV方法的阻尼比为

$$A_{SSDVenh}=20\lg\left[\frac{C\omega_r}{\left(C\omega_r+\frac{4\alpha^2}{\pi C_p}\right)(1+\beta)\frac{1+\gamma}{1-\gamma}}\right] \tag{4.4}$$

由式（4.4）可以看出，在β一定的情况下，获得的振动阻尼大小是恒定的，与激励的幅值无关，这是改进的 SSDV 控制方法的优势所在。β越大，控制效果越好。但实验发现[2]，系数β过大时，系统将变得不稳定，高阶振动被激起。当高阶振动产生的位移相比于基础激励产生的位移不能被忽略时，之前的理论将不再适用。最优电压系数β取决于多个因素，如结构参数、实验条件、传感信号的质量等，如何选择最优系数β及保证控制效果始终保持最优，是该方法的关键问题和难点。

4.2　基于位移梯度的自适应 SSDV 方法[2]

在基于位移梯度的自适应 SSDV 控制方法中，系数β的值是在线自适应调整的。调整的策略是：β根据位移幅值的灵敏度来调节，即位移幅值对β越敏感，则系数β的修正量越大。假设由系数β的变化$\Delta\beta_i$所引起的位移变化为$\Delta u_{\mathrm{M}i}$，则灵敏度μ定义为

$$\mu = \frac{\Delta u_{\mathrm{M}i}}{\Delta\beta_i} \tag{4.5}$$

系数β的修正量与灵敏度的关系定义为

$$\Delta\beta_{i+1} = -\eta\frac{\Delta u_{\mathrm{M}i}}{\Delta\beta_i} \tag{4.6}$$

式中，η为收敛速率系数。η越大，收敛得越快；但若η太大，同样会引起系统不稳定问题。该方法的原理类似于优化算法中的梯度法[3]。

在半主动控制中，压电元件的电压在位移极值处切换，每个周期内振动的幅值是已知的。因此上述方法在实验中很容易实现，但是要取得良好的控制效果，还有两个因素需要考虑：一是电压系数的变化不会立即引起位移幅值变化，系统需要一定的响应时间；二是由于测量噪声的影响等，梯度μ会有一定的波动。因此，在实际控制中，并不能简单地采用上述方法。考虑上述两个因素的影响，可以不在每个振动周期内都更新$\Delta\beta_i$，而是在n个周期内使$\Delta\beta_i$保持不变，并记录这n个周期内的位移极值$u_{\mathrm{M}k}$ $(k=1,2,\cdots,n)$。用抛物线函数拟合上述位移极值，计算拟合函数的斜率并将其作为灵敏度，用于式（4.6）中。

4.3　基于 LMS 算法的自适应 SSDV 方法[4]

最小均方算法（leeut mean square，LMS）是工程中常用的一种方法，能够根

据结构的需要自动优化参数，使得期望误差越来越小[5]。本章介绍的第三种自适应 SSDV 方法建立在 LMS 算法基础上，通过对系数β或外加电压源幅值进行在线实时优化，使得结构振动越来越小，且始终保持最优。

4.3.1　LMS 算法原理

LMS 算法的原理如图 4.1 所示。其中，$h(n)$为有限长单位冲激响应（fiuite impulse response，FIR）滤波器，$e(n)$是误差信号，Z^{-1}是时间步长延时一步的延时算子，$y(n)$是 FIR 滤波器的输出[6-8]，R_l是时间序列的发生器，产生长度为l的时间序列向量，R_l的函数如下：

$$R_l\{e(n-1)\}=\{e(n-l),\ e(n-l+1),\ \cdots,\ e(n-1)\} \tag{4.7}$$

在大多数情况下，LMS 算法用于前馈控制系统中，其中 FIR 滤波器的输入也是系统的输入。但是在振动控制系统中，系统输入是外界激振力，无法获得。因此将 LMS 算法用于振动控制的反馈控制更适合。在反馈系统中，系统的误差输出信号作为 FIR 滤波器的输入，滤波器的输出可以根据式（4.8）计算得到：

$$y(n)=\boldsymbol{h}(n)*\boldsymbol{e}(n-1)=h(1)e(n-1)+h(2)e(n-2)+\cdots+h(l)e(n-l) \tag{4.8}$$

式中，n为离散时间；l为滤波器系数的个数，且$\boldsymbol{e}(n-1)=R_l\{e(n-1)\}$。由于系统响应总是滞后于系统输入，因此在实际使用时采用结构响应前一个时刻的位移幅值来作为 FIR 滤波器当前时刻的控制输入。所以在 LMS 控制系统中，延迟器必不可少。

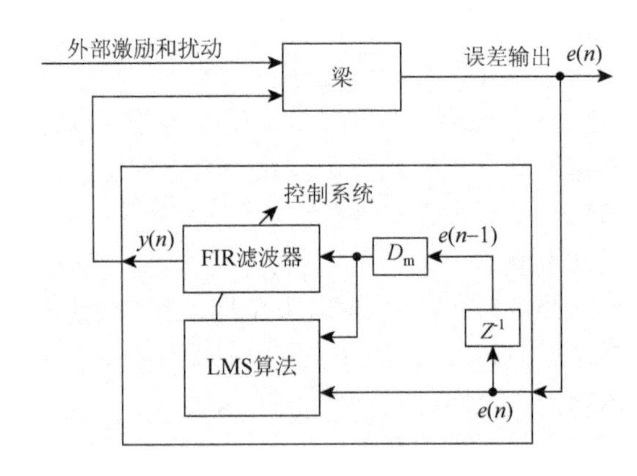

图 4.1　LMS 算法原理框图

系统的输出信号$e(n)$由两部分组成，如图 4.1 所示，一是由外界扰动引起的系统振动$d(n)$，二是控制器作用在结构上的输出，即$e(n)$可以表示为

$$e(n)=d(n)+y(n)=d(n)+\boldsymbol{h}(n)*\boldsymbol{e}(n-1) \tag{4.9}$$

根据式（4.8）和式（4.9），使得控制系统输出$e(n)$最小，利用最速下降法优化滤波器的系数$\boldsymbol{h}(n+1)$:

$$\boldsymbol{h}(n+1)=\boldsymbol{h}(n)-2\eta e(n)\boldsymbol{e}(n-1) \tag{4.10}$$

式中，η为步长系数，步长系数越大，收敛得越快，但是如果步长系数太大，会导致系统不稳定，因此需要根据实验条件，确定η的大小。

4.3.2　LMS 算法在自适应 SSDV 中的应用

在自适应 SSDV 控制中，需要优化的是电压源V_{cc}的大小，或者电压系数β。V_{cc}和β只有在开关切换点才优化，而不是每一离散时间都要更新。因此，用位移极值u_M代替位移u来作为 FIR 滤波器的误差输入信号。FIR 滤波器也只有在开关切换点处才输出V_{cc}和β，其余时刻始终保持不变，直到下一个开关切换时才更新参数。因此，自适应 SSDV 控制中，将 LMS 算法优化系统作为 SSDV 控制中的子系统，只有在极值点处才触发工作，在其他时刻保持不变。控制系统如图 4.2 所示。

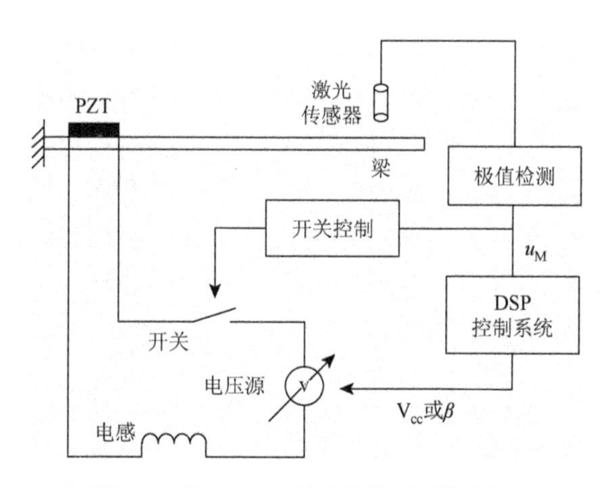

图 4.2　基于 LMS 算法的控制系统框图

在 LMS-SSDV 系统中，如果优化的是系数β，那么β的输出可由式（4.11）得到:

$$\beta(n')=\boldsymbol{h}(n')*\boldsymbol{u}_M(n'-1)=h(1)u_M(n'-1)+h(2)u_M(n'-2)+\cdots+h(m)u_M(n'-m) \tag{4.11}$$

式中，n'为极值切换时的离散时间；$n'-1$为上一个极值切换点时的时间。电压V_{cc}可以根据式（4.13）计算得到。这种方法可以看成改进的 SSDV 方法的拓展。

如果优化的是电压源V_{cc}，那么V_{cc}的输出可由式（4.12）得到:

$$V_{cc}(n') = \boldsymbol{h}(n') * \boldsymbol{u}_{M}(n'-1) = h(1)u_{M}(n'-1) + h(2)u_{M}(n'-2) + \cdots + h(m)u_{M}(n'-m) \tag{4.12}$$

由于利用 LMS 算法可以直接在线优化电压源的大小，因此该方法可以看成传统 SSDV 方法的拓展。虽然在式（4.11）和（4.12）中使用相同的符号 h，但是它们的取值不同。

4.4　振动控制实验验证

实验系统与 3.4.1 节中一致，这里不再详细介绍。实验将验证悬臂梁一阶共振频率的控制效果。对梁一阶共振频率进行激励，采用不同的控制方法进行振动抑制，比较控制效果。采用的方法有传统的 SSDV 控制方法、改进的 SSDV 控制方法、基于位移梯度的自适应 SSDV 控制方法，以及基于 LMS 的自适应 SSDV 控制方法。控制前悬臂梁的末端振动位移为 1.6mm。如果用分贝表示，将 1m 定义为 0dB，则控制前为–55.9dB。

4.4.1　传统 SSDV 的控制效果

首先讨论电压源 V_{cc} 与控制效果的关系。利用传统的 SSDV 控制方法进行振动控制，V_{cc} 与控制效果的关系如图 4.3 所示：①当 V_{cc} 为 0 时，控制系统相当于 SSDI。控制后的振动响应为–56.1dB，振动减小了 2.2dB；②随着 V_{cc} 的增加，一阶控制效果逐渐变好；③当 V_{cc} 超过 2.4V 时，随着 V_{cc} 增加，一阶控制效果变化很小，二阶振动被激起，并随着 V_{cc} 的增加而增强。因此该实验结果验证了第 3 章介绍的内容，即 SSDV 控制方法存在最优电压源。

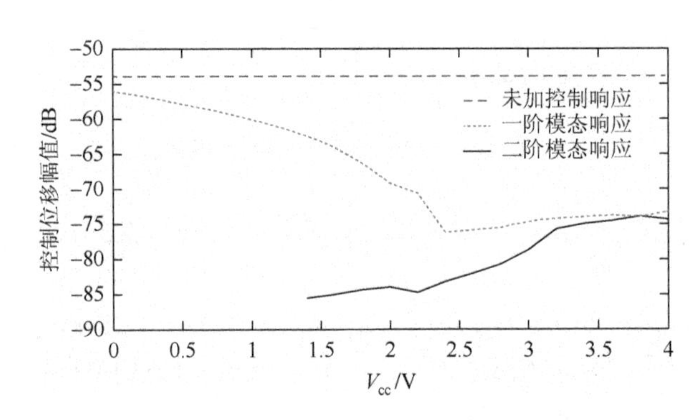

图 4.3　基于传统 SSDV 的振动控制效果

4.4.2　改进的 SSDV 的控制效果

本小节针对改进的 SSDV 控制方法，讨论其系数 β 与控制效果的关系。利用改进的 SSDV 控制方法进行振动控制，控制效果如图 4.4 所示：①当 β 为 0 时，外加电压源为 0，控制系统相当于 SSDI；②随着 β 系数的增加，控制效果逐渐变好；③当 β 超过 150 时，控制效果随着 β 增加而减小，二阶振动被激起。且随着 β 的增加，二阶振动越来越明显。根据式（4.1）计算可知，改进的 SSDV 控制方法与传统的 SSDV 控制方法相比，获得最优控制效果时所需的外加电压大小相近。但由于电压源的大小可以根据振动幅值自动改变，改进的 SSDV 控制方法比传统的 SSDV 控制方法的控制效果更稳定。

理论上，利用改进的 SSDV 控制方法进行单模态振动控制时，系统不会出现稳定性问题。但实验中噪声等因素的存在，致使开关切换频繁，激发了结构的高阶振动模态。所以当 β 大于一定值后，系统将变得不稳定。如果受到外界干扰，系统会发散。

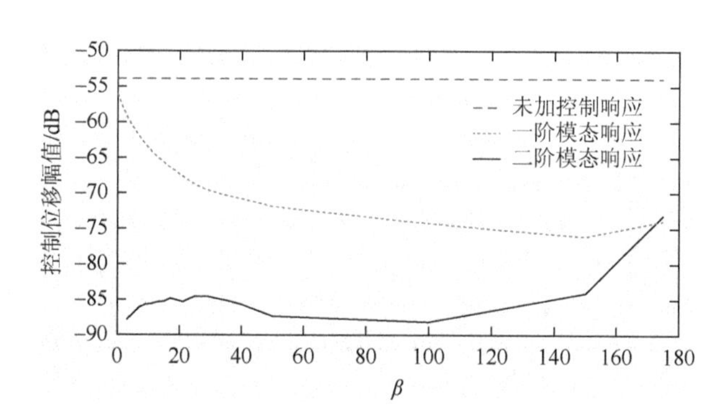

图 4.4　基于传统的开关切换方法和改进 SSDV 控制方法的振动控制效果

4.4.3　基于位移梯度的自适应 SSDV 的控制效果

在基于位移梯度的自适应 SSDV 控制中，系数 β 不再是一个常数，而可以根据振动情况实时优化。β 初始值设定为 0，初始步长 $\Delta\beta_i$ 设定为 0.05，收敛速率系数根据实验确定为 0.1。系数 β 基于式（4.6）不断进行迭代更新。需要指出的是，实验中用于式（4.6）灵敏度计算的位移是梁末端的振动位移 $w(L,t)$，而非结构的模态位移。在 DSP 系统中，振动幅值用位移传感器的电压表示，即 $V_{\mathrm{sM}} = \lambda_{\mathrm{d}} w_{\mathrm{M}}$。其中，$\lambda_{\mathrm{d}}$ 为位移传感器的灵敏度，w_{M} 是悬臂梁末端振动位移极值。因此在实际控制系统中，电压源 V_{cc} 可根据式（4.13）计算得到：

$$V_{cc} = -\beta' V_{sM} \tag{4.13}$$

式中，V_{sM} 是位移传感器的电压信号幅值，β' 是与 V_{sM} 对应的电压系数。为了方便，在以下的实验与讨论中，β' 的上标被省略。

在基于位移梯度的自适应 SSDV 振动控制实验中，当实验进行到 21min 左右时，在悬臂梁末端施加一瞬态扰动。图 4.5（a）是 β 随着振动情况实时优化的结果，图 4.5（b）是采用基于位移梯度的自适应 SSDV 控制方法时悬臂梁的振动控制效果。5min 后，振动得到有效控制，悬臂梁末端位移幅值稳定在 0.1～0.12mm，β 在 30～65 变化。图 4.6 表明，β 为 60 左右时，基于位移梯度的自适应 SSDV 控制方法的控制效果最优。根据式（4.13）计算得到电压 V_{cc}，其随时间的变化曲线如图 4.7 所示。随着 β 的逐渐优化，电压在较大范围内波动，电压平均值与改进的 SSDV 控制方法相当。图 4.5（a）和图 4.7 分别表明，21min 以后，系数 β 和电压源幅值能够在结构受到扰动后进行自适应调整，在极短的时间内恢复控制效果，确保位移的稳定下降［图 4.5（b）］。

该实验结果表明，基于位移梯度的自适应 SSDV 控制方法具有良好的稳定性，使得振动响应不受外界扰动的影响，且其控制效果与改进的 SSDV 控制方法相当。

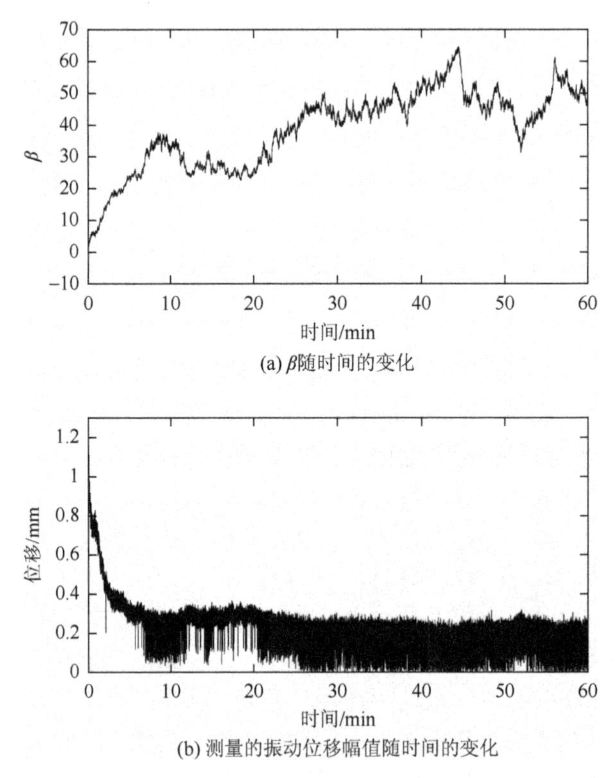

(a) β 随时间的变化

(b) 测量的振动位移幅值随时间的变化

图 4.5　基于位移梯度的自适应 SSDV 的位移和系数 β 随着时间的变化关系

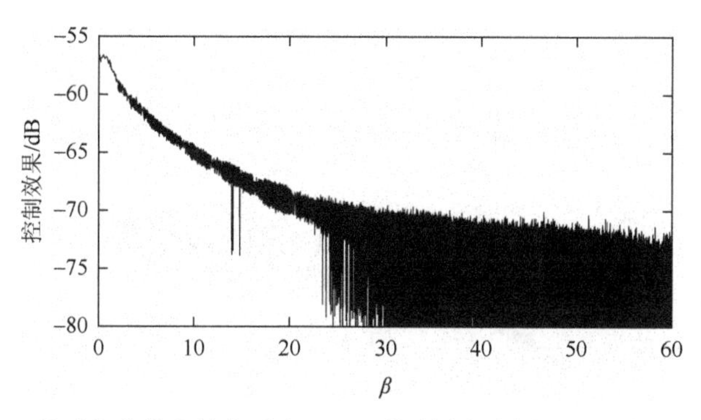

图 4.6　基于位移梯度的自适应 SSDV 控制中控制效果与系数 β 的关系

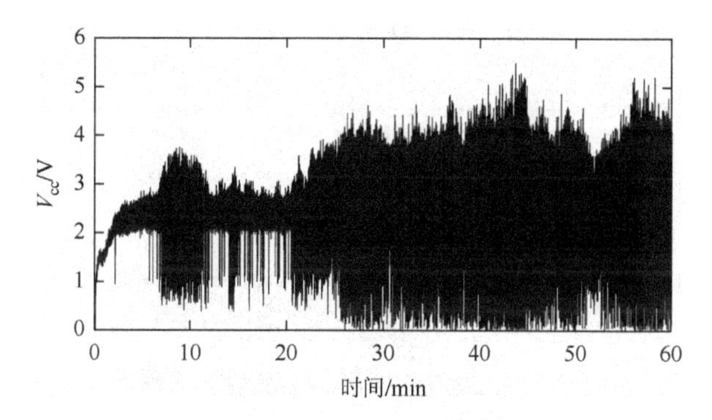

图 4.7　基于位移梯度的自适应 SSDV 中的电压源随时间的变化情况

4.4.4　基于 LMS 算法的自适应 SSDV 的控制效果

首先采用 LMS 算法对 SSDV 电源系数 β 进行优化，图 4.8～图 4.10 是电压系数 β 的优化结果与控制结果。在前 15min 内，系数 β 随着时间的增加而不断增加。15min 后，系数 β 相对稳定，主要变化范围为 15～35，比基于位移梯度的 SSDV 控制方法中的最优 β 变化范围要小，但是变化频率则要高很多。虽然两种优化方法得到不同的系数 β，但控制效果的稳定性几乎相同，且控制方法都具有很好的鲁棒性。该实验中 β 的收敛速率相对较慢，可以通过增加式（4.6）中的步长来提高迭代效率，缩短 β 的收敛时间。此外，也可以用前一次的优化结果作为下一次优化的初始值，来提高优化效率。

根据式（4.13）计算的电压源电压如图 4.9 所示。即使在 15min 后系统处于稳态状态，电压源的电压仍然在较大范围内波动。大多情况下，V_{cc} 都小于 2.5V，但偶尔也会达到 3.7V。虽然电压源幅值变化较大，但控制效果相对稳定，如图 4.10 所示。结构振动的位移几乎一直低于 0.2mm，偶尔达到 0.3mm。相比基于位移梯度的 SSDV 控制方法，基于 LMS 的 SSDV 控制方法的振动控制响应较小。

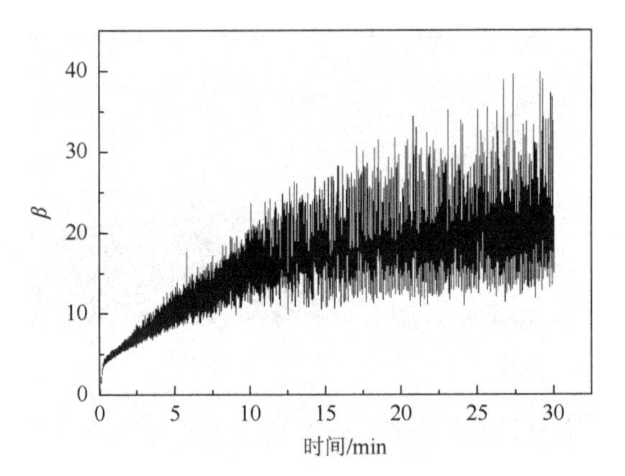

图 4.8　基于 LMS 算法的 SSDV 控制中系数 β 随时间的变化情况

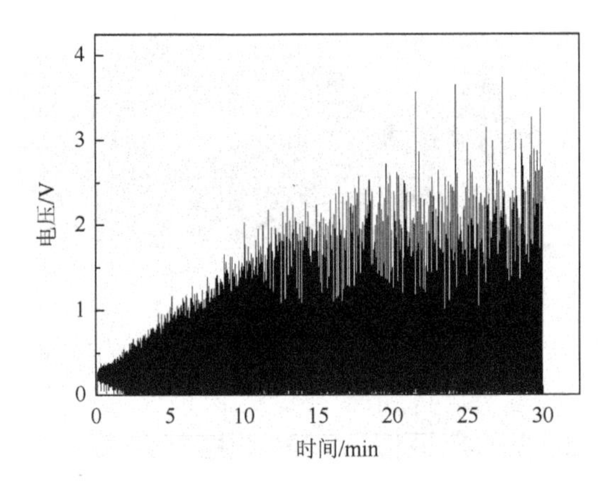

图 4.9　基于 LMS 算法的 SSDV 控制中电压源 V_{cc} 随时间的变化情况

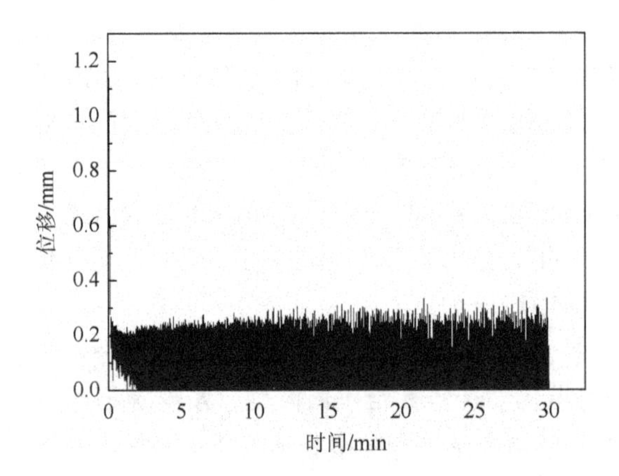

图 4.10　基于 LMS 算法的 SSDV 控制中振动位移幅值随时间的变化情况

根据式（4.12），LMS 算法可以直接优化电压 V_{cc} 的大小。电压源 V_{cc} 的优化结果和控制效果如图 4.11～图 4.12 所示。V_{cc} 在 0.1～1V 变化，相比于前几种方法要小得多，且大多数情况下电压低于 0.4V。图 4.12 是相应的振动位移控制效果，从位移波形可以看出，采用 LMS 算法直接优化 SSDV 电压源时，控制效果非常稳定。偶尔检测到振动位移的极值会达到 0.4mm，但平均位移保持在 0.1mm 左右。

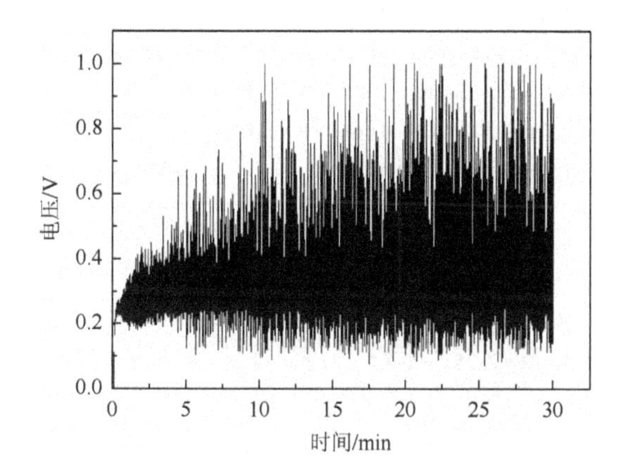

图 4.11　采用 LMS 算法直接优化 SSDV 电压源的优化情况

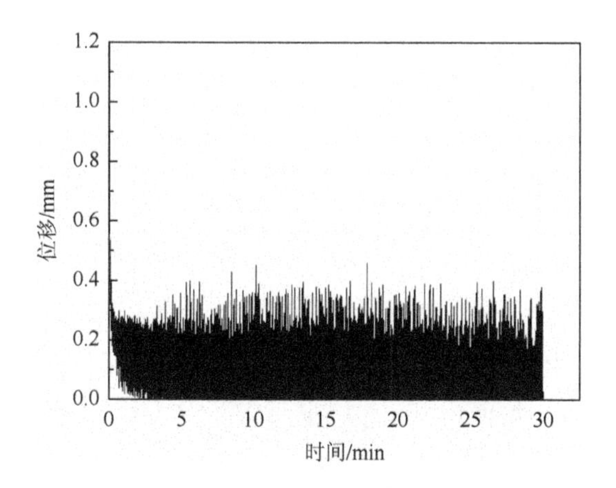

图 4.12　采用 LMS 算法直接优化 SSDV 电压源时结构振动位移幅值变化情况

4.5　参考文献

[1] Badel A，Sebald G，Guyomar D，et al. Piezoelectric vibration control by synchronzied switching on adaptive voltage sources：Towards wideband semi-actvie damping. The Journal of the Acoustical Society of America，2006，119（5）：2815-2825.

[2] Ji H L，Qiu J H，Badel A，et al. Semi-active vibration control of a composite beam using adaptive SSDV approach.

Journal of Intelligent Material Systems and Structures，2009，20（3）：401-412.

[3] Pierre D A. Optimization Theory with Applications. New York：Dover publications，Inc.，1986.

[4] Ji H L，Qiu J H，Badel A，et al. Semi-active vibration control of a composite beam by adaptive synchronized switching on voltage sources based on LMS algorithm. Journal of Intelligent Material Systems and Structures，2009，20（8）：939-947.

[5] Haykin S. Adaptive Filter Theory. Upper Saddle，N J：Prentice-Hall，Inc.，2002.

[6] Hansen C H，Snyder S D. Active Control of Noise and Vibration. London：E & Fn Spon，1996.

[7] Qiu J H，Tani J，Haraguchi M. Suppression of noise radiation from a plate using self-sensing actuators. Journal of Intelligent Material Systems and Structures，2005，16（11-12）：963-970.

[8] Qiu J H，Haraguchi M. Vibration control of a plate using a self-sensing actuator and an adaptive control approach. Journal of Intelligent Material Systems and Structures，2006，17（8-9）：661-669.

第5章　任意开关切换下的能量转换

SSD 控制中，通过合理切换压电元件上的电压，系统可以获得理想的控制效果。在单模态振动控制方面，当开关在振动位移或应变极值处切换时，控制效果最优，此时开关切换频率是结构振动周期的两倍，且切换点与应变极值点的相位差为零[1]。随着相位差增大，控制效果将逐渐减弱[2]。

在实际半主动控制系统中，很难实现上述严格的相位切换和频率切换。例如，在多模态控制中，位移响应是多模态振动位移的叠加。如果开关在位移极值点处切换，那么开关与任何一个模态位移极值都不同步，开关切换频率和相位相对于每个独立模态，都不是最优的[3-5]。如果电压根据某个模态的位移极值进行切换，则开关与其他模态的振动也不同步。在这种情况下，有必要分析开关切换频率对每个模态控制效果的影响。另外，传感信号中难免混有噪声，噪声会使得开关切换频繁，严重削弱控制效果。因此，分析开关切换频率对能量转换以及控制效果的影响至关重要。

如图 5.1 所示，SSD 振动控制中压电元件上的电压 V_a 由两部分组成[1, 3-10]：压电元件感知结构应变而产生的电压 V_{st}，以及开关切换产生的切换电压 V_{sw}。V_{st} 产生的机电转换能 $\int_0^T \alpha V_{st}\dot{u}\mathrm{d}t$ 为零，因而只需考虑开关切换电压 V_{sw} 对能量转换的影响。

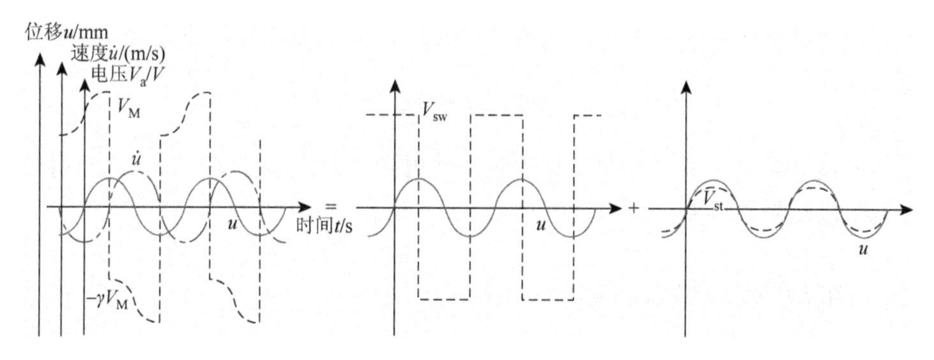

图 5.1　半主动控制压电元件上的电压

开关切换电压的一般表达式可以简化为

$$V_{sw} = \bar{V}_{sw} S_{n,T}(t) \tag{5.1}$$

式中，$\bar{V}_{\text{sw}}$ 是切换电压 V_{sw} 的幅值；$S_{n,T}(t)$ 是开关切换函数。当切换频率固定且最优时，切换电压的幅值是一个常数。当切换频率不满足最优切换条件或任意变化时，切换电压的幅值将不是一个常数。研究切换电压幅值以及开关切换频率对能量转换的影响，这对理解和解释很多实验现象具有重要的意义。本章将从能量转换的角度出发，介绍特定条件下（$\bar{V}_{\text{sw}}$ 为常数）以及一般条件下（对 $\bar{V}_{\text{sw}}$ 不做任何假设），开关切换频率和相位对同步开关阻尼方法控制效果的影响。

5.1　特定条件下切换参数对控制效果的影响

当压电元件切换电压 V_{sw} 的幅值 $\bar{V}_{\text{sw}}$ 为常数时，在时间区间 $(T_1,T_2]$ 内，电压正负极性仅在离散时间点 $t_k\ (k=0,1,\cdots,n)$ 处切换。式（5.1）中开关切换函数 $S_{n,T}(t)$ 可以表示成

$$S_{n,T}(t)=\pm(-1)^k,\quad t_{k-1}<t<t_k\text{且}k=1,2,\cdots n \tag{5.2}$$

式中，$t_0=T_1$，$t_n=T_2$。上述符号“±”取“正”或者“负”由电压 V_{sw} 在 $t_0<t<t_n$ 区间内的极性决定。为了保证开关切换控制系统中能够获得正的控制效果，$t_0<t<t_n$ 区间内压电元件上的电压必须选择合适极性。为了方便推导，下文将公式中的符号“±”省略。

下面讨论在时间区间 $(T_1,T_2]$ 内由电压切换产生的能量转换。将式（5.1）代入能量方程中机电转换能量的对应项中，可得由电压切换产生的机电转换能为

$$\begin{aligned}U&=\int_{T_1}^{T_2}\alpha V_{\text{sw}}\dot{u}\mathrm{d}t=\alpha\bar{V}_{\text{sw}}\int_{T_1}^{T_2}S(t)\dot{u}\mathrm{d}t\\&=\alpha\bar{V}_{\text{sw}}\sum_{k=1}^{n}\int_{u(t_{k-1})}^{u(t_k)}(-1)^k\mathrm{d}u=\alpha\bar{V}_{\text{sw}}\sum_{k=1}^{n}(-1)^k[u(t_k)-u(t_{k-1})]\end{aligned} \tag{5.3}$$

假设振动位移是谐波振动，振动的角频率为 ω_0，则可得机电转换能为

$$U=\alpha\bar{V}_{\text{sw}}u_{\text{M}}\sum_{k=1}^{n}(-1)^k[\cos(\omega_0 t_k)-\cos(\omega_0 t_{k-1})] \tag{5.4}$$

当 U 为正时，获得正阻尼，结构的振动得到抑制。如果 U 为负，则获得负阻尼，振动未能得到抑制，反而被激起。

5.1.1　切换相位对控制效果的影响

首先假设切换频率是最优的，只考虑切换相位的影响。当切换相位不为 0 时，切换点在 $t_k=(k\pi+\varphi_{\text{sw}})/\omega_0\quad(k=0,1,\cdots,n)$ 处切换，切换相位 φ_{sw} 在 0～π范围内变化。为了方便计算，考虑 m 个振动周期，那么切换次数为 $n=2m$。根据式（5.4）可以计算 m 个周期内转换的总能量为

$$
\begin{aligned}
U &= \alpha \bar{V}_{\mathrm{sw}} u_{\mathrm{M}} \sum_{k=1}^{n} (-1)^k \{\cos(k\pi + \varphi_{\mathrm{sw}}) - \cos[(k-1)\pi + \varphi_{\mathrm{sw}}]\} \\
&= 2\alpha \bar{V}_{\mathrm{sw}} u_{\mathrm{M}} \sum_{k=1}^{2m} (-1)^k \cos(k\pi + \varphi_{\mathrm{sw}}) = 4m\alpha \bar{V}_{\mathrm{sw}} u_{\mathrm{M}} \cos\varphi_{\mathrm{sw}}
\end{aligned} \tag{5.5}
$$

一个周期内转换的能量为

$$\bar{U} = 4\alpha \bar{V}_{\mathrm{sw}} u_{\mathrm{M}} \cos\varphi_{\mathrm{sw}} \tag{5.6}$$

当切换相位 $\varphi_{\mathrm{sw}} = 0$ 时，转换的能量最多表示为

$$\bar{U}_{\max} = 4\alpha \bar{V}_{\mathrm{sw}} u_{\mathrm{M}} \tag{5.7}$$

切换点的相位延时使得转换的能量减小了 $\cos\varphi_{\mathrm{sw}}$ 倍。当 $\varphi_{\mathrm{sw}} = \pi/2$ 时，即开关在位移零点切换，转换的能量为零。

上述能量转换的推导对任意的振动频率都成立。由于非共振条件下的振动一般要比共振条件下的振动小得多，因此这里只考虑共振条件下的控制效果。在共振条件下，根据能量守恒原理，可得系统的能量守恒方程为

$$F_{\mathrm{eM}} u_{\mathrm{M}} \pi = C\omega_0 u_{\mathrm{M}}^2 \pi + 4\alpha \bar{V}_{\mathrm{sw}} u_{\mathrm{M}} \cos\varphi_{\mathrm{sw}} \tag{5.8}$$

那么开关切换系统下的振动控制位移幅值为

$$u_{\mathrm{M}} = \frac{F_{\mathrm{eM}}\pi - 4\alpha \bar{V}_{\mathrm{sw}} \cos\varphi_{\mathrm{sw}}}{C\omega_0 \pi} \tag{5.9}$$

当切换相位 $\varphi_{\mathrm{sw}} = 0$ 时，振动位移幅值最小，随着 φ_{sw} 的增大，振动位移幅值增大。当 $\varphi_{\mathrm{sw}} = \pi$ 时，振动位移幅值最大。由于 $\cos\varphi_{\mathrm{sw}}$ 在 $0 < \varphi_{\mathrm{sw}} < \pi/2$ 时是正的，结构振动减小，$\cos\varphi_{\mathrm{sw}}$ 在 $\pi/2 < \varphi_{\mathrm{sw}} < \pi$ 时是负的，结构振动被激起。因此，最优控制效果是使得当 $t = 2k\pi/\omega_0$ 时，电压从正值切换到负值，当 $t = 2(k+1)\pi/\omega_0 (k = 0,1,2,\cdots)$ 时，电压从负值切换到正值。当切换相位超过 $\pi/2$ 时，压电元件电压产生的作用力大部分时间将变成激励结构振动的激励力。当 $t = 2k\pi/\omega_0$ 时，电压从负值切换到正值，当 $t = 2(k+1)\pi/\omega_0 (k = 0,1,2,\cdots)$ 时，电压从正值切换到负值，那么在整个振动周期内，控制效果都最差。

5.1.2　切换频率对控制效果的影响

设切换频率 f_{sw} 是任意的，但切换频率是不随时间变化的，则每个切换点的切换时间为

$$t_k = k\tau_{\mathrm{sw}} = k/f_{\mathrm{sw}} = 2k\pi/\omega_{\mathrm{sw}}, k = 0,1,2,\cdots n \tag{5.10}$$

在 $(0,T]$ 周期内，$T = t_n = n\tau_{\mathrm{sw}}$，将式（5.10）代入式（5.4）中，可以计算 T 个周期内转换的总能量为

$$U = \alpha \bar{V}_{\mathrm{sw}} u_{\mathrm{M}} \sum_{k=1}^{n} (-1)^k \{\cos(2k\pi\omega_0/\omega_{\mathrm{sw}}) - \cos[2(k-1)\pi\omega_0/\omega_{\mathrm{sw}}]\} \tag{5.11}$$

在详细讨论一般情况下之前，先考虑两种特殊的情况：

（1）开关切换频率与结构振动频率之比 $\omega_{\text{sw}}/\omega_0$ 为整数，即一个振动周期内，开关切换 n 次。那么一个周期内转换的能量为

$$U=\alpha\bar{V}_{\text{sw}}u_{\text{M}}\sum_{k=1}^{n}(-1)^k\{\cos(2k\pi/n)-\cos 2[(k-1)\pi/n]\} \tag{5.12}$$

通过数值计算的方法，很容易求得当 $n=2$ 时，式（5.12）中的求和项为 4，转换的能量与前面推导的最优切换获得的能量相同。当 $n>2$ 时，求和项为 0。这表明当开关在每个极值处切换时，转换的能量最多，控制效果最好。如果一个周期内，开关切换次数大于 2 的整数倍时，就没有控制效果。

（2）开关切换频率与结构振动频率之比 $\omega_{\text{sw}}/\omega_0$ 为非整数的有理数，即 $\omega_{\text{sw}}/\omega_0=n/m$，$m$ 个振动周期内，开关切换 n 次。平均每个周期内开关切换的次数不是一个整数。设 $T=m\tau_0=t_n=n\tau_{sw}$，m 个周期内转换的总能量为

$$U=\alpha\bar{V}_{\text{sw}}u_{\text{M}}\sum_{k=1}^{n}(-1)^k\{\cos(2km\pi/n)-\cos[2(k-1)m\pi/n]\} \tag{5.13}$$

则平均每个周期内转换的能量为

$$\bar{U}=(\alpha\bar{V}_{\text{sw}}u_{\text{M}}/m)\sum_{k=1}^{n}(-1)^k\{\cos(2km\pi/n)-\cos[2(k-1)m\pi/n]\} \tag{5.14}$$

现在讨论一般情况，即开关切换频率与结构振动频率之比 $\omega_{\text{sw}}/\omega_0$ 为无理数。为了不失一般性，设在 $(0,n\tau_{\text{sw}}]$ 时间内，开关切换次数 n，且满足

$$n\tau_{\text{sw}}\leqslant m\tau_0<(n+1)\tau_{\text{sw}} \tag{5.15}$$

式中，m 为振动周期数。开关切换点为

$$t_k=k\tau_{\text{sw}},\quad k=0,\cdots,n \tag{5.16}$$

平均每个周期内转换的能量为

$$\begin{aligned}\bar{U}&=\lim_{m\to\infty}(\alpha\bar{V}_{\text{sw}}u_{\text{M}})\frac{1}{m}\sum_{k=1}^{n}(-1)^k\{\cos(2kf_0\pi/f_{\text{sw}})\\&\quad-\cos[2(k-1)f_0\pi/f_{\text{sw}}]\}\\&=\lim_{n\to\infty}(\alpha\bar{V}_{\text{sw}}u_{\text{M}})\frac{\tau_0}{n\tau_{\text{sw}}}\sum_{k=1}^{n}(-1)^k\{\cos(2kf_0\pi/f_{\text{sw}})\\&\quad-\cos[2(k-1)f_0\pi/f_{\text{sw}}]\}\end{aligned} \tag{5.17}$$

用结构一个振动周期内最大转换的能量 $4\alpha\bar{V}_{\text{sw}}u_{\text{M}}$ 对其进行归一化处理，得

$$\bar{\bar{U}}=\lim_{n\to\infty}\frac{1}{4}\frac{f_{\text{sw}}}{nf_0}\sum_{k=1}^{n}(-1)^k\{\cos(2kf_0\pi/f_{\text{sw}})-\cos[2(k-1)f_0\pi/f_{\text{sw}}]\} \tag{5.18}$$

归一化的能量 $\bar{\bar{U}}$ 大小取决于开关切换频率 f_{sw} 与结构振动频率 f_0 之比。对式（5.18）进一步推导，进行总结，归纳如下：

$$\bar{\bar{U}}=\begin{cases}1/(2k+1), & 若 f_{\mathrm{sw}}/f_0=2/(2k+1) 且 k=0,1,2,\cdots \\ 0, & 其他\end{cases} \tag{5.19}$$

为了证明式（5.19），首先定义以下的函数：

$$\delta_{\mathrm{P},n}(t)=\sum_{k=-n}^{n}(-1)^k\delta(t-k\tau_{\mathrm{sw}}),\quad \bar{\delta}_{\mathrm{P},n}(t)=\frac{1}{n\tau_{\mathrm{sw}}}\sum_{k=-n}^{n}(-1)^k\delta(t-k\tau_{\mathrm{sw}}) \tag{5.20}$$

$$\delta_{\mathrm{P}}(t)=\sum_{k=-\infty}^{\infty}(-1)^k\delta(t-k\tau_{\mathrm{sw}}),\quad \bar{\delta}_{\mathrm{P}}(t)=\lim_{n\to\infty}\frac{1}{n\tau_{\mathrm{sw}}}\sum_{k=-\infty}^{\infty}(-1)^k\delta(t-k\tau_{\mathrm{sw}}) \tag{5.21}$$

$$\hat{U}(\tau)=\frac{1}{4f_0}\lim_{n\to\infty}\frac{1}{n\tau_{\mathrm{sw}}}\int_{-\infty}^{\infty}\delta_{\mathrm{P},n}(t)\cos[\omega_0(t-\tau)]\mathrm{d}t \tag{5.22}$$

基于以上函数，可以得到

引理 1　式（5.17）中的归一化平均转换能量$\bar{\bar{U}}$与式（5.22）中定义的$\hat{U}(\tau)$之间存在如下关系：

$$\bar{\bar{U}}=\hat{U}(0) \tag{5.23}$$

证明：

$$\begin{aligned}\hat{U}(0)&=\frac{1}{4f_0}\lim_{n\to\infty}\frac{1}{n\tau_{\mathrm{sw}}}\int_{-\infty}^{\infty}\sum_{k=-n}^{n}(-1)^k\delta(t-k\tau_{\mathrm{sw}})\cos(2\pi f_0 t)\mathrm{d}t\\&=\lim_{n\to\infty}\frac{1}{4f_0}\frac{1}{n\tau_{\mathrm{sw}}}\sum_{k=-n}^{n}(-1)^k\cos(2\pi f_0 k\tau_{\mathrm{sw}})\\&=\lim_{n\to\infty}\frac{1}{4}\frac{f_{\mathrm{sw}}}{nf_0}\sum_{k=0}^{n}2(-1)^k\cos(2\pi f_0 k\tau_{\mathrm{sw}})\\&=\lim_{n\to\infty}\frac{1}{4}\frac{f_{\mathrm{sw}}}{nf_0}\sum_{k=1}^{n}(-1)^k\{[\cos(2\pi f_0 k\tau_{\mathrm{sw}})-\cos[2\pi f_0(k-1)\tau_{\mathrm{sw}}]\}\\&=\bar{\bar{U}}\end{aligned}$$

引理 2　函数$\hat{U}(\tau)$可以表示为$\bar{\delta}_{\mathrm{P}}(t)$和 $\cos(\omega_0 t)$的卷积：

$$\hat{U}(\tau)=\frac{1}{4f_0}\bar{\delta}_{\mathrm{P}}(t)*\cos(\omega_0 t) \tag{5.24}$$

证明：

$$\begin{aligned}\hat{U}(\tau)&=\frac{1}{4f_0}\lim_{n\to\infty}\frac{1}{n\tau_{\mathrm{sw}}}\int_{-\infty}^{\infty}\delta_{\mathrm{P},n}(t)\cos[\omega_0(t-\tau)]\mathrm{d}t\\&=\frac{1}{4f_0}\int_{-\infty}^{\infty}\lim_{n\to\infty}\left[\frac{1}{n\tau_{\mathrm{sw}}}\delta_{\mathrm{P},n}(t)\right]\cos[\omega_0(t-\tau)]\mathrm{d}t\\&=\frac{1}{4f_0}\bar{\delta}_{\mathrm{P}}(t)*\cos(\omega_0 t)\end{aligned}$$

引理 3　函数$\delta_{\mathrm{P}}(t)$可展开为如下的傅里叶级数：

$$\delta_{\mathrm{P}}(t)=\sum_{l=-\infty}^{\infty} A_l \mathrm{e}^{\mathrm{j}l\omega_{\mathrm{sw}}t/2} \tag{5.25}$$

其中，

$$A_l=\frac{1}{2\tau_{\mathrm{sw}}}[1-(-1)^l]$$

证明： 因为 $\delta_{\mathrm{P}}(t)$ 是周期函数，所以可以展开为傅里叶级数。根据傅里叶级数的定义，傅里叶系数为

$$\begin{aligned}
A_l &=\frac{1}{2\tau_{\mathrm{sw}}}\int_{\tau_{\mathrm{sw}}}^{\tau_{\mathrm{sw}}} \delta_{\mathrm{P}}(t)\mathrm{e}^{-\mathrm{j}l\omega_{\mathrm{sw}}t/2}\,\mathrm{d}t \\
&=\frac{1}{2\tau_{\mathrm{sw}}}\int_{\tau_{\mathrm{sw}}}^{\tau_{\mathrm{sw}}}\left[-\frac{1}{2}\delta(t+\tau_{\mathrm{sw}})+\delta(t)-\frac{1}{2}\delta(t-\tau_{\mathrm{sw}})\right]\mathrm{e}^{-\mathrm{j}l\omega_{\mathrm{sw}}t/2}\mathrm{d}t \\
&=\frac{1}{2\tau_{\mathrm{sw}}}[1-\cos(l\omega_{\mathrm{sw}}\tau_{\mathrm{sw}}/2)] \\
&=\frac{1}{2\tau_{\mathrm{sw}}}[1-\cos(l\pi)] \\
&=\frac{1}{2\tau_{\mathrm{sw}}}[1-(-1)^l]
\end{aligned}$$

引理 4 函数 $\hat{U}(\tau)$ 的傅里叶变化可以表示为

$$\begin{aligned}
\tilde{U}(\mathrm{j}\omega) &= F\{\hat{U}(\tau)\} \\
&=\begin{cases}\dfrac{\omega_{\mathrm{sw}}}{2\omega_0}\lim\limits_{n\to\infty}\dfrac{\pi^2}{n\tau_{\mathrm{sw}}}[\delta^2(\omega-\omega_0)+\delta^2(\omega+\omega_0)], & \omega_{\mathrm{sw}}=2\omega_0/(2k+1)\\ 0, & \omega_{\mathrm{sw}}\neq 2\omega_0/(2k+1)\end{cases}
\end{aligned} \tag{5.26}$$

式中，k 是非负整数。

证明： 从式（5.25）可知，$\delta_P(\tau)$的傅里叶变换为

$$\begin{aligned}
\tilde{\delta}_P(j\omega) &= F\{\delta_{\mathrm{P}}(\tau)\} \\
&=\frac{\omega_{\mathrm{sw}}}{2}\sum_{l=-\infty}^{\infty}[1-(-1)^l]\delta(\omega-l\omega_{\mathrm{sw}}/2) \\
&=\omega_{\mathrm{sw}}\sum_{k=-\infty}^{\infty}\delta[\omega-\omega_{\mathrm{sw}}(2k+1)/2]
\end{aligned} \tag{5.27}$$

函数 $\cos(\omega_0 t)$的傅里叶变换为

$$F\{\cos(\omega_0 t)\}=\pi[\delta(\omega-\omega_0)+\delta(\omega+\omega_0)] \tag{5.28}$$

根据式（5.24），函数 $\hat{U}(\tau)$ 的傅里叶变换可以表示为

$$\begin{aligned}\tilde{U}(\mathrm{j}\omega) &= F\{\bar{\delta}_{\mathrm{P}}(t)\}F\{\cos(\omega_0 t)\}\\ &= \frac{1}{4f_0}\lim_{n\to\infty}\left\{\frac{1}{n\tau_{\mathrm{sw}}}\omega_{\mathrm{sw}}\sum_{k=-\infty}^{\infty}\delta[\omega-\omega_{\mathrm{sw}}(2k+1)/2]\right\}\cdot\pi[\delta(\omega-\omega_0)+\delta(\omega+\omega_0)]\\ &= \frac{\omega_{\mathrm{sw}}}{2\omega_0}\lim_{n\to\infty}\left\{\frac{\pi^2}{n\tau_{\mathrm{sw}}}[\delta(\omega-\omega_0)+\delta(\omega+\omega_0)]\sum_{k=-\infty}^{\infty}\delta[\omega-\omega_{\mathrm{sw}}(2k+1)/2]\right\}\end{aligned}$$

根据 δ 函数的性质，从式（5.28）可以得到式（5.26）。

引理 5

$$\hat{U}_0(t)\begin{cases}\dfrac{1}{2k+1}\cos(2\pi f_0\tau), & f_{\mathrm{sw}}=2f_0/(2k+1)\\ 0, & f_{\mathrm{sw}}\neq 2f_0/(2k+1)\end{cases} \tag{5.29}$$

证明：当 $f_{\mathrm{sw}}\neq 2f_0/(2k+1)$ 时，从式（5.28）可以得到

$$\tilde{U}(\mathrm{j}\omega)=F\{\hat{U}(\tau)\}=0$$

因此当 $f_{\mathrm{sw}}\neq 2f_0/(2k+1)$ 时切换频率，有 $\hat{U}(\tau)=0$。当 $f_{\mathrm{sw}}=2f_0/(2k+1)$ 时，$\tilde{U}(\mathrm{j}\omega)$ 包含了 δ 函数的平方。按照广义函数的定义，δ 函数的平方是不存在的。但由于式（5.26）中通过求极限对 δ 函数的平方进行规范化，因此其傅里叶逆变换可以通过下述的引理 6 计算。这里，当 $f_{\mathrm{sw}}=2f_0/(2k+1)$ 时，不用傅里叶逆变后，用下述的方法直接计算 $\hat{U}(\tau)$。

$$\begin{aligned}\hat{U}(\tau) &= \frac{1}{4f_0}\lim_{n\to\infty}\frac{1}{n\tau_{\mathrm{sw}}}\int_{-\infty}^{\infty}\delta_{\mathrm{P},n}(t)\cos[\omega_0(t-\tau)]\mathrm{d}t\\ &= \frac{1}{4f_0}\lim_{n\to\infty}\frac{1}{n\tau_{\mathrm{sw}}}\int_{-\infty}^{\infty}\sum_{l=-n}^{n}(-1)^l\delta(t-l\tau_{\mathrm{sw}})\cos[2\pi f_0(t-\tau)]\mathrm{d}t\\ &= \frac{1}{4f_0}\lim_{n\to\infty}\frac{1}{n\tau_{\mathrm{sw}}}\sum_{l=-n}^{n}(-1)^l\cos\left[2\pi f_0\left(l\frac{2k+1}{2f_0}-\tau\right)\right]\\ &= \frac{1}{4f_0}\lim_{n\to\infty}\frac{1}{n\tau_{\mathrm{sw}}}\sum_{l=-n}^{n}(-1)^l\cos[l(2k+1)\pi-2\pi f_0\tau]\\ &= \frac{1}{2}\frac{f_{\mathrm{sw}}}{f_0}\cos(2\pi f_0\tau)=\frac{1}{2k+1}\cos(2\pi f_0\tau),\quad k=0,1,\cdots\end{aligned}$$

引理 6　下面的关系成立：

$$\lim_{n\to\infty}\frac{\pi^2}{n\tau_{\mathrm{sw}}}[\delta^2(\omega-\omega_0+\delta^2(\omega+\omega_0)]=\mathcal{F}\{\cos(\omega_0\tau)\} \tag{5.30}$$

证明：

$$\cos\omega_0\tau = \lim_{n\to\infty}\frac{1}{n\tau_{sw}}\int_{-n\tau_{sw}}^{n\tau_{sw}}\cos(\omega_0 t)\cos[\omega_0(t-\tau)]dt$$

$$= \lim_{n\to\infty}\frac{1}{n\tau_{sw}}\cos(\omega_0 t)\cdot\cos(w_0 t)$$

$$\mathcal{F}\{\cos(\omega_0\tau)\} = \lim_{n\to\infty}\frac{1}{n\tau_{sw}}(\cos\omega_0 t)^2$$

$$= \lim_{n\to\infty}\frac{1}{n\tau_{sw}}\{\pi[\delta(\omega-\omega_0)+\delta(\omega+\omega_0)]\}^2$$

$$= \lim_{n\to\infty}\frac{\pi^2}{n\tau_{sw}}[\delta^2(\omega-\omega_0)+\delta^2(\omega+\omega_0)]$$

函数$\hat{U}(\tau)$中的τ与开关切换的延时对应。而式(5.19)可以通过直接令式(5.29)的τ等于 0 得到。

从式（5.19）中可以看出，只有在特定的频率比下，归一化的能量$\bar{\bar{U}}$不为零，其他大部分频率比下，机电转换能量为零。当$k=0$时，即$f_{sw}/f_0=2$，开关在位移极值点切换，一个周期内切换两次，$\bar{\bar{U}}=1$，获得最优控制效果。当$k\geqslant 1$时，开关切换频率低于结构振动频率，相当于在多模态控制中，以低阶振动模态控制开关的切换，计算高阶振动模态的能量转换，此时只有当高阶频率是低阶频率的$(2k+1)$倍时，高阶振动才有控制效果。但是这种情况在实际结构系统中是很少发生的。如果用高阶振动模态去控制开关的切换，低阶模态没有任何控制效果。

值得注意的是，式（5.19）是在假设开关切换电压为常数，且假设第一个开关切换点的相位为零的前提下推导得到的。在这个假设下，当频率比满足$f_{sw}/f_0=2/(2k+1)$时，转换的能量为正值。当第一个开关切换点的相位不为零时，转换的能量如式（5.29）所示，转换能量的正负取决于开关切换相位。因此，在实际多模态振动控制中，当结构振动的主要模态被抑制时，可能会由相位激起高阶振动模态。

下面利用数值仿真的方法对上述推导进行验证。假设结构振动的频率为630Hz（取 630Hz 主要因为其可以被 3/5/7/9 整除），开关切换频率在 120Hz～10kHz 变化。振动时间设为 1s，即共有 630 个振动周期。在考虑的周期内，根据式（5.19）可以计算得到不同切换频率下归一化机电转换的能量。数值仿真结果如图 5.2 所示。当开关切换频率为 630Hz、420Hz、252Hz、180Hz 和 140Hz时，归一化的机电转换的能量为 1、1/3、1/5、1/7、和 1/9。在 120Hz～10kHz其他频率切换下，机电转换能量为零。数值仿真结果证明了前面理论推导的正确性。

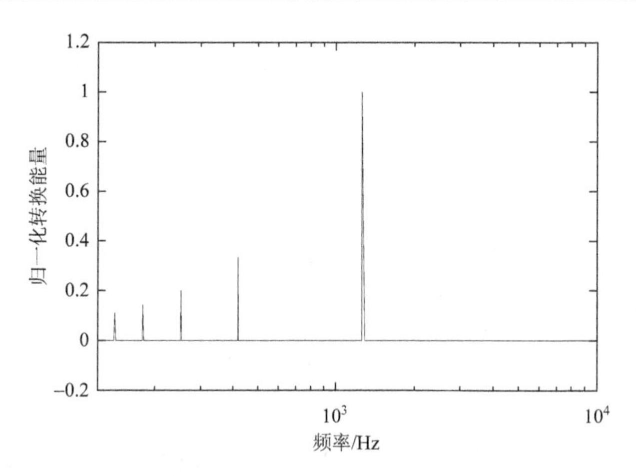

图 5.2　不同切换频率下获得的归一化转换能量

5.1.3　随机切换时的控制效果

在实际系统中，当传感信号中混有高频噪声时，噪声信号将使得开关切换频繁。在这种情况下，可以认为开关切换频率是随机的，而不是等间隔的。因此，研究在随机切换频率下的机电转换能量具有实际意义。为了简化分析，假设这种随机切换有一个平均频率。考虑在时间区间 $(0,T]$ 内，结构振动 m 个周期，即 $T=m\tau$，开关切换 n 次，切换点为 t_k $(k=1,\cdots,n)$，并假设 $t_0=0$。

为了产生 n 个切换点 t_k $(k=1,\cdots,n)$，定义 n 个在区间 $(0,T]$ 中均匀分布的随机变量 X_n。显然，X_n 在该区间中的概率密度是 $1/T$。如果 $x_1,x_2,\cdots,x_n$ 分别是 $X_1,X_2,\cdots,X_n$ 的观测值，则将 $x_1,x_2,\cdots,x_n$ 按从小到大的顺序重新排列得到，定义为 $t_1,t_2,\cdots,t_n$，即满足

$$0=t_0<\cdots<t_{k-1}<t_k<\cdots<t_n\leqslant T \tag{5.31}$$

平均切换频率 $\overline{f}_{\text{sw}}$、平均切换频率 $\overline{f}_{\text{sw}}$ 与结构振动频率 f_0 之比分别为

$$\overline{f}_{\text{sw}}=n/T\ ,\ \overline{f}_{\text{sw}}/f_0=n/m \tag{5.32}$$

基于上述假设，在一个周期内的归一化机电转换能量为

$$\begin{aligned}\overline{\overline{U}}&=\frac{1}{4m}\left\{\sum_{k=1}^{n}(-1)^k[\cos(2\pi t_k/\tau)-\cos(2\pi t_{k-1}/\tau_0)]+(-1)^n-(-1)^{n-1}\cos(2\pi t_n/\tau)\right\}\\&=\frac{n}{2m}\frac{1}{2n}\left[\sum_{k=1}^{n}(-1)^k 2\cdot\cos(2\pi t_k/\tau)+(-1)^n-\cos(2\pi t_0/\tau)\right]\\&\approx\frac{n}{2m}\frac{1}{n}\sum_{k=1}^{n}(-1)^k\cos(2\pi t_k/\tau)\end{aligned} \tag{5.33}$$

当 n 足够大时，式（5.33）中的近似是完全合理的。下面定义一个新的随机变量：

$$\tilde{Y} = \frac{1}{n}\sum_{k=1}^{n}(-1)^k \cos(2\pi X_k / \tau) \tag{5.34}$$

很显然，对于某一组切换点，$\bar{\bar{U}}$ 的值等于 $\tilde{Y}$ 的观测值乘以系数 $n/2m$ 。可以证明，$\tilde{Y}$ 的均值以及标准方差分别为

$$E[\tilde{Y}] = 0\,,\ \sigma[\tilde{Y}] < \pi\big/\sqrt{2n} \tag{5.35}$$

下面给出式（5.35）的详细证明过程：

正如上文讨论，切换时间 $t_k(k = 1, 2, \cdots, n)$可以由 n 个相互独立的随机变量 $X_k(k = 1, 2, \cdots, n)$产生。这些随机变量在区间（0, T]均匀分布，其概率密度为 $\psi_{X_k}(x) = 1/T$ ，对应每一个随机变量 X_k，可以用下式定义一个新的随机变量 Z_k：

$$Z_k = \cos(2\pi X_k / \tau_0) \tag{5.36}$$

随机变量 Z_k 的定义区间是[−1, 1]。因随机变量 X_k（$k = 1, 2, \cdots, n$）是相互独立的，新的随机变量 Z_k（$k = 1, 2, \cdots, n$）也是相互独立的。

为了证明式（5.35），式（5.34）的 Y 重新表示为

$$\begin{aligned}\tilde{Y} &= \frac{1}{n}\sum_{k=1}^{n}(-1)^k \cos(2\pi X_k / \tau_0)\\ &= -\frac{1}{n}\sum_{l=1}^{n_1}\cos(2\pi X_{2l-1} / \tau_0) + \frac{1}{n}\sum_{l=1}^{n_2}\cos(2\pi X_{2l} / \tau_0)\\ &= -\frac{1}{n}\sum_{l=1}^{n_1} Z_{2l-1} + \frac{1}{n}\sum_{l=1}^{n_2} Z_{2l}\end{aligned} \tag{5.37}$$

式中，n_1 为满足 $n_1 \leqslant (n+1)/2$ 的最大整数；n_2 为满足 $n_2 \leqslant n/2$ 的最大整数。

引理 7　由概率论的定理可知，随机变量 Z_k 在定义域[−1, 1]中的概率密度是

$$\psi_{Z_k}(z) = \frac{1}{\pi}\frac{1}{\sqrt{1-z^2}} \tag{5.38}$$

引理 8　随机变量 Z_k 的均值和方差分别为

$$\mathcal{E}(Z_k) = 0, \quad \sigma(Z_k) = \pi / \sqrt{2} \tag{5.39}$$

证明：

$$\mathcal{E}(Z_k) = \int_{-1}^{1} z\psi_{Z_k}(z)\mathrm{d}z = \int_{-1}^{1}\frac{1}{\pi}\frac{z}{\sqrt{1-z^2}}\mathrm{d}z = 0$$

$$\sigma^2(Z_k)=\int_{-1}^{1}z^2\psi_{Z_k}(z)\mathrm{d}z=\frac{\pi}{2}\int_{-1}^{1}\frac{z^2}{\sqrt{1-z^2}}\mathrm{d}z$$
$$=\pi\int_{-1}^{1}\sqrt{1-x^2}\mathrm{d}x=\pi\int_{-\frac{\pi}{2}}^{\frac{\pi}{2}}\cos\theta\mathrm{d}(\sin\theta)$$
$$=\pi\int_{-\frac{\pi}{2}}^{\frac{\pi}{2}}\cos^2\theta\mathrm{d}\theta=\pi\int_{-\frac{\pi}{2}}^{\frac{\pi}{2}}\frac{1}{2}(1-\sin2\theta)\mathrm{d}\theta=\frac{\pi^2}{2}$$

按式（5.40）定义两个新的随机变量 $\tilde{Y}_1$ 和 $\tilde{Y}_2$：

$$\tilde{Y}_1=-\frac{1}{n}\sum_{l=1}^{n_1}Z_{2l-1},\quad \tilde{Y}_2=\frac{1}{n}\sum_{l=1}^{n_2}Z_{2l} \tag{5.40}$$

根据 $\tilde{Y}_1$ 和 $\tilde{Y}_2$ 的定义可知，$\tilde{Y}_1$ 中的 $Z_{2l-1}(l=1,\cdots,n_1)$是相互独立的，$\tilde{Y}_2$ 中的 $Z_{2l}(l=1,\cdots,n_2)$也是相互独立的。但应该注意，为了保证 $Z_{2l-1}<Z_{2l}$，对 X_k 进行了重新排序，因此 $\tilde{Y}_1$ 和 $\tilde{Y}_2$ 并不是相互独立的.

引理 9　因为随机变量 $\tilde{Y}_1$ 和 $\tilde{Y}_2$ 均为独立随机变量的线性组合，它们的均值和方差为

$$\mathcal{E}(\tilde{Y}_1)=0,\quad \sigma^2(\tilde{Y}_1)=\frac{n_1}{n^2}\frac{\pi^2}{2} \tag{5.41}$$

$$\mathcal{E}(\tilde{Y}_2)=0,\quad \sigma^2(\tilde{Y}_2)=\frac{n_2}{n^2}\frac{\pi^2}{2} \tag{5.42}$$

引理 10　随机变量 $\tilde{Y}=\tilde{Y}_1+\tilde{Y}_2$ 满足

$$\mathcal{E}(\tilde{Y})=0,\quad \sigma^2(Y)<\frac{\pi^2}{2n} \tag{5.43}$$

证明：

$$\mathcal{E}(\tilde{Y})=\mathcal{E}(\tilde{Y}_1)+\mathcal{E}(\tilde{Y}_2)=0$$

因为 $\tilde{Y}_1$ 和 $\tilde{Y}_2$ 之间有相关关系，所以

$$\sigma^2(\tilde{Y})<\sigma^2(\tilde{Y}_1)+\sigma^2(\tilde{Y}_2)=\frac{\pi^2}{2n}$$

式(5.35)得证，$\tilde{Y}$ 的均值为 0，标准方差随切换点数的增加而减小。由式(5.33)可知，如果 n/m 为常数（每个周期内平均切换次数为常数），则随着切换点数（即所考虑的振动周期数）的增加，$\bar{\bar{U}}$ 的均值趋于 0，其标准方差也趋于 0。其物理含义是，如果考虑足够多的振动周期，则每个振动周期的平均转换能量近似为 0。

下面通过数值仿真对上述结果进行验证。以 1 000 个结构振动周期为例，每个周期内平均切换次数在 0.1～10 变换。每个周期内归一化的机电转换能量如图 5.3 所示。仿真结果表明，转换的能量仅是最大转换能量的 4%左右。随着 m 的增加，标准方差降低。以 10 000 个振动周期为例，归一化的机电转换能量如图 5.4 所示，

其能量波动范围减小了 2/3。根据式（5.33）和（5.35）可知，当结构振动周期增加到 10 倍时，归一化转换能量 $\bar{\bar{U}}$ 的标准方差将下降为 $1/\sqrt{10}$ 。

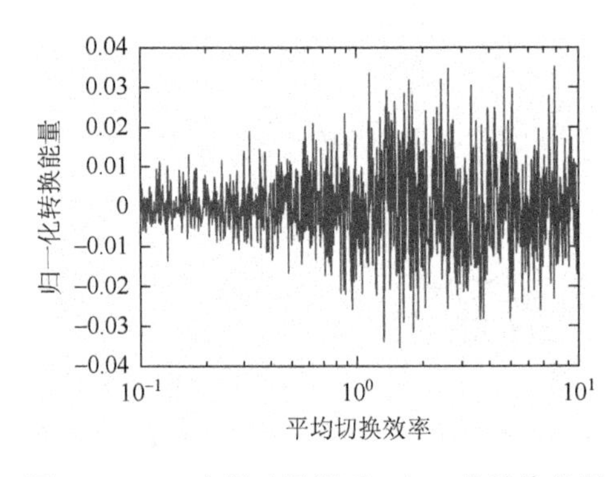

图 5.3　1000 个振动周期下，归一化转换能量与平均切换频率比之间的关系

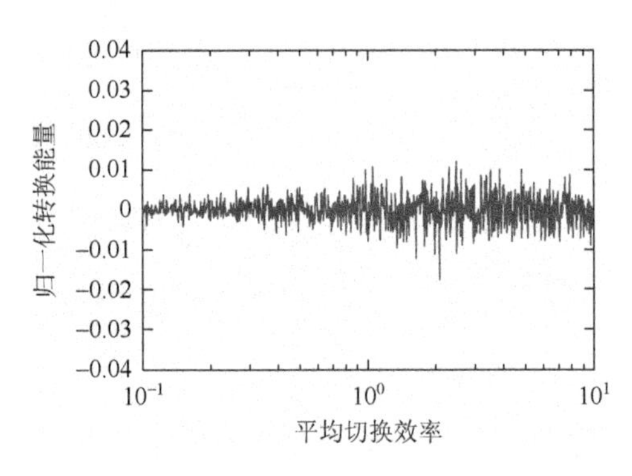

图 5.4　10000 个振动周期下，归一化转换能量与平均切换频率比之间的关系

5.2　一般条件下切换参数对控制效果的影响[11]

上文通过理论推导分析了当切换电压为常数时，开关切换相位和频率对转换能量的影响。理论结果表明，只有在适当的开关切换频率下，才能产生控制效果。但实验中发现当切换频率不满足式（5.19）中的某些特定的开关切换频率时，仍会产生很微弱的控制效果，且切换电压会随着切换频率和相位的变化而改变。当切换频率不是最优时，切换电压会有一定的波动。下面将介绍一般条件下 SSD 控制中压电元件开关切换电压的严格推导形式，以及由开关切换电压引起的能量转换。一般条件下是指不对压电元件上的切换电压做任何假设。

5.2.1　压电元件上切换电压的一般形式

图 5.5 是开关以不同切换频率切换时，压电元件上产生的控制电压。从图中可以看出，当切换频率不再是振动频率的两倍时，压电元件上产生的电压将变得非常复杂。当切换频率大于结构振动频率的两倍时，压电元件上产生的电压将变得很小。这说明，频繁地切换开关，使得机电转换的能量得不到积累，在开关工作的同时，损耗了部分转换的能量。当切换频率小于结构振动频率的两倍时，压电元件上产生的电压将变大，但是由于切换频率降低，在一定的时间长度内，机电转换的能量变小。因此，切换频率对机电转换能量的影响是非常复杂的。

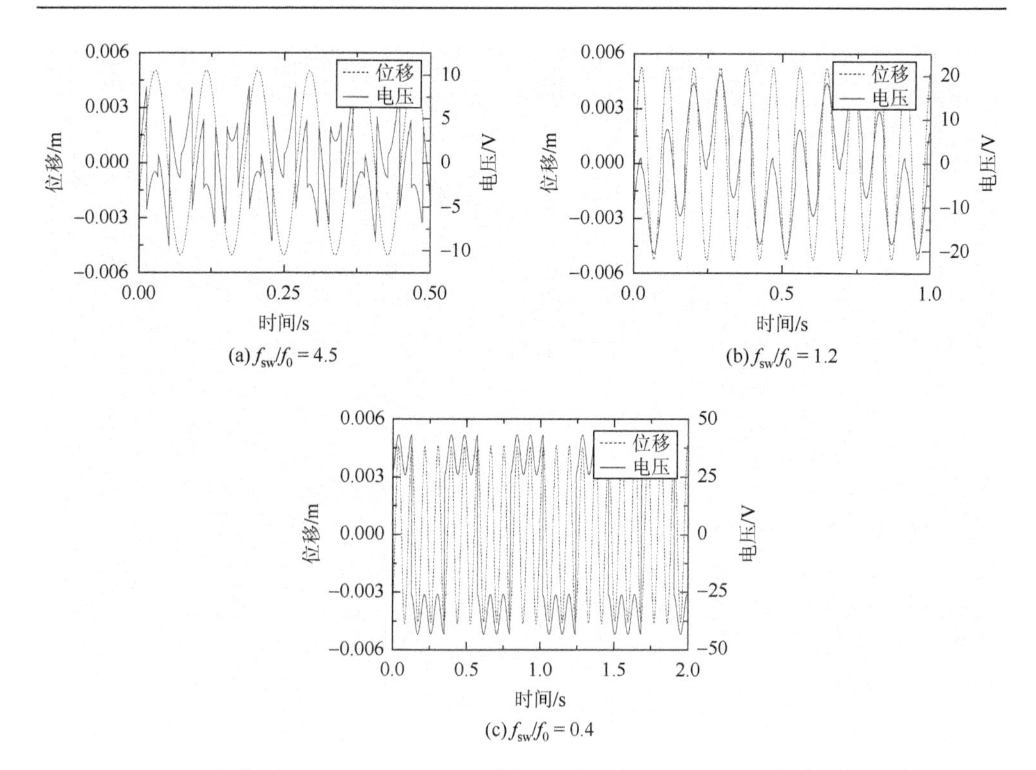

图 5.5　不同切换频率切换下结构位移以及压电元件上产生的控制电压和位移

假设开关切换频率为 f_{sw}，开关切换点为 $t_k = k\tau_{sw}$，其中 $\tau_{sw} = 1/f_{sw}$ 是两个切换点之间的时间间隔。t_k^- 、t_k^+ 分别为第 k 次开关切换前后时间。当电压翻转系数为 γ 时，开关切换前后压电元件上的电压关系为

$$V_a(t_k^+) = -\gamma V_a(t_k^-) \tag{5.44}$$

在 t_k^+ 和 t_{k+1}^- 两个切换点时间内，压电元件上的电压为

$$V_a(t) = V_a(t_k^+) + \Delta V_{st}(t) \tag{5.45}$$

其中，

$$\Delta V_{st}(t) = V_{st}(t) - V_{st}(t_k) = \alpha[u(t) - u(t_k)] \tag{5.46}$$

开关切换电压为

$$\begin{aligned} V_{sw}(t) &= V_a(t) - V_{st}(t) = V_a(t_k^+) - V_{st}(t_k) \\ &= -\gamma V_a(t_k^-) - V_{st}(t_k), \quad t_k^+ \leqslant t \leqslant t_{k+1}^-, (k = 1, 2, \cdots) \end{aligned} \tag{5.47}$$

图 5.6 为不同切换频率下，由开关切换产生的切换电压 $V_{sw}(t)$以及由结构应变产生的电压 $V_{st}(t)$。从图中可以看出，$V_{sw}(t)$在 t_k^+ 和 t_{k+1}^- 之间为常数。很明显，$V_{sw}(t)$ 没有 $V_a(t)$复杂。

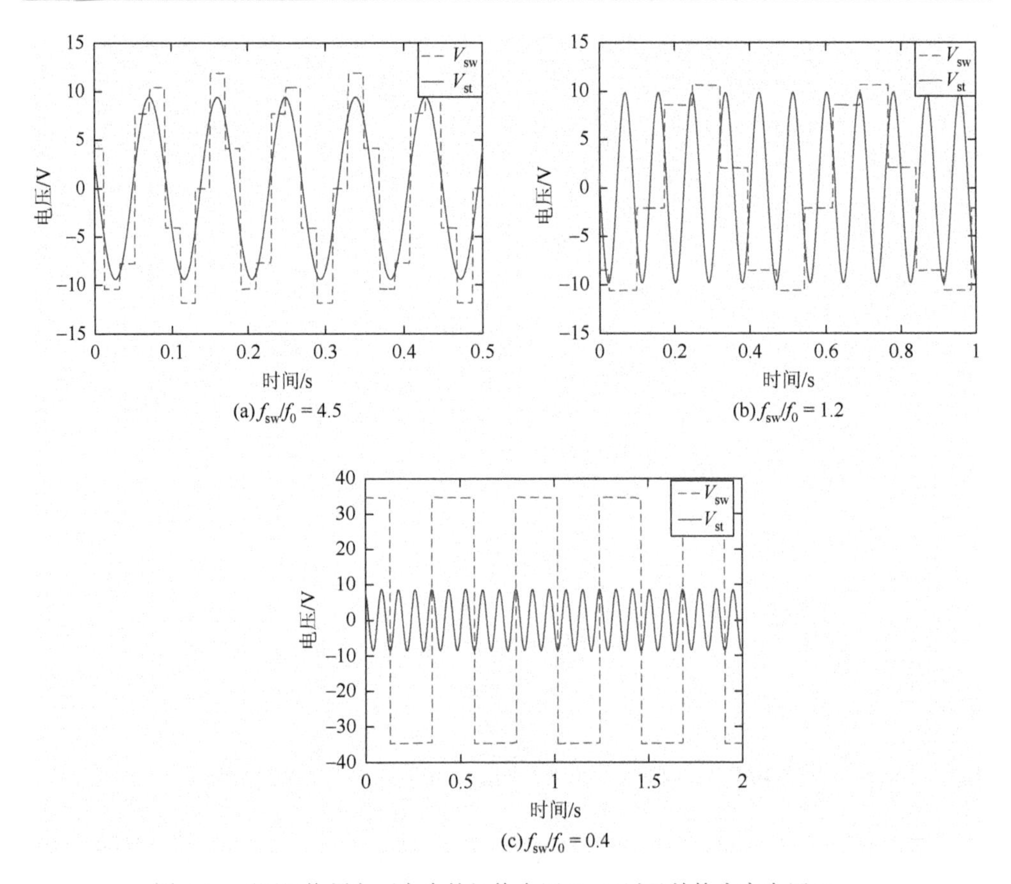

(a) $f_{sw}/f_0=4.5$

(b) $f_{sw}/f_0=1.2$

(c) $f_{sw}/f_0=0.4$

图 5.6 不同切换频率下产生的切换电压 $V_{sw}(t)$以及结构应变电压 $V_{st}(t)$

在（0, T）时间域内，$V_{sw}(t)$产生的机电转换能量为

$$\begin{aligned}\int_0^T \alpha V_{sw}\dot{u}\mathrm{d}t &= \int_0^T \alpha[V_a(t)-V_{st}(t)]\dot{u}\mathrm{d}t \\ &= \int_0^T \alpha V_a(t)\dot{u}\mathrm{d}t - \int_0^T \alpha V_{st}(t)\dot{u}\mathrm{d}t \\ &= \int_0^T \alpha V_a(t)\dot{u}\mathrm{d}t - \int_0^T \alpha^2 u(t)\dot{u}\mathrm{d}t\end{aligned} \tag{5.48}$$

如果在（0, T）时间域内，振动周期为整数，那么式（5.48）的第二项为 0。如果不为 0，则第二项是小于 $\alpha^2 u_M^2/2$ 的正数，且不随着时间长度的增加而增加。因此，当考虑平均机电转换能量时，第二项的贡献可以忽略不计。这表明，由开关切换产生的电压 $V_{sw}(t)$ 和压电元件上产生的电压 $V_a(t)$对机电能量转换的贡献是可以认为近似相等的。因此，下面将以 $\int_0^T \alpha V_{sw}\dot{u}\mathrm{d}t$ 的计算代替 $\int_0^T \alpha V_a\dot{u}\mathrm{d}t$ 的计算。

从式（5.47），可以得到

$$V_{sw}(t_{k+1}^-) = V_a(t_k^+) - V_{st}(t_k) = -\gamma V_a(t_k^-) - V_{st}(t_k) \tag{5.49}$$

从式（5.45），可以得到

$$V_{a}(t_{k}^{-})=V_{a}(t_{k-1}^{+})+V_{st}(t_{k})-V_{st}(t_{k-1})=V_{sw}(t_{k}^{-})+V_{st}(t_{k}) \tag{5.50}$$

将式（5.50）代入（5.49）可得

$$\begin{aligned}V_{sw}(t_{k}^{+})=V_{sw}(t_{k+1}^{-})&=-\gamma[V_{sw}(t_{k}^{-})+V_{st}(t_{k})]-V_{st}(t_{k})\\&=-\gamma V_{sw}(t_{k}^{-})-(1+\gamma)V_{st}(t_{k})\end{aligned} \tag{5.51}$$

其中，

$$V_{sw}(t_{k}^{+})=[V_{sw}(t_{k}^{-})+V_{st}(t_{k})]-V_{st}(t_{k}) \tag{5.52}$$

根据式（5.51）和（5.52），开关切换电压的变化如图5.7所示。在切换点 $t=t_k$ 处，开关切换电压以 $-V_{st}(t_k)$ 为中心，切换电压 $V_{sw}(t)$ 从 $V_{sw}(t_{k}^{-})$ 翻转到 $V_{sw}(t_{k}^{+})$。在开关切换前，$-V_{st}(t_k)$ 和 $V_{sw}(t_{k}^{-})$ 之间的电压差为 $-[V_{sw}(t_{k}^{-})+V_{st}(t_{k})]$，$-V_{st}(t_k)$ 和 $V_{sw}(t_{k}^{+})$ 之间的电压差为 $\gamma[V_{sw}(t_{k}^{-})+V_{st}(t_{k})]$。

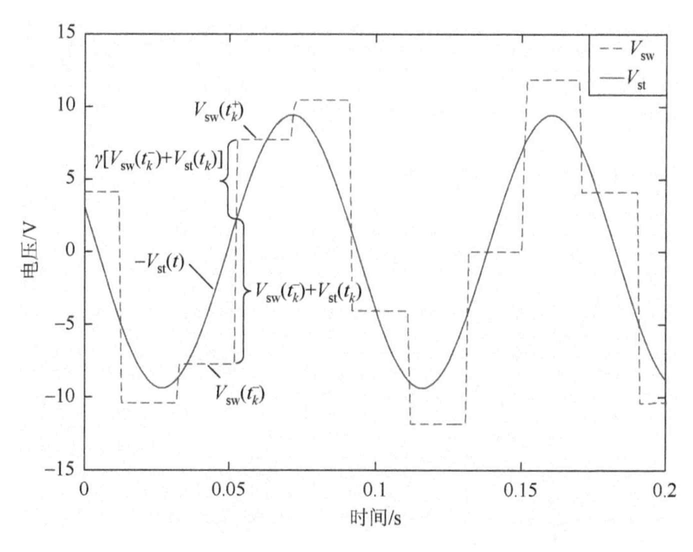

图5.7　$V_{sw}(k)$ 和 $V_{st}(t)$ 的关系

5.2.2　简谐振动下的开关切换电压一般形式

开关每次切换后，压电元件上产生的开关切换电压可以由式（5.51）得到，由于它是一个分段定值函数，当初始电压已知时，可以完全由式（5.51）计算得到。由于在方程推导过程中，没有做任何假设，因此，其适用于任何振动情况。本节将着重研究共振状态下的能量转换关系，因此下面主要推导简谐振动下的开关切换电压表达式的一般形式。

正如式(5.51)所示，在 t_k^+ 和 t_{k+1}^- 之间，电压 $V_{sw}(t)$是常数，即 $V_{sw}(t_{k+1}^-)=V_{sw}(t_k^+)$]。为了方便起见，$V_{sw}(t_k^+)$表示成 $V_{sw}(k)$，则如下递推关系成立：

$$V_{sw}(k)=-\gamma V_{sw}(k-1)-(1+\gamma)V_{st}(k) \tag{5.53}$$

式中，$V_{st}(k)=V_{st}(t_k)$。根据上面的讨论可知，电压 $V_{sw}(t)$完全由离散的 $V_{sw}(k)$序列决定。$V_{sw}(k)$进一步表示成

$$\begin{aligned}V_{sw}(k)&=-\gamma V_{sw}(k-1)-(1+\gamma)V_{st}(k)\\&=\gamma^2V_{sw}(k-2)+\gamma(1+\gamma)V_{st}(k-1)-(1+\gamma)V_{st}(k)\\&=-(1+\gamma)\sum_{i=0}^{k}(-\gamma)^iV_{st}(k-i)+(-\gamma)^{k+1}\overline{V}_{sw}(-1)\end{aligned} \tag{5.54}$$

在式（5.54）中，$V_{sw}(-1)$是时间 $t=0^-$时电压 $V_{sw}(t)$的值。为了简单起见，假设控制前压电元件上的电压为 0。

式（5.54）为结构在简谐振动下的开关切换电压 $V_{sw}(k)$的离散序列。由结构应变产生的离散电压 $V_{st}(k)$可以表示成

$$V_{st}(k)=\frac{\alpha}{C_p}u(k)=\frac{\alpha}{C_p}u_M\cos(\omega k\tau_{sw})=\frac{\alpha}{C_p}u_M\cos(k\varpi) \tag{5.55}$$

式中，$\varpi=\omega\tau_{sw}$，ϖ 为离散序列下的无量纲角频率。对于恒定的振动角频率，ϖ 与开关切换周期 τ_{sw} 成正比。因此，根据其物理意义，将 ϖ 称为无量纲切换周期更合适。定义新的离散函数如下：

$$\varphi(k)=(-1)^k\gamma^k=\gamma^k\cos(k\pi) \tag{5.56}$$

$\varphi(k)$和 $V_{st}(k)$的 z 变换为

$$\mathscr{Z}[\varphi(k)]=\frac{1-\gamma z^{-1}\cos\pi}{1-2\gamma z^{-1}\cos\pi+\gamma^2z^{-2}}=\frac{1+\gamma z^{-1}}{1+2\gamma z^{-1}+\gamma^2z^{-2}}=\frac{1}{1+\gamma z^{-1}} \tag{5.57}$$

$$\mathscr{Z}[V_{st}(k)]=\frac{\alpha}{C_p}u_M\frac{1-z^{-1}\cos\varpi}{1-2z^{-1}\cos\varpi+z^{-2}} \tag{5.58}$$

式（5.54）中的求和可以表示成 $\varphi(k)$和 $V_{st}(k)$的卷积形式，$V_{sw}(k)$的 z 变换可以表示成

$$V_{sw}(z)=\mathscr{Z}[V_{sw}(k)]=\frac{1}{1+\gamma}\frac{\alpha u_M}{C_p}\frac{1}{1+\gamma z^{-1}}\frac{1-z^{-1}\cos\varpi}{1-2z^{-1}\cos\varpi+z^{-2}} \tag{5.59}$$

为了减少符号数量，在连续时间域、离散时间域和 z 域中，相同的物理量采用相同的符号，函数变量区分其所取的域。式（5.59）中 $1-2z^{-1}\cos\varpi+z^{-2}$ 的两个根为

$$z_{1,2}^{-1}=\cos\varpi\pm\mathrm{i}\sin\varpi \tag{5.60}$$

式中，i 为虚数单位，因此 $V_{sw}(z)$可以表示成如下形式：

$$
\begin{aligned}
V_{\mathrm{sw}}(z) &= -(1+\gamma)\frac{\alpha u_{\mathrm{M}}}{C_{\mathrm{p}}}\frac{z^{2}(z-\cos\bar{\omega})}{(z+\gamma)(z^{2}-2z\cos\bar{\omega}+1)} \\
&= -(1+\gamma)\frac{\alpha u_{\mathrm{M}}}{C_{\mathrm{p}}}\frac{z^{2}(z-\cos\bar{\omega})}{(z+\gamma)(z-\cos\bar{\omega}-\mathrm{i}\sin\bar{\omega})(Z-\cos\bar{\omega}+\mathrm{i}\sin\bar{\omega})}
\end{aligned} \tag{5.61}
$$

利用留数定理，$V_{\mathrm{sw}}(z)$的 z 反变换可以表示成

$$
\begin{aligned}
V_{\mathrm{sw}}(k) &= \mathcal{Z}^{-1}[V_{\mathrm{sw}}(z)] \\
&= -(1+\gamma)\frac{\alpha u_{\mathrm{M}}}{C_{\mathrm{p}}}\left[\frac{-\gamma^{2}(\gamma+\cos\bar{\omega})}{\gamma^{2}+2\gamma\cos\bar{\omega}+1}(-\gamma)^{k-1}+\frac{(\mathrm{i}\sin\bar{\omega})(\cos\bar{\omega}+\mathrm{i}\sin\bar{\omega})^{k+1}}{(\cos\bar{\omega}+\mathrm{i}\sin\bar{\omega}+\gamma)(2\mathrm{i}\sin\bar{\omega})}\right. \\
&\quad \left.+\frac{(-\mathrm{i}\sin\bar{\omega})(\cos\bar{\omega}-\mathrm{i}\sin\omega\tau)^{k+1}}{(\cos\bar{\omega}-\mathrm{i}\sin\bar{\omega}+\gamma)(-2\mathrm{i}\sin\bar{\omega})}\right] \\
&= -(1+\gamma)\frac{\alpha u_{\mathrm{M}}}{C_{\mathrm{p}}}\left[\frac{-(\gamma+\cos\bar{\omega})}{\gamma^{2}+2\gamma\cos\bar{\omega}+1}(-\gamma)^{k-1}+\frac{1}{2}\frac{(\mathrm{e}^{+\mathrm{i}\bar{\omega}})^{k+1}}{\gamma+\mathrm{e}^{\mathrm{i}\bar{\omega}}}+\frac{1}{2}\frac{(\mathrm{e}^{-\mathrm{i}\bar{\omega}})^{k+1}}{\gamma+\mathrm{e}^{-\mathrm{i}\bar{\omega}}}\right] \\
&= -(1+\gamma)\frac{\alpha u_{\mathrm{M}}}{C_{\mathrm{p}}}\left[\frac{-(\gamma+\cos\bar{\omega})}{\gamma^{2}+2\gamma\cos\bar{\omega}+1}(-\gamma)^{k-1}+\frac{\gamma\cos(k+1)\bar{\omega}+\cos k\bar{\omega}}{\gamma^{2}+2\gamma\cos\bar{\omega}+1}\right]
\end{aligned} \tag{5.62}
$$

式（5.62）给出了封闭离散切换电压的解析表达式。方程第一项中包含$(-\gamma)^{k-1}$因子，随着步长 k 的增加，其趋向于 0，因此，第一项为瞬态项，是对初始条件的响应。第二项则是稳态项。因此，在计算平均转换能量时，将舍弃第一项，仅考虑第二项。此时，$V_{\mathrm{sw}}(k)$为

$$
V_{\mathrm{sw}}(k) = -(1+\gamma)\frac{\alpha u_{\mathrm{M}}}{C_{\mathrm{p}}}\frac{\gamma\cos[(k+1)\bar{\omega}]+\cos[k\bar{\omega}]}{\gamma^{2}+2\gamma\cos\bar{\omega}+1} \tag{5.63}
$$

当 $\bar{\omega}=i\pi(i=1,2,\cdots)$ 时，很容易推导得到

$$
\frac{\partial}{\partial\bar{\omega}}V_{\mathrm{sw}}(k)=0 \tag{5.64}
$$

这表明当 $\bar{\omega}=i\pi$ 时，电压 $V_{\mathrm{sw}}(k)$达到极大值或极小值。当 $\bar{\omega}=2i\pi$ 时，电压 $V_{\mathrm{sw}}(k)$满足：

$$
V_{\mathrm{sw}}(k) = -\frac{\alpha u_{\mathrm{M}}}{C_{\mathrm{p}}} \tag{5.65}
$$

此时，$V_{\mathrm{sw}}(k)$是一个常数，即开关切换仅产生一个偏置电压。当 $\bar{\omega}=(2i-1)\pi$ $(i=1,2,\cdots)$ 时，电压 $V_{\mathrm{sw}}(k)$为

$$
V_{\mathrm{sw}}(k) = (-1)^{k+1}\frac{\alpha u_{\mathrm{M}}}{C_{\mathrm{p}}}\frac{1+\gamma}{1-\gamma} \tag{5.66}
$$

显然，在这种情况下，$V_{\mathrm{sw}}(k)$为一常数。当 $\bar{\omega}=\pi$ 时，两开关切换点时间为 $\tau_{\mathrm{sw}}=\pi/\omega$，即开关在每个位移极值处进行切换。推导出的开关切换电压幅值与参

考文献[1]和[8]的结果相同。当 $\bar{\omega}=(2i-1)\pi(i\geqslant 2)$ 时，开关在每（2i–1）个极值点处切换，但由切换产生的切换电压幅值与在每个极值点处都切换的情况相同。因此，即使跳过 $2(i-1)(i\geqslant 2)$个极值点，但切换电压幅值仍然不变。因此，正如参考文献[1]和[8]中所述，当跳过一些极值点时，虽然切换电压没变，但每个振动周期的平均转换能量将减小。

5.2.3 切换频率对 SSD 控制中能量转换的影响

根据式（5.48）可知，在 SSDI 控制中，计算不同开关切换频率下机电转换的能量可以转换为计算 $V_{\mathrm{sw}}(t)$产生的转换能量。为了方便计算，假设在时间域（0, T]内，有 m 个振动周期，即 $m=n\omega_0/\omega_{\mathrm{sw}}$，$m$ 不一定为整数，开关切换 n 次，即 $T=n\tau_{\mathrm{sw}}$。在（0, T]内机电转换的总能量为 $U(n)$，表达式如式（5.67）所示：

$$U(n)=-\int_0^T \alpha V_{\mathrm{sw}}(t)\dot{u}\mathrm{d}t=\sum_{k=1}^{n}\alpha V_{\mathrm{sw}}(k-1)[u(k)-u(k-1)]=\sum_{k=1}^{n}\hat{U}(k) \tag{5.67}$$

式中，$\hat{U}(k)$ 为第 k–1 和 k 切换点之间转换的能量：

$$\hat{U}(k)=\alpha V_{\mathrm{sw}}(k-1)[u(k)-u(k-1)] \tag{5.68}$$

平均每个周期内转换的能量为

$$\bar{U}=\lim_{m\to\infty}\frac{1}{m}\int_0^T \alpha V_{\mathrm{sw}}(t)\dot{u}\mathrm{d}t=\frac{\omega_{\mathrm{sw}}}{\omega_0}\lim_{n\to\infty}\frac{1}{n}U(n) \tag{5.69}$$

根据式（5.68），可以得到如下关系式：

$$\mathscr{Z}[\hat{U}(k)]=\alpha\mathscr{Z}[V_{\mathrm{sw}}(k-1)]*\mathscr{Z}[u(k)-u(k-1)] \tag{5.70}$$

式中，“*”为卷积算子。$V_{\mathrm{sw}}(k-1)$以及其 z 变换为

$$V_{\mathrm{sw}}(k-1)=-(1+\gamma)\frac{\alpha u_{\mathrm{M}}}{C_{\mathrm{p}}}\frac{\gamma\cos(k\bar{\omega})+\cos[(k-1)\bar{\omega}]}{\gamma^2+2\gamma\cos\bar{\omega}+1} \tag{5.71}$$

$$\begin{aligned}V_{\mathrm{sw},-1}(z)&=\mathscr{Z}[V_{\mathrm{sw}}(k-1)]\\&=-(1+\gamma)\frac{\alpha u_{\mathrm{M}}}{C_{\mathrm{p}}}\frac{(\gamma z+1)(z-\cos\bar{\omega})}{(\gamma^2+2\gamma\cos\bar{\omega}+1)(z^2-2z\cos\bar{\omega}+1)}\end{aligned} \tag{5.72}$$

$u(k)$ 以及 $u(k)-u(k-1)$ 的 z 变换为

$$u(k)=u_{\mathrm{M}}\cos(k\bar{\omega}) \tag{5.73}$$

$$\Delta u(z)=\mathscr{Z}[u(k)-u(k-1)]=u_{\mathrm{M}}\frac{(z^2-z\cos\bar{\omega})}{(z^2-2z\cos\bar{\omega}+1)}(1-z^{-1}) \tag{5.74}$$

根据复变函数卷积定义，$\hat{U}(k)$ 的 z 变换可以表示成如下形式：

$$\begin{aligned}\hat{U}(k) &= \mathscr{Z}[\hat{U}(k)] \\ &= \frac{\alpha}{2\pi\mathrm{j}}\oint_c V_{\mathrm{sw},-1}(\upsilon)\Delta u\left(\frac{\upsilon}{z}\right)\frac{1}{\upsilon}\mathrm{d}\upsilon \\ &= \frac{1}{2\pi\mathrm{j}}\oint_c -(1+\gamma)\frac{\alpha^2 u_{\mathrm{M}}^2}{C_0}\frac{(\gamma\upsilon+1)(\upsilon-\cos\varpi)}{(\gamma^2+2\gamma\cos\varpi+1)(\upsilon^2-2\upsilon\cos\varpi+1)} \\ &= \frac{1}{2\pi\mathrm{j}}\oint_c \vartheta(\upsilon)\mathrm{d}\upsilon\end{aligned} \tag{5.75}$$

式中，c 是任意一条包围原点收敛区域的封闭曲线。由于很难对上面的公式进行直接积分，这里将再次使用留数定理。$\vartheta(\upsilon)$ 的积分有 5 个极点，即

$$\upsilon_1 = 0,\quad \upsilon_{2,3} = \cos\varpi \pm \mathrm{j}\sin\varpi = \mathrm{e}^{\pm\mathrm{j}\varpi} \tag{5.76}$$

$$\upsilon_{4,5} = z(\cos\varpi \pm \mathrm{j}\sin\varpi) = z\mathrm{e}^{\pm\mathrm{j}\varpi} \tag{5.77}$$

$\vartheta(\upsilon)$ 的收敛域取决于 $V_{\mathrm{sw},-1}(\upsilon)$和 $\Delta u(\upsilon/z)$的收敛域，定义为

$$|\upsilon| > 1, |z/\upsilon| > 1 \tag{5.78}$$

即 $\vartheta(\upsilon)$ 的收敛域为

$$1 < |\upsilon| < |z| \tag{5.79}$$

因此，在任何封闭曲线的收敛区域内，只有 υ_1、υ_2 和 υ_3 三个极点。根据留数定理，式（5.75）表示成如下形式：

$$\begin{aligned}\hat{U}(z) &= \frac{1}{2\pi\mathrm{j}}\oint_c \vartheta(\upsilon)d\upsilon \\ &= (\upsilon-\upsilon_1)\vartheta(\upsilon)\big|_{\upsilon=\upsilon_1} + (\upsilon-\upsilon_2)\vartheta(\upsilon)\big|_{\upsilon=\upsilon_2} + (\upsilon-\upsilon_3)\vartheta(\upsilon)\big|_{\upsilon=\upsilon_3} \\ &= \frac{\alpha^2 u_{\mathrm{M}}^2}{C_0}\frac{(1+\gamma)}{(\gamma^2+2\gamma\cos\varpi+1)}\left[-\cos\varpi\frac{(\mathrm{e}^{-\mathrm{j}\varpi}+r)(z-\mathrm{e}^{\mathrm{j}\varpi})(1-2z+\mathrm{e}^{2\mathrm{j}\varpi})(1-2z+\mathrm{e}^{2\mathrm{j}\varpi})}{4(z-\mathrm{e}^{2j\varpi})(z-1)}\right. \\ &\quad \left. -\frac{(\mathrm{e}^{\mathrm{j}\varpi}+r)(z-\mathrm{e}^{-\mathrm{j}\varpi})(1-2z+\mathrm{e}^{-2\mathrm{j}\varpi})}{4(z-\mathrm{e}^{-2\mathrm{j}\varpi})(\mathrm{z}-1)}\right] \\ &= -\frac{\alpha^2 u_{\mathrm{M}}^2}{C_0}\frac{(1+\gamma)}{(\gamma^2+2\gamma\cos\varpi+1)}\{(1-r)(2-3z+2z^2)\cos\varpi-(1-rz)[1-\mathrm{z}+2\mathrm{z}^2 \\ &\quad +(1-3\mathrm{z})\cos(2\varpi)]-(1-r)z\cos 3\varpi\}/\{2(z-1)[1+z^2-2z\cos(2\varpi)]\}\end{aligned} \tag{5.80}$$

根据式（5.67），$U(n)$可以表示成

$$U(\mathrm{n}) = \sum_{k=1}^{n}\hat{U}(k) = \sum_{k=1}^{\infty}\hat{U}(k)\hat{u}(n-k) = \hat{U}(k) * \hat{u}(k) \tag{5.81}$$

式中，$\hat{u}(k)$ 为单位阶跃函数。因此有式（5.82）成立，

$$U(z) = \hat{U}(z)\hat{u}(z) \tag{5.82}$$

$\hat{u}(k)$ 的 z 变换为

$$\hat{u}(z)=\frac{z}{z-1} \tag{5.83}$$

因此，$U(n)$ 的 z 变换为

$$\begin{aligned}U(z)=&-\frac{\alpha^2u_{\mathrm{M}}^2}{C_0}\frac{(1+\gamma)}{(\gamma^2+2\gamma\cos\bar{\varpi}+1)}z[-(1-rz)(1-z+2z^2)\\&+(1-r)(2-3z+2z^2)\cos\bar{\varpi}-(1-rz)(1-3z)\cos(2\bar{\varpi})\\&-(1-r)z\cos(3\bar{\varpi})]/\{2(z-1)^2[1+\mathrm{z}^2-2z\cos(2\bar{\varpi})]\}\end{aligned} \tag{5.84}$$

根据 z 反变换的定义可知，开关切换 n 次，SSDI 控制系统机电转换的总能量为

$$U(n)=\frac{1}{2\pi\mathrm{j}}\oint_c U(z)z^{n-1}\mathrm{d}z \tag{5.85}$$

收敛域为 $|z|>1$，c 为收敛域中的任意一条封闭曲线。在运用留数定理对式（5.85）进行积分计算时，需要考虑三种情况，

1）第一种情况

当 $\cos(2\bar{\varpi})\neq 1$ 时，封闭路径 c 中的极点为

$$z_1=1,\quad z_{2,3}=\cos^2\bar{\varpi}\pm\mathrm{j}\sin^2\bar{\varpi}=\mathrm{e}^{\pm 2\mathrm{j}\bar{\varpi}} \tag{5.86}$$

式中，$z_1=1$ 是一个二阶极点。根据留数定理，转换的能量为

$$\begin{aligned}U(n)=&\frac{\mathrm{d}}{\mathrm{d}z}[(z-z_1)^2U(z)z^{n-1}]\Big|_{z=z_1}\\&+(z-z_2)U(z)z^{n-1}\Big|_{z=z_2}+(z-z_3)U(z)z^{n-1}\Big|_{z=z_3}\end{aligned} \tag{5.87}$$

将式（5.84）代入（5.87）中，得

$$\begin{aligned}U(n)=&-\frac{\alpha^2u_{\mathrm{M}}^2}{C_0}\frac{(1+\gamma)}{\gamma^2+2\gamma\cos\bar{\varpi}+1}\left\{-\frac{1}{4}(1-3\gamma)-\frac{1}{2}n(1-\gamma)(1-\cos\bar{\varpi})\right.\\&\left.+\frac{\frac{1}{2}\cos\frac{\bar{\varpi}}{2}\left[\cos\frac{(4n-1)\bar{\varpi}}{2}+r\frac{\cos(4n+1)\bar{\varpi}}{2}\right]}{1+\cos\bar{\varpi}}\right\}\end{aligned} \tag{5.88}$$

平均每个周期内转换的能量为

$$\bar{U}=\frac{\omega_{\mathrm{sw}}}{\omega}\lim_{n\to\infty}\frac{1}{n}U(n)=\frac{2\pi}{\omega}\frac{\alpha^2u_{\mathrm{M}}^2}{C_0}\frac{(1-\gamma^2)\left(\sin\frac{\bar{\varpi}}{2}\right)^2}{(\gamma^2+2\gamma\cos\bar{\varpi}+1)} \tag{5.89}$$

2）第二种情况

当 $\cos2\bar{\varpi}=1$ 时，在极点 $z_1=1$ 处，分子分母都为 0。$\cos2\bar{\varpi}=1$ 的解为 $\bar{\varpi}=i\pi(i=1,2\cdots)$。对于 $\bar{\varpi}=(2i-1)\pi$ 和 $\bar{\varpi}=2i\pi$，函数 $U(z)$ 表达式不同。当 $\bar{\varpi}=2i\pi$ 时，$U(z)$ 为

$$U(z)=-\frac{\alpha^2u_{\mathrm{M}}^2}{C_{\mathrm{p}}}\frac{(1+\gamma)}{\gamma^2-2\gamma+1}\frac{\gamma z}{(z-1)} \tag{5.90}$$

此时，函数 $U(z)$ 仅有一个极点 $z_1=1$。转换的能量为

$$U(n)=(z-z_1)U(z)z^{n-1}\Big|_{z=z_1}=-\frac{\alpha^2u_{\mathrm{M}}^2}{C_{\mathrm{p}}}\frac{(1+\gamma)}{(\gamma^2-2\gamma+1)}\gamma \tag{5.91}$$

平均每个周期内转换的能量为

$$\bar{U}=\frac{\omega_{\mathrm{sw}}}{\omega_0}\lim_{n\to\infty}\frac{1}{n}U(n)=0 \tag{5.92}$$

根据公式可知，当开关在每 $2i$ 个极值点处切换时（即仅在位移极大值或极小值处切换），每个周期内平均转换的能量为 0。

3）第三种情况：

当 $\bar{\omega}=(2i-1)\pi$ 时，$U(z)$为

$$U(z)=-\frac{\alpha^2u_{\mathrm{M}}^2}{C_{\mathrm{p}}}\frac{(1+\gamma)}{(\gamma^2-2\gamma+1)}\frac{z(-2+\gamma+\gamma z)}{(z-1)^2} \tag{5.93}$$

函数 $U(z)$有一个二阶极点 $z_1=1$。在前 n 个切换点内，转换的能量为

$$U(n)=\frac{\mathrm{d}}{\mathrm{d}z}[(z-z_1)^2U(z)z^{n-1}]\Big|_{z=z_1}=-\frac{\alpha^2u_{\mathrm{M}}^2}{C_{\mathrm{p}}}\frac{(1+\gamma)}{(\gamma^2-2\gamma+1)}[\gamma-2n(1-\gamma)] \tag{5.94}$$

平均每个周期内转换的能量为

$$\bar{U}=\frac{\omega_{\mathrm{sw}}}{\omega_0}\lim_{n\to\infty}\frac{1}{n}U(n)=\frac{4}{(2i-1)}\frac{\alpha^2u_{\mathrm{M}}^2}{C_{\mathrm{p}}}\frac{1+\gamma}{1-\gamma} \tag{5.95}$$

式（5.92）表明，当跳过的极值点越多，每个周期内平均转换的能量将越少。当开关在每个位移极值处切换时，即 $i=1$ 时，平均每个周期内转换的能量为

$$\bar{U}_{\pi}=\frac{4\alpha^2u_{\mathrm{M}}^2}{C_{\mathrm{p}}}\frac{1+\gamma}{1-\gamma} \tag{5.96}$$

式（5.96）的结果与参考文献[8]和[10]的结果相同。对以上三种情况进行总结，可以得到，当开关在每个位移极值处进行切换时（即 $\bar{\omega}=\pi$ 处），产生的机电转换能量最大。

将 $\bar{\omega}=(2i-1)\pi(i=1,2\cdots)$ 代入式（5.89）中，计算得到的平均每个周期内转换的能量值是式（5.92）计算结果的一半。这表明，当 $\bar{\omega}=(2i-1)\pi(i=1,2\cdots)$ 时，$\bar{U}$ 不是连续的。这个结果对于 $\bar{\omega}=\pi$ 尤其重要，这意味着，当开关切换频率略微偏离最优切换频率时，控制效果将大大降低。

对上面的结果进行归纳，可以得到平均每个周期内转换能量的通用形式：

$$\bar{U}=\begin{cases}\dfrac{2\pi}{\bar{\omega}}\dfrac{\alpha^2u_{\mathrm{M}}^2}{C_{\mathrm{p}}}\dfrac{(1-\gamma^2)\left(\sin\dfrac{\bar{\omega}}{2}\right)^2}{(\gamma^2+2\gamma\cos\bar{\omega}+1)}, & \bar{\omega}\neq(2i-1)\pi\\[2ex] \dfrac{4}{(2i-1)}\dfrac{\alpha^2u_{\mathrm{M}}^2}{C_{\mathrm{p}}}\dfrac{1+\gamma}{1-\gamma}, & \bar{\omega}=(2i-1)\pi\end{cases} \tag{5.97}$$

式（5.97）是开关切换频率为最优值时，可能产生的最大平均转换能量。下面定义归一化的平均每个周期内转换的能量，来直观地评价开关切换效率：

$$\bar{\bar{U}} = \bar{U} / \bar{U}_{\pi}$$
$$= \begin{cases} \dfrac{\pi}{2\varpi} \dfrac{(1-\gamma)^2 \left(\sin\dfrac{\varpi}{2}\right)^2}{(\gamma^2 + 2\gamma\cos\varpi + 1)}, & \varpi \neq (2i-1)\pi \\ \dfrac{1}{(2i-1)} & \varpi = (2i-1)\pi \end{cases} \tag{5.98}$$

图 5.8 为 $\gamma = 0.6$、$\gamma = 0.8$ 时，归一化的平均转换能量 $\bar{\bar{U}}$ 随着函数 ϖ 变化的关系图。当 $\varpi = \pi$ 时，$\bar{\bar{U}}$ 为 1。在 $\varpi = \pi$ 左边很窄的区域内，$\bar{\bar{U}}$ 迅速减小到 0.5 左右，在大部分区域内，$\bar{\bar{U}}$ 小于 0.5。这表明当开关切换频率略偏离最优切换频率时，机电转换的能量将大大削弱，控制效果变差。

图 5.9 为 $\gamma = 0.8$ 时，归一化的平均转换能量 $\bar{\bar{U}}$ 在 $0 < \varpi < 10\pi$ 区域内的变化情况。其结果与前面推导的结论极为相似，如图 5.2 所示。在图 5.2 的仿真中，开关切换电压假设为一个常数，归一化的平均转换能量为一系列 δ 函数，在 $\varpi = (2i-1)\pi$ 时，其高度为 1/（2i–1）。但是在实际控制中，开关切换电压是波动的，归一化的平均转换能量不再是一系列 δ 函数，而是在 $\varpi = (2i-1)\pi$ 附近具有一定的宽度。

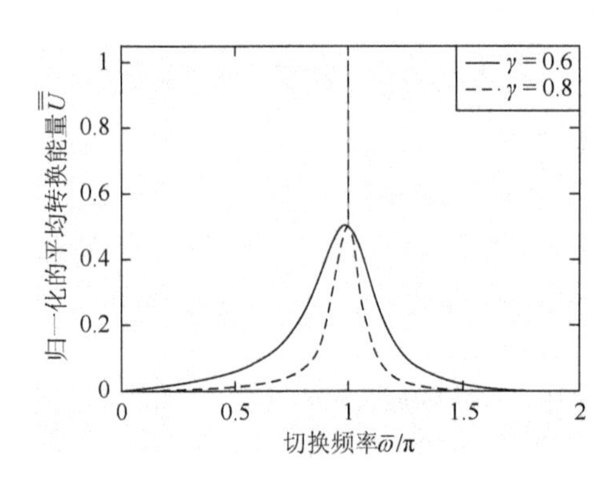

图 5.8　$\gamma = 0.6$ 和 $\gamma = 0.8$ 时归一化的平均转换能量 $\bar{\bar{U}}$ 在 $0 < \varpi < 2\pi$ 区域内的变化趋势

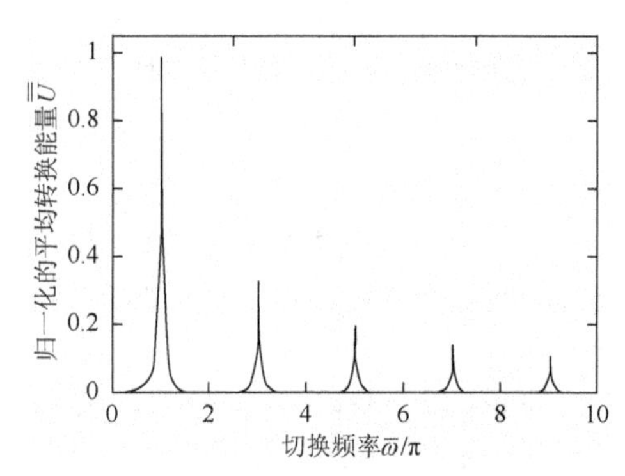

图 5.9　$\gamma = 0.8$ 时，归一化的平均转换能量 $\bar{\bar{U}}$ 在 $0 < \varpi < 10\pi$ 区域内的变化趋势

5.2.4　切换频率对 SSDI 控制效果的影响

当以某一任意频率控制开关切换时，SSDI 控制中机电转换的能量不一定为 0，虽然控制效果比最优切换频率差得多，但很多情况下仍有一定的控制效果。当结构受到共振频率激励时，控制前结构振动的位移振幅为

$$u_{\mathrm{M}}=\frac{F_{\mathrm{eM}}}{C\omega_{\mathrm{r}}} \tag{5.99}$$

在最优控制时，即 $\bar{\omega}=\pi$，用控制前的位移对控制后的位移进行归一化处理得

$$\bar{u}_{\mathrm{M}}=\frac{u_{\mathrm{M控制后}}}{u_{\mathrm{M控制前}}}=\frac{1}{1+K_{\mathrm{s}}Q_{\mathrm{m}}\dfrac{4}{\pi}\dfrac{1+\gamma}{1-\gamma}} \tag{5.100}$$

式中，K_{s}、Q_{m} 分别为结构耦合系数和机械品质因子[5, 12, 13]。

在 $\bar{\omega}\neq(2i-1)\pi(i=1,2,\cdots)$ 的其他任意切换频率下，归一化的控制位移为

$$\bar{u}_{\mathrm{M}}=\frac{u_{\mathrm{M控制后}}}{u_{\mathrm{M控制前}}}=\frac{1}{1+K_{\mathrm{s}}\mathrm{Q}_{\mathrm{m}}\dfrac{2}{\bar{\omega}}\dfrac{(1-\gamma^2)\left(\sin\dfrac{\bar{\omega}}{2}\right)^2}{(\gamma^2+2\gamma\cos\bar{\omega}+1)}} \tag{5.101}$$

式（5.101）表明，控制效果取决于四个参数：结构耦合系数 K_{s}、机械品质因子 Q_m、电压翻转系数 γ，以及归一化的开关切换周期 $\bar{\omega}$。

为了直观地描述控制效果，通常用分贝表示，即

$$\begin{aligned}A&=-20\lg\bar{u}_{\mathrm{M}}\\&=\begin{cases}20\lg\left(1+K_{\mathrm{s}}Q_{\mathrm{m}}\dfrac{2}{\omega}\dfrac{(1-\gamma^2)\left(\sin\dfrac{\bar{\omega}}{2}\right)^2}{\gamma^2+2\gamma\cos\bar{\omega}+1}\right), & \bar{\omega}\neq(2i-1)\pi\\20\lg\left(1+K_{\mathrm{s}}Q_{\mathrm{m}}\dfrac{4}{(2i-1)\pi}\dfrac{1+\gamma}{1-\gamma}\right), & \bar{\omega}=(2i-1)\pi\end{cases}\end{aligned} \tag{5.102}$$

A 值越大，表明控制效果越好。控制效果随着归一化开关切换周期 $\bar{\omega}$ 的变化情况如图 5.10 所示。图中，当 $\gamma=0.6$、$K_{\mathrm{s}}Q_{\mathrm{m}}=0.1$ 和 $K_{\mathrm{s}}Q_{\mathrm{m}}=0.2$ 时，$\bar{\omega}=\pi$ 处的控制效果是根据式（5.100）计算得到的。

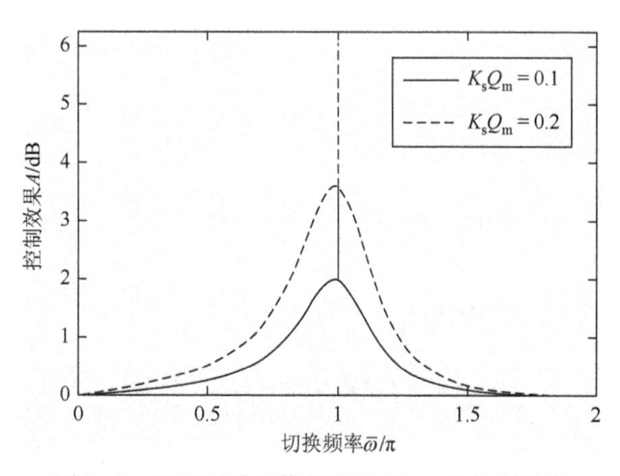

图 5.10　不同开关切换频率下 SSDI 的控制效果

5.2.5 切换频率对 SSDV 控制效果的影响

在 SSDV 控制系统中，在回路中串联一个外加电压源提高控制效果。电压源的幅值可以是恒定的，也可以根据结构振动的幅值而进行自适应的调整。电压源的极性是根据开关切换而自动改变的[1, 7, 12, 14]。在稳态振动控制下，控制后的振动位移幅值是一个常数。因此，电压源的幅值也可以认为是一个常数，定义为 V_{cc}。在 SSDV 控制中，式（5.44）可以表示成如下形式：

$$\begin{aligned} V_{a}(t_k^{+}) &= -\gamma[V_{a}(t_k^{-}) \pm (-1)^k V_{cc}] \pm (-1)^k V_{cc} \\ &= -\gamma V_{a}(t_k^{-}) \pm (1+\gamma)(-1)^k V_{cc} \end{aligned} \tag{5.103}$$

式中，符号“±”是由开关控制决定的。将式（5.103）代入式（5.47）中得

$$V_{sw}(k) = -(1+\gamma)\frac{\alpha u_{M}}{C_{p}}\frac{\gamma\cos[(k+1)\bar{\omega}] + \cos(k\bar{\omega})}{\gamma^2 + \gamma\cos\bar{\omega} + 1} \pm (-1)^k \frac{1+\gamma}{1-\gamma}V_{cc} \tag{5.104}$$

式（5.104）表明开关切换电压由两部分组成，第一部分是由应变产生的电压，第二部分是由电压源产生的电压。根据本章前面推导的结果可知，当开关以不等于振动频率的任意频率切换时，由于第二部分是一个常数，它对这个振动模态的能量转换没有贡献。

当开关在每个位移极值处切换时，外加电压源可以提高控制效果。此时开关切换电压为

$$V_{sw}(k) = (-1)^{k+1}\frac{\alpha u_{M}}{C_{0}}\frac{1+\gamma}{1-\gamma} \pm (-1)^k \frac{1+\gamma}{1-\gamma}V_{cc} \tag{5.105}$$

式（5.105）表明，外加电压源可以提高切换电压的幅值，也有可能减小幅值。为了保证能够始终增大开关切换电压，提高控制效果，必须使符号“±”为“-”。

根据参考文献[7]、[12]和[14]可知，改进的 SSDV 中电压源的幅值为

$$V_{cc} = \beta\frac{\alpha u_{M}}{C_{p}} \tag{5.106}$$

将式（5.106）代入公式中得

$$V_{sw}(k) = (-1)^{k+1}(1+\beta)\frac{\alpha u_{M}}{C_{p}}\frac{1+\gamma}{1-\gamma} \tag{5.107}$$

归一化的平均每个周期内转换的能量为

$$\bar{\bar{U}} = \bar{U} / \bar{U}_{\pi}$$
$$= \begin{cases} \dfrac{1}{1+\beta} \dfrac{\pi}{2\bar{\omega}} \dfrac{(1-\gamma)^2\left(\sin\dfrac{\bar{\omega}}{2}\right)^2}{(\gamma^2+2\gamma\cos\bar{\omega}+1)}, & \bar{\omega} \neq (2i-1)\pi \\ \dfrac{1}{(2i-1)}, & \bar{\omega} = (2i-1)\pi \end{cases} \quad (5.108)$$

控制效果为

$$A = -20\lg \bar{u}_{\mathrm{M}}$$
$$= \begin{cases} 20\lg\left[1+K_{\mathrm{s}}Q_{\mathrm{m}}\dfrac{2}{\omega}\dfrac{(1-\gamma^2)}{\gamma^2+2\gamma\cos\bar{\omega}+1}\right], & \bar{\omega} \neq (2i-1)\pi \\ 20\lg\left[1+(1+\beta)K_{\mathrm{s}}Q_{\mathrm{m}}\dfrac{4}{(2i-1)\pi}\dfrac{1+\gamma}{1-\gamma}\right], & \bar{\omega} = (2i-1)\pi \end{cases} \quad (5.109)$$

图 5.11 是在 SSDV 控制中，当 $\gamma = 0.6$、$\beta = 2$、$K_{\mathrm{s}}Q_{\mathrm{m}} = 0.1$ 且 $K_{\mathrm{s}}Q_{\mathrm{m}} = 0.2$ 时，控制效果随切换周期 $\bar{\omega}$ 的变化情况。从图中可以看出，当开关切换频率略偏离最优切换频率时，机电转换的能量将大大削弱，控制效果变差，其结果和 SSDI 控制类似，而且情况更差。

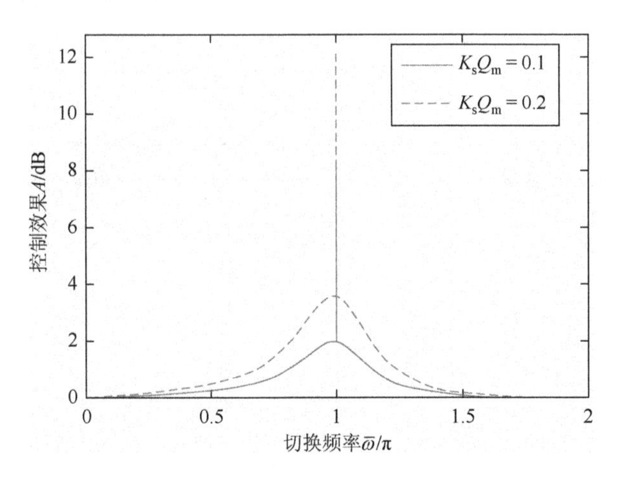

图 5.11 不同开关切换频率下的 SSDV 控制效果

5.3 参 考 文 献

[1] Ji H L, Qiu J H, Guyomar D. The influences of switching phase and frequency of voltage on piezoelectric actuator upon vibration damping effect. Smart Materials and Structures, 2010, 20 (1): 1-16.

[2] 季宏丽，裘进浩，赵永春，等. 基于压电元件的半主动振动控制研究. 振动工程学报，2008，21（6）：614-619.

[3] Ji H L, Qiu J H, Badel A, et al. Multimodal vibration control using a synchronized switch based on a displacement

switching threshold. Smart Materials and Structures，2009，18（3）：1-8.

[4] Ji H L，Qiu J H，Zhu K J，et al. Two-mode vibration control of a beam using nonlinear synchronized switching damping based on the maximization of converted energy. Journal of Sound and Vibration，2010，329（14）：2751-2767.

[5] Guyomar D，Badel A. Non-linear semi-passive multi-modal vibration damping：An efficient probabilistic approach. Journal of Sound and Vibration，2006，294（1-2）：249-268.

[6] Guyomar D，Richard C，Mohammadi S. Semi-passive random vibration control based on statistics. Journal of Sound and Vibration，2007，307（3-5）：818-833.

[7] Ji H L，Qiu J H，Badel A，et al. Semi-active vibration control of a composite beam using adaptive SSDV approach. Journal of Intelligent Material Systems and Structures，2009，20（3）：401-412.

[8] Ji H L，Qiu J H，Zhu K J. Vibration control of a composite beam using self-sensing semi-active approach. Chinese Journal of Mechanical Engineering，2010，23（5）：663-670.

[9] Ji H L，Qiu J H，Xia P Q. Semi-Active Vibration Control Based on Switched Piezoelectric Transducers//Lallart M. Vibration Control. Rijeka：InTech，2010：235-264.

[10] Ji H L，Qiu J H，Xia P Q. Analysis of energy conversion in two-mode vibration control using synchronized switch damping approach. Journal of Sound and Vibration，2011，330（15）：3539-3560.

[11] Ji H，Qiu J，Xia P Q，et al. Analysis of energy conversion in switched-voltage control with arbitrary switching frequency. Sensors and Actuators A，2012，174（1）：162-172.

[12] Badel A，Sebald G，Guyomar D，et al. Piezoelectric vibration control by synchronzied switching on adaptive voltage sources：Towards wideband semi-actvie damping. The Journal of the Acoustical Society of America，2006，119（5）：2815-2825.

[13] Li K，Gauthier J Y，Guyomar D. Structural vibration control by synchronized switch damping energy transfer. Journal of Sound and Vibration，2011，330（1）：49-60.

[14] Ji H L，Qiu J H，Badel A，et al. Semi-active vibration control of a composite beam by adaptive synchronized switching on voltage sources based on LMS algorithm. Journal of Intelligent Material Systems and Structures，2009，20（8）：939-947.

第6章　SSD多模态振动控制方法

前面章节介绍了SSD单模态控制下的效果和参数影响关系。对于多模态控制，若采用传统的单模态控制策略，会使得开关频繁切换，能量损失增大，压电元件上的电压不能得到有效积累和提高，控制效果降低。目前常用的多模态开关控制方法主要可以归纳为两类，一类是滤波和状态观测的方法，分离出需要控制的模态，对每个模态进行独立控制。第二类侧重于开关切换算法的研究，通过一些优化策略，寻找最优开关切换位置，提高机电转换的能量。本章对状态观测方法不做详细介绍，有兴趣的读者请阅读相关参考文献[1, 2]。下面将围绕多模态振动控制的开关切换算法，着重介绍基于位移阈值[3]以及基于能量阈值[4]的两种多模态开关控制方法。

6.1　多模态系统的总机电转换能量

多模态控制系统中电压切换时的总机电转换能量是评价多模态振动控制方法性能的一个重要指标。

在同步开关阻尼方法中，需要用压电元件处的应变信号控制开关切换。在单模态控制中，由于应变和位移之间存在简单的线性关系，因此位移传感器的信号可以用于开关控制。在多模态控制中，用同位配置的压电元件作为传感器是理想的选择[5-11]。假设两个压电元件同位布置，其中一个作为驱动器，另一个作为测试结构振动的应变传感器。在这样的假设下，力因子矩阵 $\boldsymbol{A}$ 由相同的两列向量组成，可以表示成如下形式：

$$\boldsymbol{A}=\begin{bmatrix}\alpha_1 & \alpha_1\\ \vdots & \vdots\\ \alpha_n & \alpha_n\end{bmatrix} \tag{6.1}$$

式中，$\alpha_i\ (i=1,\cdots,n)$ 为电压元件对第 i 个模态的力因子系数。

V_{a} 为驱动压电元件上的电压。V_{s} 为传感压电元件上的电压。结构的运动微分方程可以表示成

$$\boldsymbol{M}\ddot{\boldsymbol{u}}+\boldsymbol{C}\dot{\boldsymbol{u}}+\boldsymbol{K}\boldsymbol{u}=\boldsymbol{F}_{\mathrm{e}}-\boldsymbol{A}_1V_{\mathrm{a}}-A_1V_{\mathrm{s}} \tag{6.2}$$

式中，$\boldsymbol{A}_1$ 为

$$A_1 = \begin{Bmatrix} \alpha_1 \\ \vdots \\ \alpha_n \end{Bmatrix} \tag{6.3}$$

驱动压电元件的两端串联 SSD 分支开关电路，用来控制结构的振动。传感压电元件用来测量结构振动，其两端连接测量电路，由于测量电路阻抗足够大，可以认为传感压电元件处于开路状态中，即电荷 Q 为零，得

$$\boldsymbol{A}_1^{\mathrm{T}}\boldsymbol{u} - C_{\mathrm{p}}V_{\mathrm{s}} = 0 \tag{6.4}$$

式中，C_{p} 为传感压电元件的电容。将式（6.4）代入式（6.2）得

$$\boldsymbol{M}\ddot{\boldsymbol{u}} + \boldsymbol{C}\boldsymbol{u} + \boldsymbol{K}\boldsymbol{u} + \boldsymbol{K}_{\mathrm{p}}\boldsymbol{u} = \boldsymbol{F}_{\mathrm{e}} - \boldsymbol{A}_1 V_{\mathrm{a}} \tag{6.5}$$

式中，$\boldsymbol{K}_{\mathrm{p}}$ 为传感压电元件产生的等效刚度，表示成

$$\boldsymbol{K}_{\mathrm{p}} = \boldsymbol{A}_1\boldsymbol{A}_1^{\mathrm{T}}/C_{\mathrm{p}} \tag{6.6}$$

由于 $\boldsymbol{K}_{\mathrm{p}}$ 与结构刚度相比非常小，对固有频率的影响几乎可以忽略不计。广义结构振动位移 $\tilde{u}$ 定义为

$$\tilde{u} = A_1^{\mathrm{T}}\boldsymbol{u}/\alpha \tag{6.7}$$

式中，α 为任意正常数。广义结构振动位移 $\tilde{u}$ 是各个模态位移的线性叠加。虽然很难直观地定义广义位移 $\tilde{u}$，但是可以通过测试压电元件的电压得到，因为

$$\tilde{u} = C_{\mathrm{p}}V_{\mathrm{s}}/\alpha，\quad 或者 V_{\mathrm{s}} - \alpha\tilde{u}/C_{\mathrm{p}} \tag{6.8}$$

式（6.8）中的第二个表达式说明，广义结构振动位移 $\tilde{u}$ 与压电元件的电压成正比。

对式（6.5）左右两边乘以速度，并对其在 $(0,\mathrm{T})$ 周期内进行积分得能量方程为

$$\int_0^T \boldsymbol{F}_{\mathrm{e}}^{\mathrm{T}}\dot{\boldsymbol{u}}\mathrm{d}t = \frac{1}{2}\dot{\boldsymbol{u}}^{\mathrm{T}}\boldsymbol{M}\dot{\boldsymbol{u}}\Big|_0^{\mathrm{T}} + \frac{1}{2}\boldsymbol{u}^{\mathrm{T}}(\boldsymbol{K}+\boldsymbol{K}_{\mathrm{p}})\boldsymbol{u}\Big|_0^{\mathrm{T}} + \int_0^{\mathrm{T}} \dot{\boldsymbol{u}}^{\mathrm{T}}\boldsymbol{C}\dot{\boldsymbol{u}}\mathrm{d}t + \int_0^{\mathrm{T}} V_a\boldsymbol{A}_1^{\mathrm{T}}\dot{\boldsymbol{u}}\mathrm{d}t \tag{6.9}$$

和单自由度系统相同，结构振动的总能量可以分为动能、势能（包括弹性能和电能）、机械损耗能以及机电转换能量。

在单模态控制中，用广义位移控制开关切换和用位移传感器测得的实际位移控制开关切换是等价的。然而，在多模态控制中，如式（6.7）所示，广义位移是不同模态位移的叠加。一般情况下，叠加后位移的极值不是任何一个模态的位移极值。因此，如果按广义位移极值进行开关切换，必定会导致切换点与每个模态位移极值点之间存在一定的相位差。对每个模态来说，一个周期内开关切换次数将不是 2。

在前面的章节已经介绍过，压电元件上产生的电压可以分为切换电压 V_{sw}，以及由结构振动变形产生的电压 V_{st}[5]。在本章压电元件同位配置的条件下，V_{st} 可以表示成

$$V_{\mathrm{st}} = \boldsymbol{A}_1^{\mathrm{T}}\boldsymbol{u}/C_{\mathrm{p}} = \alpha\tilde{u}/C_{\mathrm{p}} \tag{6.10}$$

根据式（6.5）、式（6.10），式（6.9）可以写成如下形式：

$$\int_0^{\mathrm{T}} \boldsymbol{F}_{\mathrm{e}}^{\mathrm{T}} \dot{\boldsymbol{u}} \mathrm{d}t = \frac{1}{2}\dot{\boldsymbol{u}}^{\mathrm{T}} \boldsymbol{M} \dot{\boldsymbol{u}}\Big|_0^{\mathrm{T}} + \frac{1}{2}\boldsymbol{u}^{\mathrm{T}}(\boldsymbol{K} + 2\boldsymbol{K}_{\mathrm{p}})\boldsymbol{u}\Big|_0^{\mathrm{T}} + \int_0^{\mathrm{T}} \dot{u}^{\mathrm{T}} \boldsymbol{C}\dot{\boldsymbol{u}} d_t \int_0^{\mathrm{T}} V_{\mathrm{sw}} \boldsymbol{A}_1^{\mathrm{T}} \dot{\boldsymbol{u}} \mathrm{d}t \tag{6.11}$$

在稳态振动下，结构的动能和势能近似等于常数，即式（6.11）右边的第 1 项和第 2 项之和近似为零。如果系统输入的能量是恒定的，通过提高机电转换能量，可以减小结构的振动。在时间 $(0,T)$ 内，机电转换的能量为

$$U = -\int_0^{\mathrm{T}} \boldsymbol{V}_{\mathrm{sw}} \boldsymbol{A}_1^{\mathrm{T}} \dot{\boldsymbol{u}} \mathrm{d}t = -\int_0^{\mathrm{T}} \alpha V_{\mathrm{sw}} \dot{\tilde{u}} \mathrm{d}t \tag{6.12}$$

这里近似认为 V_{sw} 的绝对值是常数，这样的近似是合理的，有关解释在前一章中已做说明。下面将讨论式（6.12）中机电转换能量的计算方法。

将开关切换函数

$$S_{n,T}(t) = \pm(-1)^k\ , \quad t_{k-1} < t < t_k \ (k = 1,2,\cdots,n) \tag{6.13}$$

代入式（6.12）中，可得

$$\begin{aligned} U &= \alpha \bar{V}_{\mathrm{sw}} \int_0^{\mathrm{T}} S(t) \mathrm{d}\tilde{u} \\ &= \pm \alpha \bar{V}_{\mathrm{sw}} \sum_{k=1}^{n} \int_{t_{k-1}}^{t_k} (-1)^{k+1} \mathrm{d}\tilde{u} \\ &= \pm \alpha \bar{V}_{\mathrm{sw}} \sum_{k=1}^{n} (-1)^{k+1} [\tilde{u}(t_k) - \tilde{u}(t_{k-1})] \\ &= \alpha \bar{V}_{\mathrm{sw}} \sum_{k=1}^{n} \left| \tilde{u}(t_k) - \tilde{u}(t_{k-1}) \right| \\ &= \alpha \bar{V}_{\mathrm{sw}} \sum_{k=1}^{n} \left| \Delta \tilde{u}_k \right| \end{aligned} \tag{6.14}$$

式中，n 为开关切换点次数。

$$\Delta \tilde{u}_k = \tilde{u}(t_k) - \tilde{u}(t_{k-1}) \tag{6.15}$$

式（6.15）是两个相邻切换点之间的增量位移。在一定的振动周期内，有效的切换位移增量之和为

$$\tilde{u}_{\mathrm{tot}} = \pm \sum_{k=1}^{n} (-1)^{k+1} [\tilde{u}(t_k) - \tilde{u}(t_{k-1})] = \sum_{k=1}^{n} \left| \Delta \tilde{u}_k \right| \tag{6.16}$$

由于电路存在寄生电阻，在开关翻转中，电路中的电阻要消耗能量，那么在每次开关切换中，消耗的能量为

$$\Delta U_k = \frac{1}{2} C_{\mathrm{p}} V_{\mathrm{M}k}^2 - \frac{1}{2} C_p V_{\mathrm{m}k}^2 \tag{6.17}$$

式中，$V_{\mathrm{M}k}$ 和 $V_{\mathrm{m}k}$ 分别为开关切换前后压电元件上的电压，且有如下关系成立：

$$V_{\mathrm{m}k} = \gamma V_{\mathrm{M}k} \tag{6.18}$$

式中，γ 是电压翻转系数[12-14]。根据能量守恒原理得

$$\frac{1}{2}C_{\mathrm{p}}\sum_{k=1}^{n}V_{\mathrm{M}k}^{2}=\frac{1}{2}C_{p}\sum_{k=1}^{n}V_{\mathrm{m}k}^{2}+\alpha\bar{V}_{\mathrm{sw}}\sum_{k=1}^{n}\left|\Delta\tilde{u}_{k}\right| \tag{6.19}$$

在多模态控制中，开关切换前的压电元件电压 $V_{\mathrm{M}k}$ 和切换后的电压 $V_{\mathrm{m}k}$ 随着 Δu_k 的变化而变化。根据前面的实验结果来看，在稳态控制下，其变化相对较小，因此，可以近似地认为其为常数，即

$$V_{\mathrm{M}k}=\bar{V}_{\mathrm{M}},V_{\mathrm{m}k}=\bar{V}_{\mathrm{m}} \tag{6.20}$$

式中，$\bar{V}_{\mathrm{M}}$ 和 $\bar{V}_{\mathrm{m}}$ 是 $V_{\mathrm{M}k}$ 和 $V_{\mathrm{m}k}$ 的平均值。根据上面的近似，式（6.19）可以写成下面的形式：

$$\frac{1}{2}C_{\mathrm{p}}V_{\mathrm{M}}^{2}=\frac{1}{2}C_{\mathrm{p}}V_{\mathrm{m}}^{2}+\alpha\bar{V}_{\mathrm{sw}}\overline{\Delta\tilde{u}} \tag{6.21}$$

其中，

$$\overline{\Delta\tilde{u}}=\frac{1}{n}\sum_{k=1}^{n}\left|\Delta\tilde{u}_{k}\right| \tag{6.22}$$

式中，$\overline{\Delta\tilde{u}}$ 为平均位移增量。根据 $\bar{V}_{\mathrm{sw}}$、$\bar{V}_{\mathrm{m}}$ 和 $\bar{V}_{\mathrm{M}}$ 的定义，有下列关系成立：

$$\bar{V}_{\mathrm{sw}}=(\bar{V}_{\mathrm{M}}+\bar{V}_{\mathrm{m}})/2=(1+\gamma)\bar{V}_{M}/2 \tag{6.23}$$

将式（6.23）代入式（6.21）得

$$\bar{V}_{\mathrm{M}}=\frac{\alpha}{C_{\mathrm{p}}}\frac{1}{1-\gamma}\overline{\Delta\tilde{u}} \tag{6.24}$$

开关切换电压的幅值为

$$\bar{V}_{\mathrm{sw}}=\frac{\alpha}{2C_{\mathrm{p}}}\frac{1+\gamma}{1-\gamma}\overline{\Delta\tilde{u}} \tag{6.25}$$

在一定的时间周期内 $(0,T)$，转换的能量为

$$U=\frac{\alpha^{2}}{2C_{\mathrm{p}}}\frac{1+\gamma}{1-\gamma}\overline{\Delta\tilde{u}}\sum_{k=1}^{n}\left|\Delta\tilde{u}_{k}\right|=\frac{\alpha^{2}}{2C_{\mathrm{p}}}\frac{1+\gamma}{1-\gamma}n\overline{\Delta\tilde{u}}^{2} \tag{6.26}$$

式中，$\overline{\Delta\tilde{u}}$ 为平均位移增量。式（6.26）表明，在给定的时间周期内，转换的电能大小主要取决于开关切换次数和总的位移增量之和。由于电压翻转系数 γ 总是小于 1，如果切换次数 n 太大，则导致能量损失大，平均位移增量小；如果 n 太小，虽然可以减小切换的能量损失，平均位移增量可以提高，但转换能量次数太少，能量也很低。

6.2　多模态开关控制方法

6.2.1　基于位移阈值的多模态开关控制方法

基于位移阈值的开关控制方法中，开关设置如下：

$$\frac{\mathrm{d}u}{\mathrm{d}t}=0,\quad |u|>\overline{u}_{\mathrm{M0}} \tag{6.27}$$

式中，$\overline{u}_{\mathrm{M0}}$ 为开关切换的位移阈值。当检测到的位移极值点绝对值大于设定的位移阈值时，开关才闭合。

由于测试得到的结构振动位移取决于多个因素，如传感器测试点位置、激励力的大小、控制效果等，因此在控制过程中设置一个固定不变的位移阈值是不合理的。位移阈值应该随着控制效果、激振力等的变化而实时改变。在实际控制系统中，可以采用下面类似的方式不断更新位移阈值。

$$\overline{u}_{\mathrm{M0}}=\Upsilon\frac{1}{10}\sum_{i=1}^{10}|u_i| \tag{6.28}$$

式中，$u_i(i=1,2,\cdots,10)$ 为采集到的最近 10 个开关切换点的位移极值；$\Upsilon(0<\Upsilon<1)$ 为位移调整系数，在实际控制中，$\Upsilon(0<\Upsilon<1)$ 可以进行调整。初始位移阈值 $\overline{u_{\mathrm{M0}}}$ 可以设定为 0，也可以根据具体振动情况而定，但在以后的每一步中根据式（6.28）进行更新。由于 $\overline{u_{\mathrm{M0}}}$ 是采集到的最近 10 个开关切换点的位移平均值，能够反映最近的振动情况。

6.2.2　基于能量阈值的多模态开关控制方法

式（6.26）的第二个表达式表明，在一定的时间域内机电转换的能量与开关切换的次数 n 成正比，且与位移增量平均值 $\overline{\Delta\tilde{u}}$ 的平方成正比。由于 $\overline{\Delta\tilde{u}}$ 是平方项，位移增量的增加对能量转换影响更大。

如图 6.1 所示，当使用传统的开关切换方法时，开关在 t_{j-1} 极值点处切换后，将在下一个极值点 t'_j 进行下一次切换，两个切换点之间的有效位移距离为 $\left|\Delta u'_j\right|=\left|u(t'_j)-u(t'_{j-1})\right|$，位移增量相对较小。如果跳过极值点 t'_j，在极值点 t_j 处进行切换，那么两个切换点之间位移增量为 $\left|\Delta u_j\right|=\left|u(t_j)-u(t_{j-1})\right|$。由于 $\left|\Delta u_j\right|$ 要比 $\left|\Delta u'_j\right|$ 大得多，虽然切换次数 n 减少，但有利于增大平均位移增量 $\left|\overline{\Delta u_j}\right|$，从而提高一个周期内的机电转换能量。

通过设定位移增量阈值 $\Delta\tilde{u}_{\mathrm{cr},j}$，跳过一些位移增量 $\Delta\tilde{u}_j$ 较小的极值点，增加平

均位移增量$\overline{\Delta\tilde{u}}$，可以提高机电转换的能量。电压切换的条件表示为

$$\frac{\mathrm{d}u}{\mathrm{d}t}=0,\ \left|\Delta\tilde{u}_j\right|\geqslant\Delta\tilde{u}_{\mathrm{cr},j} \tag{6.29}$$

当极值点的位移增量$\Delta\tilde{u}_j$小于$\Delta\tilde{u}_{\mathrm{cr},j}$时，跳过该极值点，不切换电压。由于在两个极值点之间转换的机电能量为$\left|\alpha V_{\mathrm{sw}}\Delta u_j\right|$，这种方法也称为基于能量阈值方法。设定合理的位移增量阈值$\Delta\tilde{u}_{\mathrm{cr},j}$是该方法的关键；如果$\Delta\tilde{u}_{\mathrm{cr},j}$设定得过小，则跳过的位移极值很少，$n$增大，平均位移增量$\Delta\tilde{u}_j$减小，机电转换能量得不到有效提高；反之，如果$\Delta\tilde{u}_{\mathrm{cr},j}$设定得过大，则会跳过过多的位移极值点，虽然平均位移增量$\Delta\tilde{u}_j$会有所提高，但n大幅度减小，导致位移增量之和$\sum\limits_{k=1}^{n}\Delta\tilde{u}_j$减少，机电转换能量减小。因此，必须设定合理的位移增量阈值$\Delta\tilde{u}_{\mathrm{cr},j}$。

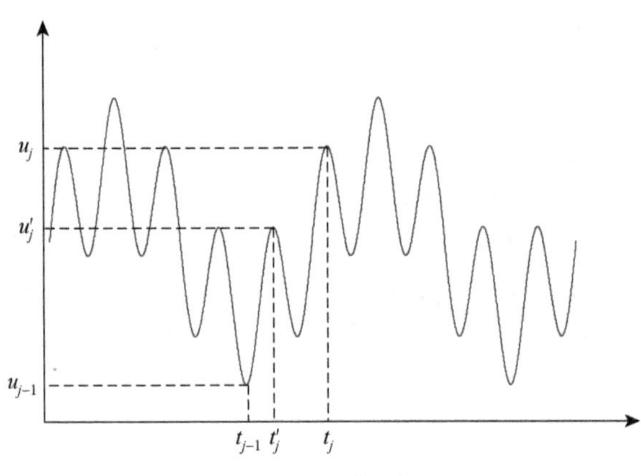

图 6.1　开关切换策略示意图

在控制中，首先设定初始的$\Delta\tilde{u}_{\mathrm{cr}}$阈值，然后类似于基于位移阈值的方法，在每一步执行中都在线更新阈值大小，具体更新方法为

$$\Delta u_{\mathrm{cr},j}=\Upsilon\frac{1}{\overline{l}}\sum_{k=1}^{n}\left|\Delta u_{j-k}\right| \tag{6.30}$$

即$\Delta\tilde{u}_{\mathrm{cr},j}$与前$\overline{l}$次有效切换点的位移增量的平均值成正比，比例系数$\Upsilon$用于调整阈值的大小。$\Upsilon$的大小由具体实验条件决定，与基于位移阈值方法相同，Υ的值为0～1。

6.2.3　控制效果验证

实验装置如图3.7所示。考虑悬臂梁结构的前两阶振动，振动频率为11Hz和

69Hz。用埋入在悬臂梁根部的两个压电元件进行串联控制，压电元件两端串联 SSDI 控制电路。根据梁的模态振型，位移传感器放置在梁中间位置，测试结构的振动，并用于控制开关的传感信号。实验中通过检测当前和过去两个点的位移，进行三点比较，寻找极值，将找到的位移极值与阈值进行比较，如果位移极值大于阈值，开关闭合，如果位移极值小于阈值，开关不工作。初始阈值设为 0，随后逐级更新。

1）传统的开关切换 SSDI

图 6.2 是利用传统的开关切换 SSDI 方法的控制效果，从图中可以看出，开关在位移每个极值点处都切换，压电元件上的电压由于翻转累积得到提高，将控制前的 4.5V 提高到 7.5V，且振动有所控制。图 6.3 是控制前后的位移大小，采用传统 SSDI 方法，控制减小了约 40%左右。位移频谱如图 6.4 所示。在整个振动频域内，振动幅值都得到明显的降低。一阶和二阶控制效果分别为 3.74dB 和 3.46dB。

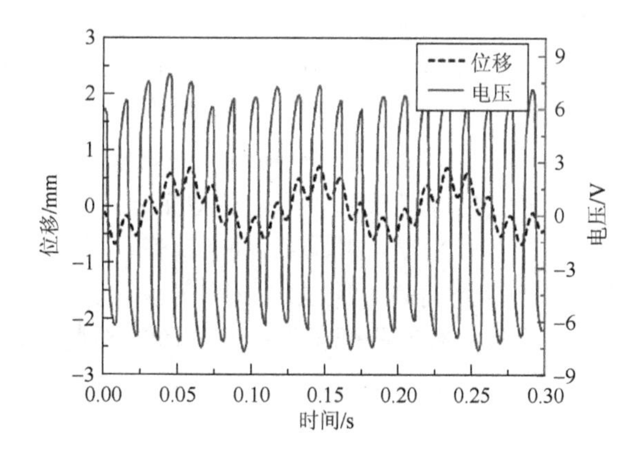

图 6.2 传统 SSDI 控制时测试的位移和压电元件上电压波形图

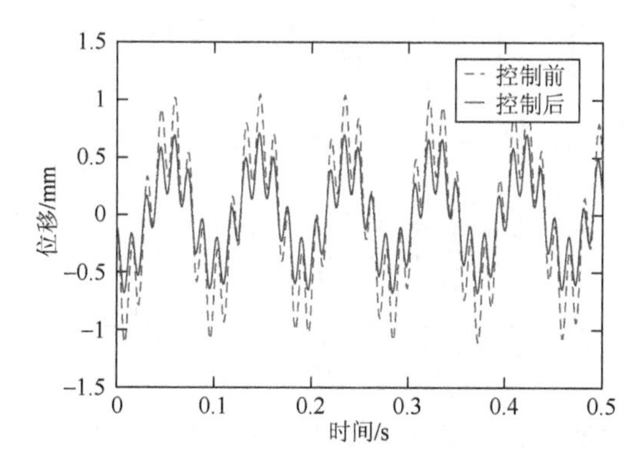

图 6.3 传统 SSDI 控制前后位移时域图

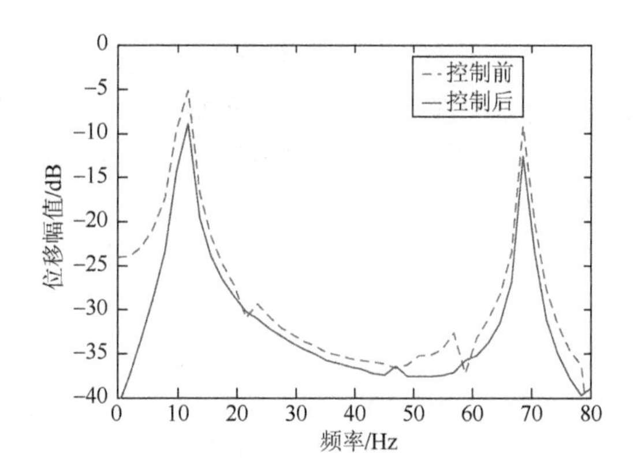

图 6.4　传统 SSDI 控制前后位移频谱图

2）基于位移阈值的开关切换 SSDI

图 6.5 是采用基于位移阈值的开关切换 SSDI 方法的位移和控制电压时域图。在实验中，系数 Υ 设定为 0.6。从图中可以看出，开关切换次数较传统方法有所降低，但压电元件上的电压较传统方法有了进一步的提高。这表明，合理控制开关切换次数，可以提高电压，降低在每次切换时的能量损耗，使得电压能够进一步得到累积。图 6.6 和图 6.7 分别是控制前后的位移时域图和位移频域图，从图中看出一阶振动位移大幅度降低，一阶控制效果比二阶控制效果要好很多。这是由于降低开关切换次数，对低频模态振动控制有效，但同时会降低高频模态的控制效果。虽然电压得到提高，但是对高频模态来说，一个周期内，切换次数不是 2，机电转化的效率有所降低。一阶和二阶的控制效果分别为 18.2dB 和 2.6dB。

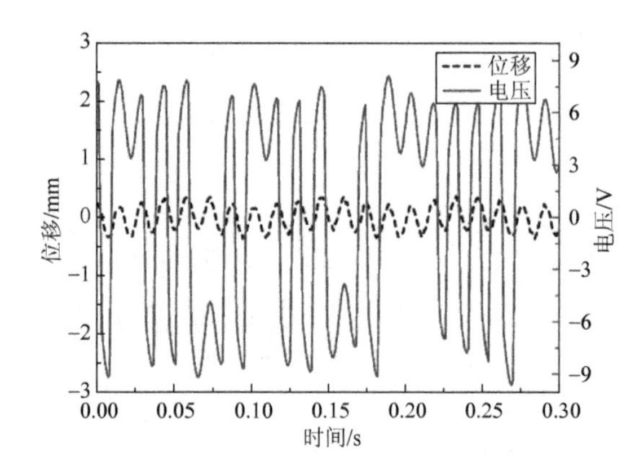

图 6.5　基于位移阈值的开关切换 SSDI 控制时测试的位移和压电元件上电压波形图

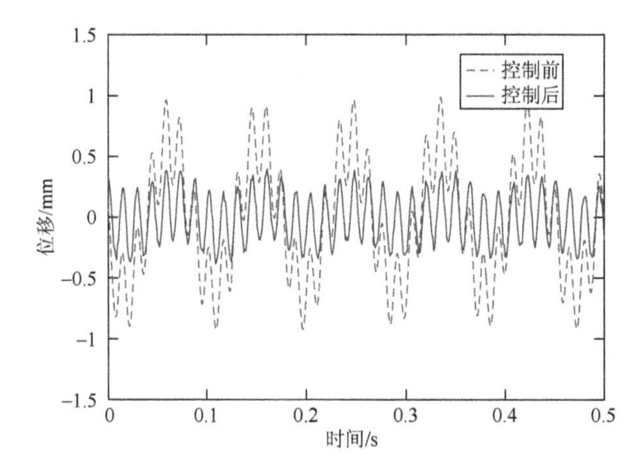

图 6.6　基于位移阈值的开关切换 SSDI 控制前后位移时域图

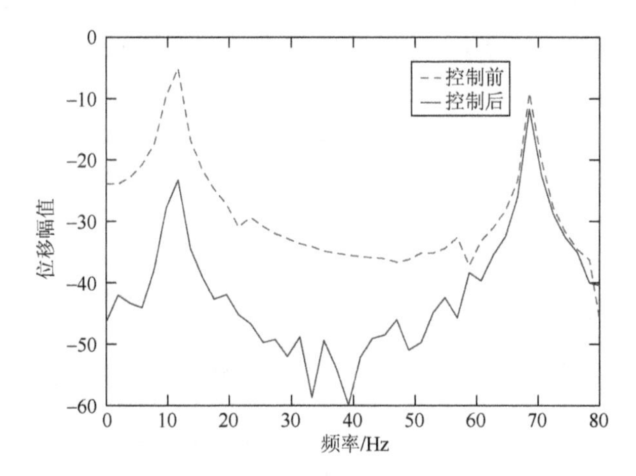

图 6.7　基于位移阈值的开关切换 SSDI 控制前后位移频谱图

基于位移阈值的开关切换 SSDI 方法中，系数 Υ 是重要的参数，其对控制效果的影响通过实验进行验证。图 6.8 和图 6.9 分别是随着 Υ 在 0～1 变化时，一阶和二阶控制控制。当 Υ 为 0 时，相当于传统的 SSDI 控制。当 Υ 为 0.6～0.8 时，一阶控制效果最好。当 Υ 较小时，二阶控制效果较好。然而，通常情况下，一阶模态的振动比二阶振动大，为了结构整体控制效果比较好，有必要加强一阶模态的控制力度。根据式（6.28）的位移阈值的定义可知，系数 Υ 不能超过 1。当 Υ 大于 1 时，位移阈值会变得越来越大，最终导致开关不会切换，此时结构不会有任何控制效果。

3）基于能量阈值的开关切换 SSDI

图 6.10 是采用基于能量阈值的开关切换 SSDI 方法的位移和控制电压时域图。图 6.11 和图 6.12 分别是控制前后的位移时域图和频域图。结果表明，一阶和二阶

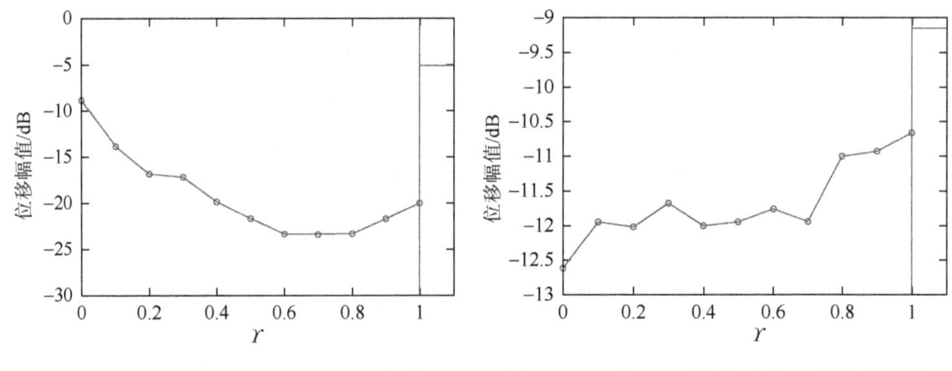

图 6.8　γ 在 0～1 时的一阶控制控制　　图 6.9　γ 在 0～1 变化时的二阶控制控制

振动分别减小了 27dB 和 1.5dB。与传统的 SSDI 两模态控制效果相比，一阶控制效果得到了跳跃性的提高，二阶控制效果则相对较低。但整体的结构振动位移比传统的 SSDI 控制要好很多，这说明新的开关控制策略对提高整体控制效果是有效的。

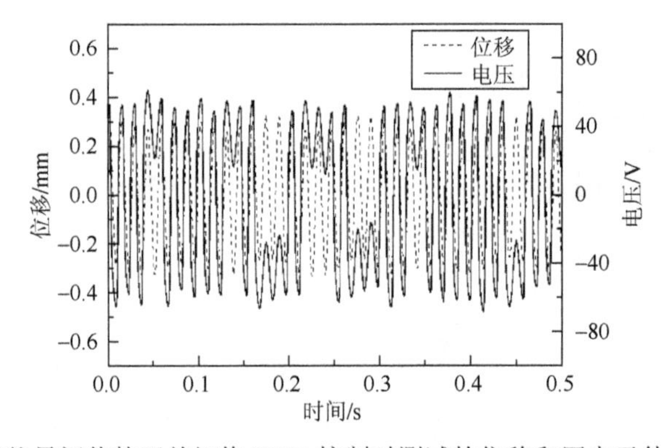

图 6.10　基于能量阈值的开关切换 SSDI 控制时测试的位移和压电元件上电压波形图

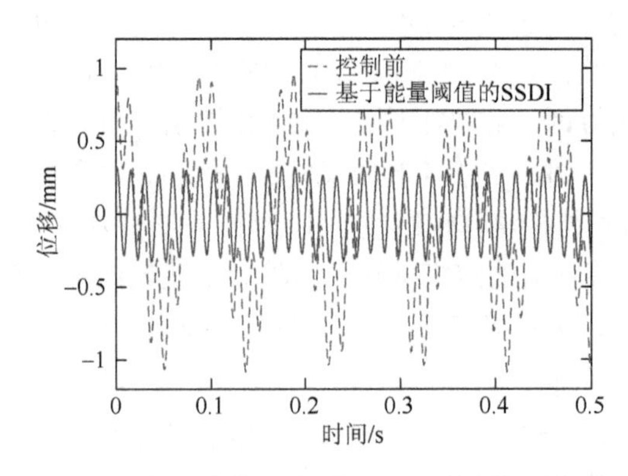

图 6.11　基于能量阈值的开关切换 SSDI 控制前后位移时域图

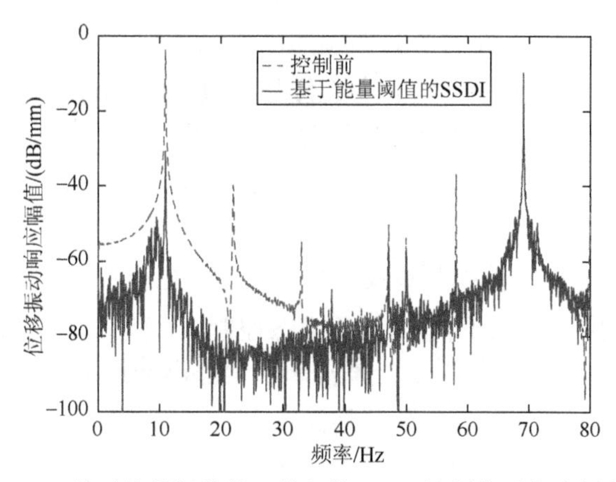

图 6.12　基于能量阈值的开关切换 SSDI 控制前后位移频谱图

6.3　不同频率比和幅值比对机电转换总能量的影响[15]

虽然在前面的讨论中，已经从能量转换的角度定性地分析了开关阈值大小、开关切换次数以及控制效果之间的关系，但是为了更加清楚地阐明其控制机理，需要定量地探讨它们之间的关系。

在前面的介绍中，已经得到多模态振动控制系统下的机电能量转换公式。但是转换的能量不仅取决于各振动模态的频率比，还取决于各振动模态下振动位移的幅值比。随着振动模态数量的增加，结构振动位移会变得很复杂。为了便于理解多模态 SSDI 控制时能量是如何转换的，且能量转换与频率比和幅值比的关系，下面将以两个模态为例进行分析。当然，分析方法可以很容易的拓展到 3 个或更多个振动模态。

6.3.1　传统极值切换下的机电转换总能量

下面讨论两个模态不同频率比和幅值比对能量转换的影响，首先假设频率比和幅值比是已知的。实际控制系统中，频率比取决于结构自然频率和外部激振力对每个模态的模态控制力，因此，可以通过测试得到。但是幅值比会随着控制效果而改变。为了方便起见，下面讨论中，所有关于两模态控制时单个模态的控制效果的结果，是在频率比和幅值比都是事先预知的前提下获得的。

根据公式（6.7），广义振动位移可以表示成如下形式：

$$
\begin{aligned}
\tilde{u} &= (\alpha_1/\alpha)u_1 + (\alpha_1/\alpha)u_2 \\
&= (\alpha_1/\alpha)u_{1\mathrm{M}}\cos 2\pi f_{\mathrm{r}1}t + (\alpha_2/\alpha)u_{2\mathrm{M}}\cos 2\pi f_{\mathrm{r}2}t \\
&= A_1\cos 2\pi f_{\mathrm{r}1}t + A_2\cos 2\pi f_{\mathrm{r}2}t \\
&= \tilde{u}_1 + \tilde{u}_2
\end{aligned}
\tag{6.31}
$$

式中，$f_{ri}(i=1,2)$ 为第 i 个模态的共振频率；$u_{iM}(i=1,2)$ 为第 i 个模态的振动位移幅值；$\tilde{u}_i(i=1,2)$ 为两个模态产生的广义位移；$A_i=(\alpha_i/\alpha)u_{iM}(i=1,2)$ 为位移 $\tilde{u}_i$ 的幅值。根据式（6.26），可以很容易地计算不同频率比 f_{r2}/f_{r1} 和幅值比 u_{2M}/u_{1M}（或 A_2/A_1）下的机电转换能量。机电转换能量是 n 和 $\overline{\Delta\tilde{u}}$ 的函数，受频率比 f_{r2}/f_{r1} 和幅值比 u_{2M}/u_{1M}（或 A_2/A_1）影响。

为了便于对比多模态控制与单模态控制，计算在 $(0,T)$ 振动周期内，一阶和二阶单模态振动下的机电转换能量。在单模态控制中，用与多模态控制中相同的模态激振力幅度，如式（6.31）所示，激励某一个模态的振动。在时间 $(0,T)$ 内，第一个和第二个模态的开关切换次数分别为

$$n_1 \approx 2f_{r1}T, \quad n_2 \approx 2f_{r2}T \tag{6.32}$$

开关切换电压为

$$V_{swi}=\frac{\alpha_i}{2C_p}\frac{1+\gamma}{1-\gamma}2u_{iM}, \quad i=1,2 \tag{6.33}$$

在单模态控制中，在 $(0,T)$ 时间内转换的能量为

$$U_{i0}=\frac{2\alpha_i^2}{C_p}\frac{1+\gamma}{1-\gamma}n_i u_{iM}^2=\frac{2\alpha^2}{C_p}\frac{1+\gamma}{1-\gamma}n_i A_i^2, \quad i=1,2 \tag{6.34}$$

两个模态同时控制时，在 $(0,T)$ 时间内，归一化的机电转换能量为

$$\bar{U}=U/(U_{10}+U_{20}) \tag{6.35}$$

如式（6.26）所示，转换的总能量是平均位移增量 $\overline{\Delta\tilde{u}}$ 和切换次数 n 的函数，因此，研究不同频率比和幅值比对这些参数的影响至关重要。在单模态控制中，一阶相邻的两个开关切换点之间的位移增量为 $2A_1$，二阶相邻的两个开关切换点之间的位移增量为 $2A_2$。那么在多模态控制中，归一化的平均位移增量为

$$\overline{\overline{\Delta\tilde{u}}}=\overline{\Delta\tilde{u}}/(2A_1+2A_2) \tag{6.36}$$

归一化的开关切换次数为

$$\bar{n}=n/(n_1+n_2) \tag{6.37}$$

式（6.35）中归一化的机电转换能量是将两个模态控制效果与单模态控制效果相比较的重要指标。

设无量纲电压系数为 $\alpha_1/\alpha=1$ 和 $\alpha_2/\alpha=1$。幅值比在 0.1～10 变化，频率比在 1.1～10 变化时归一化的平均位移增量、归一化的开关切换次数以及归一化的机电转换总能量如图 6.13、图 6.14 和图 6.15 所示。幅值比是频率比的函数，在上述例子中选取不同的频率比，分别为 1.5、2.0、3.0、4.0 和 6.0。从图 6.15 中可以看出，归一化的机电转换总能量总是小于 1。这表明，当开关在两个振动模态叠加的位移极值点处都切换时，叠加的位移极值点既不是一阶极值点，也不是二阶极值点，

使得机电转换能量降低。值得注意的是，在一些特定频率比和幅值比下，两模态之间的耦合作用，使得归一化的机电转换总能量也能大于 1。

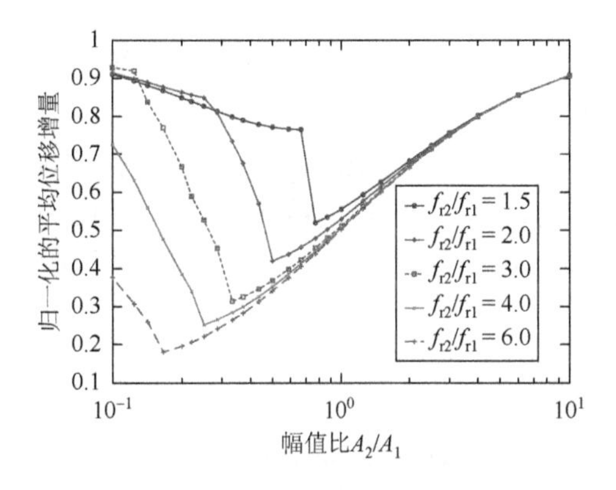

图 6.13　归一化的平均位移随幅值比的变化趋势

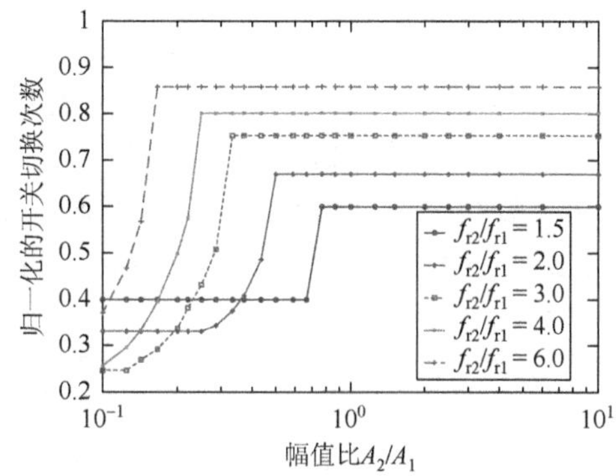

图 6.14　归一化的开关切换次数随幅值比变化的趋势

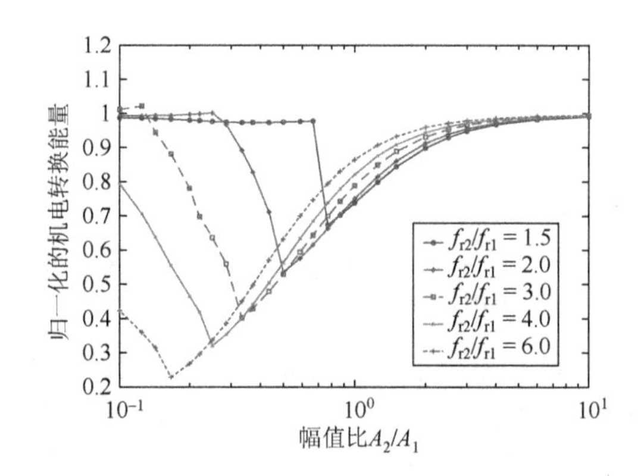

图 6.15　归一化的机电转换总能量随幅值比变化的趋势

从图 6.13 和图 6.15 中可以看出，归一化的机电转换总能量与归一化的平均位移增量随幅值比的变化非常相似。随着幅值比的不断增加，归一化的机电转换总能量与归一化的平均位移增量逐渐较小。当频率比和幅值比的卷积$(f_{r2}/f_{r1})*(A_2/A_1)$在 1 左右时，归一化的开关切换数目随着幅值比的增加而迅速增大。从公式（6.31）看出，当$(f_{r2}/f_{r1})*(A_2/A_1)=1$时，一阶模态的最大速度等于二阶模态的最大速度。当$(f_{r2}/f_{r1})*(A_2/A_1)>1$时，两个模态叠加的位移极值数量等于二阶位移极值数量，即$n=n_2$。当$(f_{r2}/f_{r1})*(A_2/A_1)<1$时，由于二阶模态的位移极值将逐渐消失，若$(f_{r2}/f_{r1})*(A_2/A_1)$足够小，两个模态叠加的位移极值主要是一阶模态位移极值，即$n=n_1$。

6.3.2 减少极值切换下的机电转换总能量

在前面的讨论中，通过设定阈值来防止开关切换过于频繁。如式（6.30）所示，位移增量阈值是根据前 J 个平均位移增量乘以阈值系数 Υ 来设定的。

下面通过数值仿真的方法进一步探讨位移阈值对两模态系统机电转换能量的影响。在仿真中，假设振动控制过程是稳态的，且两模态位移幅值比和频率比是已知的。位移增量阈值设定为给定时间域内的所有位移增量之和的平均值乘以阈值系数 Υ' 。

$$\Delta\tilde{u}_{\mathrm{cr},k}=\Upsilon'\frac{1}{n_0}\sum_{k=1}^{n_0}\left|\Delta\tilde{u}_k\right| \tag{6.38}$$

式中，n_0 为给定时间域内的切换次数。由于求平均位移增量的方法不同，式（6.38）的 Υ 与前面实验中定义的阈值系数 Υ 有所不同。为了跳过与前面定义中相同的位移增量，如式（6.30）所示，式（6.38）中需要设定更大的阈值系数 Υ'，阈值系数 Υ' 是影响控制效果的关键参数。为了方便，在后面的讨论中，用阈值系数 Υ 代替式（6.38）中的 Υ' 。

式（6.31）中广义位移的极值与每个独立模态的位移极值并不重合。因此，当开关以广义位移的极值进行切换时，对每个独立模态来说，开关切换都不是最优。为了直观地阐述叠加的位移如何影响切换点位置，下面以一个例子来进行说明。假设两个模态的振动频率分别为 $f_{\mathrm{r1}}=10\mathrm{Hz}$ 和 $f_{\mathrm{r2}}=32\mathrm{Hz}$，无量纲模态位移的幅值分别为 $A_1=1.5$ 和 $A_2=0.5$，无量纲的电压系数分别为 $\alpha_1/\alpha=1$ 和 $\alpha_2/\alpha=1$。图 6.16 是叠加的广义位移 $\tilde{u}$，其所有极值点用符号“×”来表示。可以很明显地看出，有些相邻两极值点之间的位移增量比其他位移增量小得多。图 6.16（b）和图 6.16（c）分别为一阶和二阶的广义位移，分别为 $\tilde{u}_1$ 和 $\tilde{u}_2$ 。在一阶和二阶振动位移曲线上标注广义位移极值符号“×”。可见，如果按叠加的模态位移进行切换，对

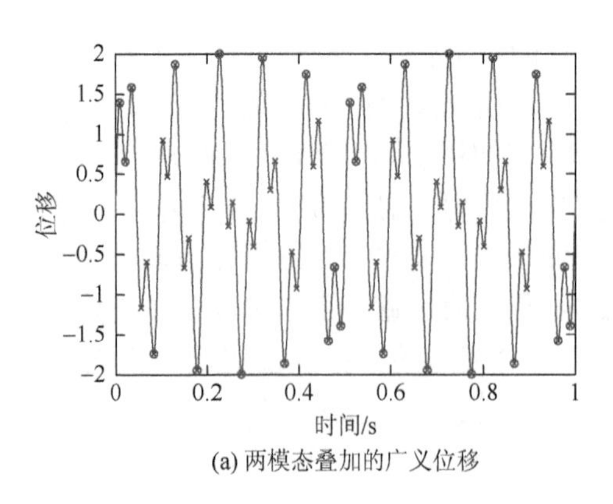

(a) 两模态叠加的广义位移

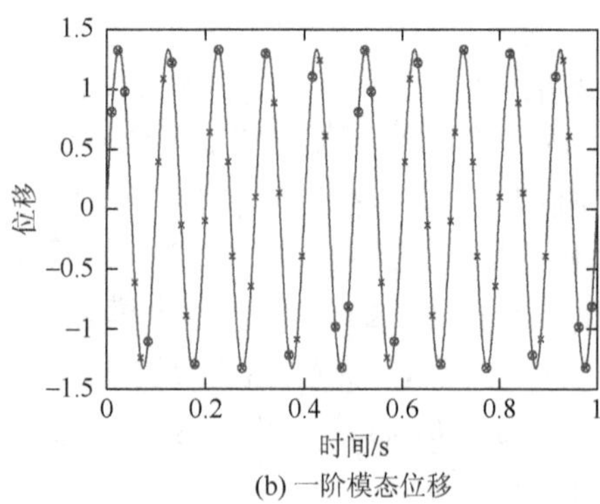

(b) 一阶模态位移

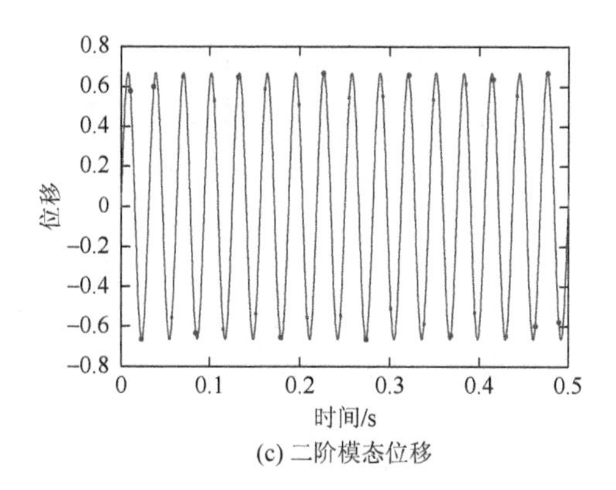

(c) 二阶模态位移

图 6.16　$\Upsilon=0.4$ 时两模态叠加的广义位移

一阶来讲，则开关切换太频繁。对二阶来说，开关切换频率几乎是二阶振动频率的 2 倍，但是每个开关切换点既不是一阶，也不是二阶模态的位移极值点。

当采用式（6.38）的多模态开关控制方法时，设定 $\Upsilon=0.4$，可以跳过一些极值点。根据新的开关控制策略的开关切换点位置，在图 6.16 中用符号“o”进行标注。从图 6.16（b）中可以看出，在新的开关算法中，一阶振动模态每个周期内的开关切换点数量大大减少，其中相邻两个极值点间位移增量相对较小，与单模态一阶位移极值点相位相差较远的点，在新的开关中都被跳过不切换，因此，大大提高了一阶模态的机电转换能量。从图 6.16（c）中可以看出，在新的开关算法中，二阶振动模态的多个周期内的位移极值点都被跳过，开关切换点的数量较传统的开关切换方法少得多。但是，由于被跳过的极值点都是离单模态二阶位移极值点相位相差较远的点，因此，虽然切换数量大大减小，但二阶模态的机电转换能量损失不是太大。考虑 10s 时间窗中的振动，使用了新的开关切换算法后，切换点的数量从传统的 640 减少到 280。相邻两切换点之间的平均位移增量从传统的 1.46 提高到 2.81，几乎是原来的两倍。机电转换的总能量也比传统方法提高了 61%。

上面的结果是在频率比 $f_{r2}/f_{r1}=3.2$、幅值比 $A_2/A_1=1/3$、系数 $\Upsilon=0.4$ 的条件下获得的。由于平均位移增量和机电转换能量随着频率比、幅值比和系数的变化而变化，因此弄清楚它们之间具体的关系极其重要。然而，它们之间的关系非常复杂，下面主要以数值仿真的方式进行探讨与验证。和上面一样，考虑 10s 时间窗中的振动，频率比从 1.1 变化到 10，幅值比从 0.1 变到 10，系数 Υ 从 0 变到 1。图 6.17 是频率比为 1.5，幅值比分别为 1.5、1.0、0.5、0.33 和 0.2 的情况下，切换点的比值 n/n_0 随系数 Υ 的变化结果。其中 n_0 为传统开关切换下的切换点个数，n 为使用新的开关切换算法时忽略部分极值点之后的切换次数。当 Υ 为 0 时，即新的开关与传统的开关一样，在每个极值点处都切换，切换点的比值为 1。从图 6.17 中可以看出，随着系数 Υ 的增大，切换点的比值逐渐减小。

图 6.18 是在频率比为 1.5，幅值比分别为 1.5、1.0、0.5、0.33 和 0.2 的情况下，机电转换能量之比 U/U_0 随着系数 $\varUpsilon$ 的变化结果。其中 U_0 为传统开关切换下 10s 内转换的总能量，U 为使用新的开关切换算法时跳过一些极值点后 10s 内转换的机电总能量。当幅值比为 1.5 和 1.0 时，在一些系数 $\varUpsilon$ 下，机电转换能量之比 U/U_0 大于 1，最大可以 1.3 左右。这表明，使用新的开关切换算法后，10s 内机电转换总能量比传统方法有了进一步增大，控制效果变好。但是，当系数 $\varUpsilon$ 逐渐增大时，机电转换能量之比 U/U_0 逐渐变小，甚至小于 1。这表明，当太多的极值点跳过以后，机电转换总能量反而减小。

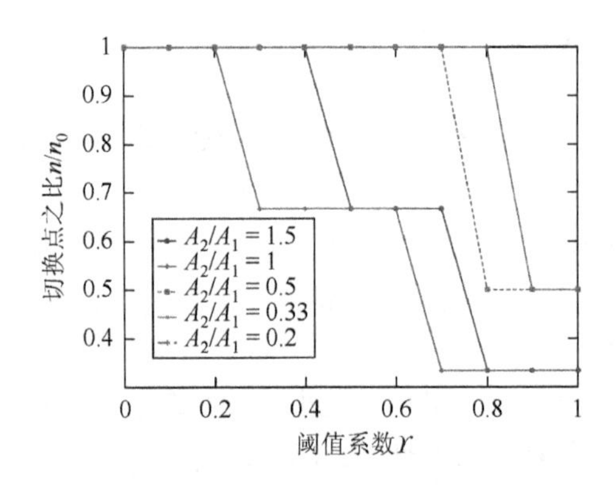

图 6.17　频率比为 1.5，不同幅值比下，切换点的比值 n/n_0 随系数 $\varUpsilon$ 的变化趋势

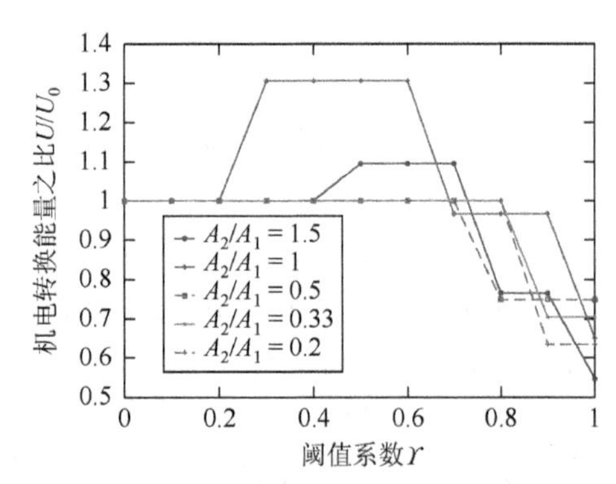

图 6.18　频率比为 1.5，不同幅值比下，机电转换能量之比 U/U_0 随系数 $\varUpsilon$ 的变化趋势

图 6.19 和图 6.20 分别是频率比为 3，幅值比仍然为 1.5、1.0、0.5、0.33 和 0.2 的情况下，切换点之比 n/n_0 和机电转换能量之比 U/U_0 随着系数 $\varUpsilon$ 的变化结果。几乎在所有幅值比下，切换点之比在系数 $\varUpsilon$ 很小时，就随着系数的增大而减小。最小切换点之比为 0.32，与上面频率比为 1.5 的情况相同。当系数 $\varUpsilon=0.4$ 和幅值比 $A_2/A_1=0.33$ 时，转换的机电能量最大，机电转换能量之比达到 2.75，如图 6.20 所示。图 6.21 和图 6.22 分别是在频率比为 6，幅值比与上面情况相同的条件下，切换点之比 n/n_0 和机电转换能量之比 U/U_0 随系数 $\varUpsilon$ 的变化结果。当系数 $\varUpsilon=0.6$ 和幅值比 $A_2/A_1=0.2$ 时，开关切换点最少，转换的机电能量最大，切换点之比和机电转换能量之比分别为 0.15 和 3.9。以上结果表明，通过跳过一些极值点来提高机电转换能量，依赖于频率比、幅值比及阈值系数等很多因素。因此，当利用公式（6.31）基于能量阈值方法优化控制效果时，最优阈值系数 $\varUpsilon$ 的取值取决于实际振动的频率比和幅值比。大量实验和仿真结果表明[3, 4]，通常 $\varUpsilon$ 选取 04～0.6 时，控制效果较为理想。

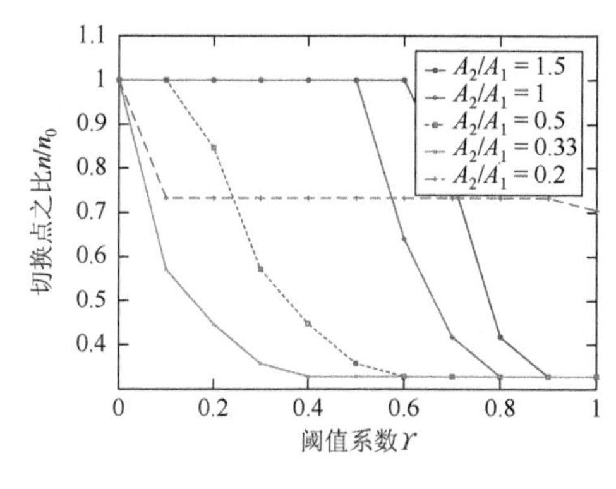

图 6.19　频率比为 3，不同幅值比下，切换点之比 n/n_0 随系数 Υ 的变化趋势

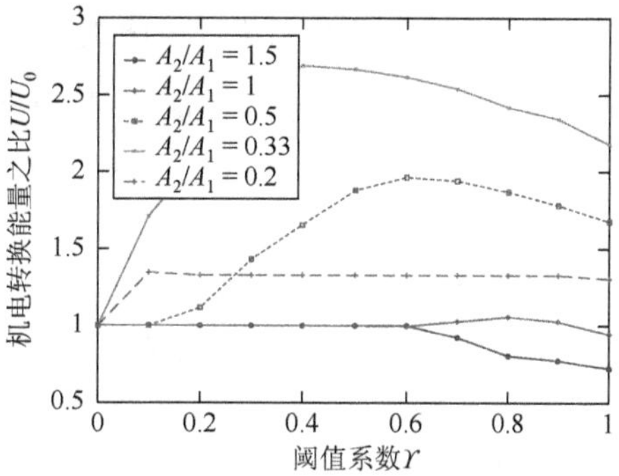

图 6.20　频率比为 3，不同幅值比下，机电转换能量之比 U/U_0 随系数 Υ 的变化趋势

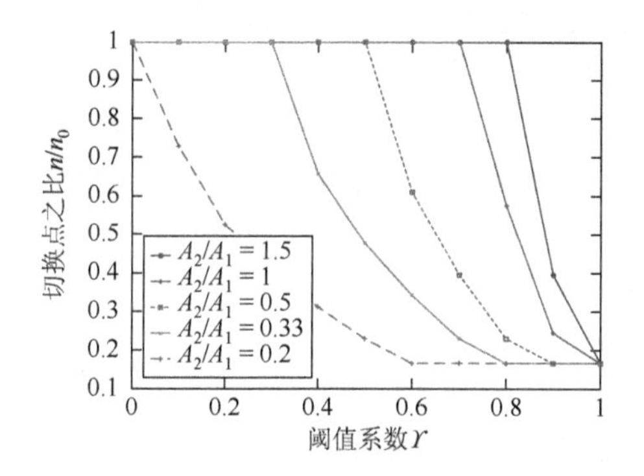

图 6.21　频率比为 6，不同幅值比下，切换点之比 n/n_0 随系数 Υ 的变化趋势

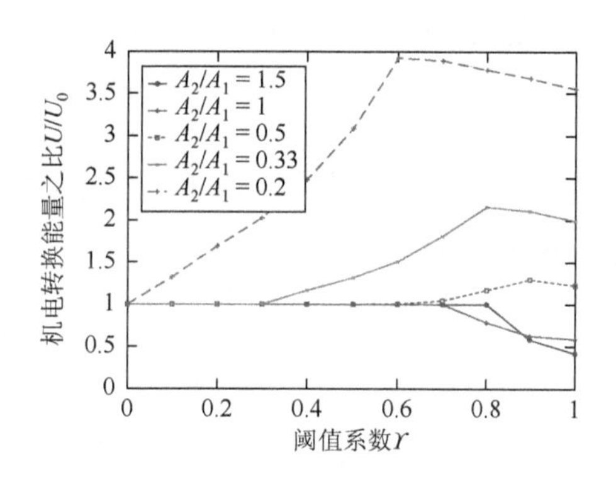

图 6.22　频率比为 6，不同幅值比下，机电转换能量之比 U/U_0 随系数 Υ 的变化趋势

6.4　不同频率比和幅值比对每个模态转换能量的影响

6.4.1　每个模态的机电转换能量方程

前面研究表明，跳过一些极值点可以提高整个系统的机电转换总能量，但是对每个模态的机电转换能量的影响则不同。同前面一样，为了便于研究，以两模态振动为例，探讨不同频率比和幅值比下，跳过一些位移极值点后对每个模态的机电转换能量的影响。根据式（6.12），系统的机电转换能量为

$$
\begin{aligned}
U &= -\alpha \bar{V}_{\mathrm{sw}} \int_0^T S(t)\,\mathrm{d}\tilde{u} \\
&= -\bar{V}_{\mathrm{sw}} \left[\int_0^T \alpha_1 S(t)\,\mathrm{d}u_1 + \int_0^T \alpha_2 S(t)\,\mathrm{d}u_2 \right] \\
&= U_1 + U_2
\end{aligned}
\tag{6.39}
$$

U_i 为两个模态中第 i 个模态的机电转换能量：

$$\begin{aligned} U_i &= -V_{\text{sw}} \int_0^T \alpha_i S(t) \mathrm{d} u_i \\ &= \pm \alpha_i V_{\text{sw}} \sum_{k=1}^{n} (-1)^k [u_{i,k} - u_{i,(k-1)}] \\ &= \alpha_i V_{\text{sw}} u_{i,\text{tot}}, \quad i = 1,2 \end{aligned} \tag{6.40}$$

式（6.40）中 $u_{i,tot}$ 是第 i 个模态的位移增量之和，定义为

$$u_{i,\text{tot}} = \pm \sum_{k=1}^{n} (-1)^k [u_{i,k} - u_{i,(k-1)}] \tag{6.41}$$

如果将 θ_i 定义为两模态总的位移增量之和与第 i 个单独振动模态中位移增量之和的比值（简称位移增量比），r_i 定义为两模态总共的机电转换能量之和与第 i 个单独振动模态中机电转换能量之和的比值（简称能量比），即可以表示成如下公式：

$$\theta_i = u_{i,\text{tot}} / (2 n_i u_{iM}), \quad i = 1,2 \tag{6.42}$$

$$r_i = U_i / U_{i0}, \quad i = 1,2 \tag{6.43}$$

式中，U_{i0} 为第 i 个单模态的机电转换能量；$2n_i u_{iM}$ 为第 i 个单模态在给定的时间窗内的位移增量之和。

根据式（6.22）、式（6.25）和式（6.42），在两模态控制中，开关切换电压为

$$V_{\text{sw}} = \frac{\alpha}{2C_{\text{p}}} \frac{1+\gamma}{1-\gamma} \frac{2n_1\theta_1 A_1 + 2n_2\theta_2 A_2}{n} \tag{6.44}$$

式中，n 为在时间长度 $(0,T)$ 内开关切换总次数。那么转换的总能量为

$$\begin{aligned} U &= V_{\text{sw}} \alpha (2n_1\theta_1 A_1 + 2n_2\theta_1 A_2) \\ &= \frac{2\alpha^2}{C_{\text{p}}} \frac{1+\gamma}{1-\gamma} \frac{(n_1\theta_1 A_1 + n_2\theta_1 A_2)^2}{n} \end{aligned} \tag{6.45}$$

其中，一阶和二阶模态转换的能量分别为

$$\begin{aligned} U_1 &= \frac{2}{C_{\text{p}}} \frac{1+\gamma}{1-\gamma} (\alpha_1\theta_1 n_1 u_{1\text{M}} + \alpha_2\theta_2 n_2 u_{2\text{M}}) \alpha_1\theta_1 n_1 u_{1\text{M}} / n \\ &= \frac{2\alpha^2}{C_{\text{p}}} \frac{1+\gamma}{1-\gamma} n_1 A_1^2 \theta_1 \left(\frac{n_1}{n}\theta_1 + \frac{n_2}{n}\frac{A_2}{A_1}\theta_2 \right) \\ &= U_{10}\theta_1 \left(\frac{n_1}{n}\theta_1 + \frac{n_2}{n}\frac{A_2}{A_1}\theta_2 \right) \end{aligned} \tag{6.46}$$

$$\begin{aligned} U_2 &= \frac{2}{C_{\text{p}}} \frac{1+\gamma}{1-\gamma} (\alpha_1\theta_1 n_1 u_{1\text{M}} + \alpha_2\theta_2 n_2 u_{2\text{M}}) \alpha_2\theta_2 n_2 u_{2\text{M}} / n \\ &= U_{20}\theta_2 \left(\frac{n_1}{n}\frac{A_1}{A_2}\theta_1 + \frac{n_2}{n}\theta_2 \right) \end{aligned} \tag{6.47}$$

根据上面的公式，r_1 和 r_2 可以表示成

$$r_1 = \theta_1\left(\frac{n_1}{n}\theta_1 + \frac{n_2}{n}\frac{A_2}{A_1}\theta_2\right) \tag{6.48}$$

$$r_2 = \theta_2\left(\frac{n_1}{n}\frac{A_1}{A_2}\theta_1 + \frac{n_2}{n}\theta_2\right) \tag{6.49}$$

在两模态控制中，对于固定的振幅比，r_1 和 r_2 是衡量每个模态转换效率的重要指标，它是 n、A_2/A_1 和 θ_1、θ_2 的函数。但是 n、A_2/A_1 和 θ_1、θ_2 这些参数会随着跳过不同位移极值而发生改变。因此，可以通过设定合适的位移增量阈值，提高多模态中某一个或多个模态的机电转换效率。

6.4.2　传统开关下的每个模态的机电转换能量

根据式（6.41）和式（6.42），可以计算在传统开关切换下，不同频率比和幅值比时的位移增量比 θ_1 和 θ_2，根据式（6.48）和式（6.49），可以计算在传统开关切换下，不同频率比和幅值比时的能量比 r_1 和 r_2。位移增量比 θ_1 和 θ_2 的变化情况如图 6.23 所示。仿真结果表明，振幅比 A_2/A_1 有一个临界值，在此临界值处，θ_1 等于 θ_2。当幅值比 A_2/A_1 比临界值小时，θ_1 大于 θ_2。当 A_2/A_1 逐渐趋向于 0 时，即一阶振动占主导地位，开关电压将以一阶切换，此时 θ_1 逐渐变为 1，类似于一阶单模态振动情况。当幅值比 A_2/A_1 比临界值大时，θ_1 小于 θ_2。因为位移极值对应速度为零的点，速度与频率成正比，所以临界点处的幅值比 A_2/A_1 近似地满足 $(A_2/A_1)(f_{r2}/f_{r1}) = 1$ 这个关系。

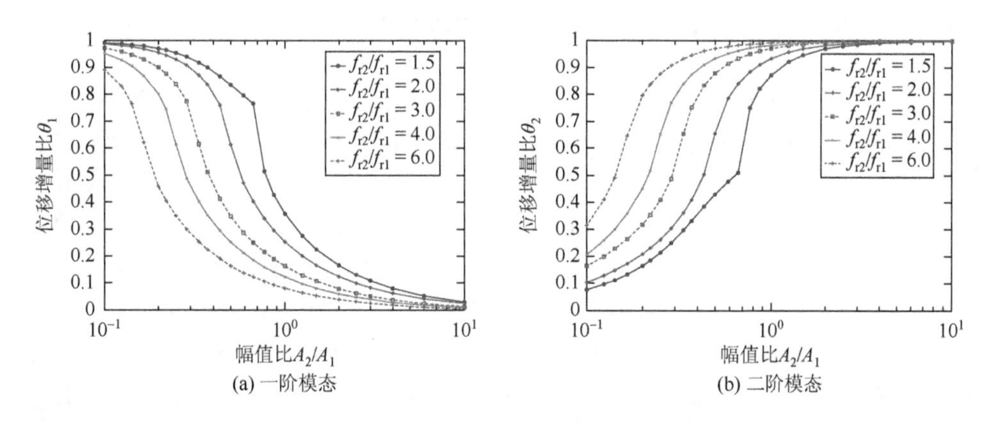

图 6.23　不同频率比和幅值比下的位移增量比 θ_1 和 θ_2 的变化趋势

能量比 r_1 和 r_2 的变化情况如图 6.24 所示。随着幅值比 A_2/A_1 趋向于 0，r_1 逐渐

变为 1，类似于一阶单模态振动情况。随着幅值比 A_2/A_1 的增加，能量比 r_1 不断下降。这表明一阶机电能量转换效率逐渐减小。能量比 r_2 的变化情况较复杂。在每个 r_2 曲线中，都有一个能量比最小点，此处的幅值比 A_2/A_1 对于不同的频率比 f_{r2}/f_{r1} 都有不同的值。当频率比 f_{r2}/f_{r1} 大于 1.5 时，在最小能量比的左边很多不同幅值比 A_2/A_1 情况下，能量比 r_2 都大于 1。这表明在两模态控制中，第二阶模态的机电转换效率甚至比在单模态中的转换效率要高。从图 6.23（b）看出，尽量第二阶模态的位移增量之和较小，但由于一阶模态对能量转换有很大贡献使得 V_{sw} 比较小，所以较高的 V_{sw} 提高了第二阶模态的转换效率。在能量比最小点的右边，随着幅值比 A_2/A_1 的增大，r_2 也逐渐增大，并趋向于 1。这表明当 A_2/A_1 逐渐增大时，二阶振动也占主导地位，开关切换将类似于单模态控制中的二阶切换，因此 θ_2 逐渐变为 1。

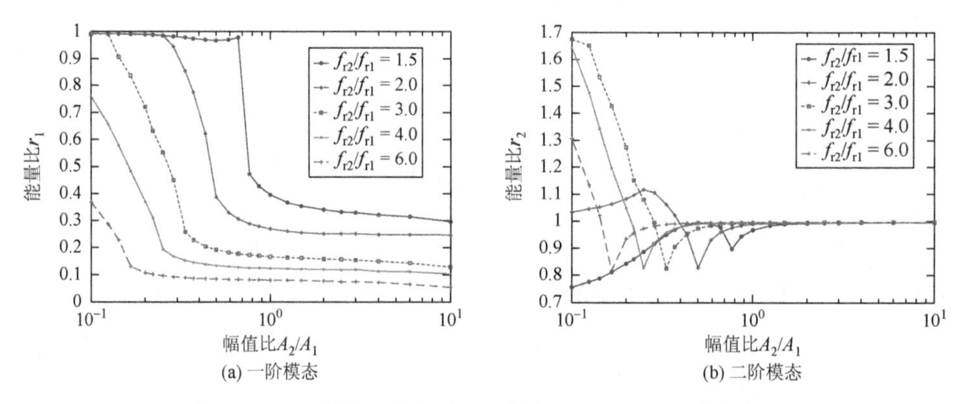

(a) 一阶模态　　(b) 二阶模态

图 6.24　不同频率比和幅值比下的能量比 r_1 和 r_2 的变化趋势

6.4.3　改进开关下的每个模态的机电转换能量

通过设定位移增量阈值系数 Υ 来跳过一些位移极值点，提高系统的机电转换效率。根据前面的公式可以计算在新的开关切换下，不同位移增量阈值系数 Υ、不同频率比和幅值比时的位移增量比 θ_1 和 θ_2，以及能量比 r_1 和 r_2。图 6.25、图 6.26 和图 6.27 分别是 $\Upsilon=0.4$、$\Upsilon=0.7$，以及 $\Upsilon=1.0$ 时的位移增量比 θ_1 和 θ_2 随幅值比变化的情况。通过与图 6.23 和图 6.25 比较发现，当 Υ 从 0 逐渐增大时，在任意频率比 f_{r2}/f_{r1} 和幅值比 A_2/A_1 下，θ_1 都增加，θ_2 都减小。这表明，两模态控制中，当开关跳过一些位移极值点后，一阶模态的位移增量之和几乎都增加，但是二阶模态的位移增量之和却减少。但是，从图 6.26（a）和图 6.27（a）中看出，当 Υ 超过一定值后，由于跳过太多的位移极值点，一阶模态的位移增量之和却又减少。

图 6.28 是 Υ 为 0.4 时，在频率比分别为 1.5、2.0、3.0、4.0 和 6.0 情况下，能量比 r_1 和 r_2 随幅值比 A_2/A_1 的变化结果。通过与图 6.24（a）相比较可以看出，跳

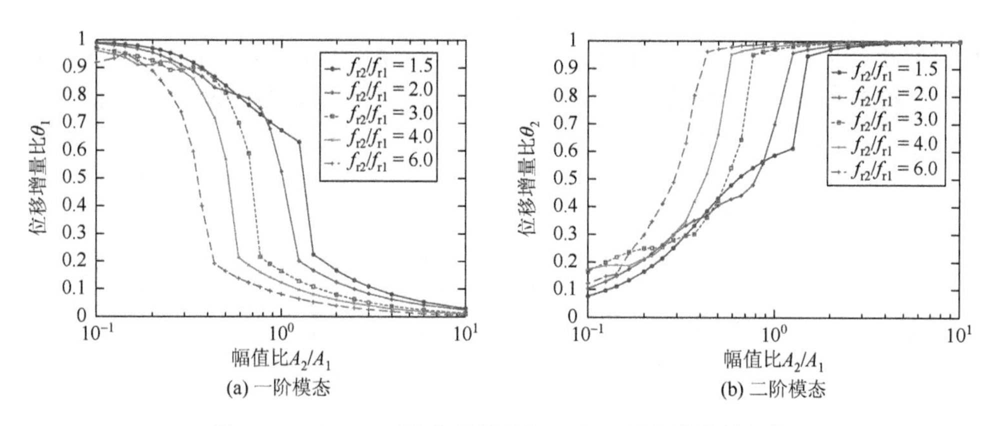

(a) 一阶模态　(b) 二阶模态

图 6.25　$\Upsilon=0.4$ 时的位移增量比 θ_1 和 θ_2 随幅值比的变化

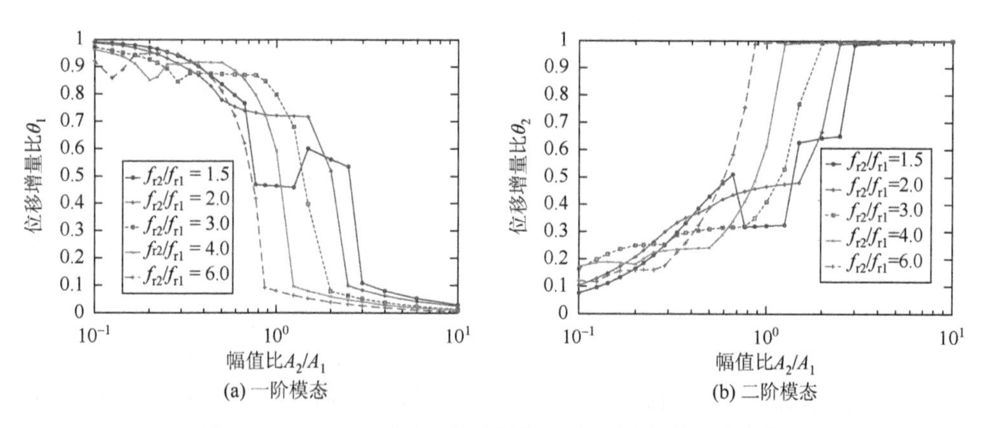

(a) 一阶模态　(b) 二阶模态

图 6.26　$\Upsilon=0.7$ 时的位移增量比 θ_1 和 θ_2 随幅值比的变化

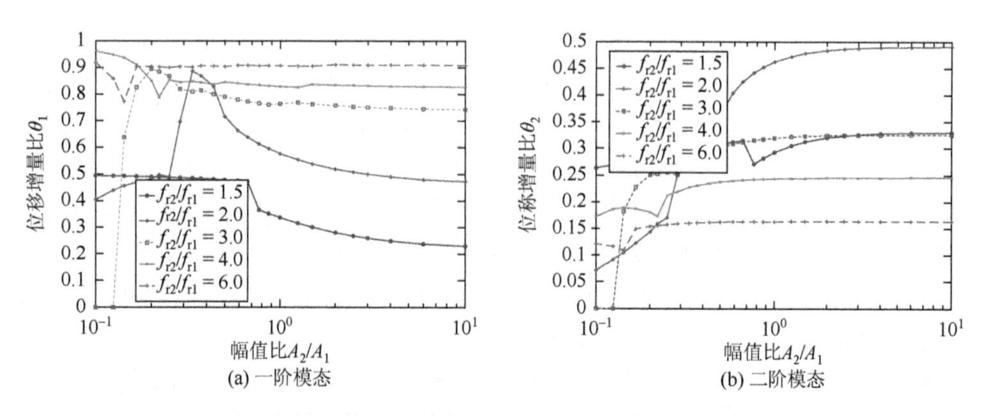

(a) 一阶模态　(b) 二阶模态

图 6.27　$\Upsilon=1.0$ 时的位移增量比 θ_1 和 θ_2 随幅值比的变化

过一些位移极值点，两模态控制中，一阶模态的机电能量转换效率（即能量比 r_1）

比没有跳过极值点（$\Upsilon=0$）的情况下要高，即一阶模态的能量转换得到提高。在大部分的不同频率比和幅值比情况下，二阶模态的机电转换能量效率（即能量比r_2）都比没有跳过极值点（$\Upsilon=0$）的情况要略低，但在一些特殊的频率比和幅值比组合下，也有比没有跳过极值点（$\Upsilon=0$）的情况要略高的现象，如图 6.28（b）所示。

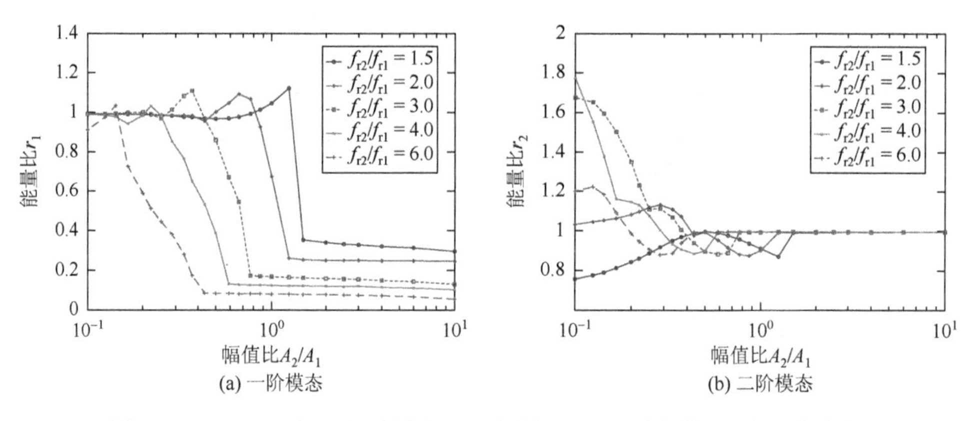

图 6.28　$\Upsilon=0.4$时，不同频率比下，能量比r_1和r_2随幅值比A_2/A_1的变化

当Υ增加到 0.7 时，更多的位移极值点被跳过，能量比r_1在大部分频率比f_{r2}/f_{r1}和幅值比A_2/A_1下，都得到进一步提高，如图 6.29（a）所示。在不同的频率比下，r_1曲线上都有一个不同的最大点。在最大点的左边，r_1随幅值比的增加而逐渐增加，在最大点的右边，随幅值比的增加而迅速减小。当幅值比$A_2/A_1=2.4$，频率比$f_{r2}/f_{r1}=1.5$时，最大r_1为 1.6。但是，如图 6.29（b）所示，当幅值比在中间一段范围内变化时，r_2都相对较小。当Υ增加到 1.0 时，如图 6.30（a）所示，在幅值比$A_2/A_1>0.8$的所有频率下，能量比r_1都随幅值比的增加而增大。当$A_2/A_1=10$时，对于所有频率，能量比r_1都大于 2，当频率比$f_{r2}/f_{r1}=6$，能量比r_1最大可以达到 9.7。每个不同频率比的r_1曲线都有不同的最大值。但这些极大点在如图 6.30（a）所示的A_2/A_1的范围之外。在没有控制状态下，通常一阶振动位移比二阶振动位移大，因此，幅值比$A_2/A_1=10$的情况是几乎不可能发生的。但是，根据前面的实验结果发现，在振动结构得到控制时，幅值比$A_2/A_1=10$的情况确实是存在的。因此，在一些特定的频率比和幅值比的组合下，能量比$r_1>10$是有可能的。当幅值比$A_2/A_1>1$时，能量比r_2随Υ的增大一般都减小，但在一些特定的频率比和幅值比的组合下，能量比r_2偶尔会有所增加。从图 6.30 可以看出，当Υ为 1.0、幅值比$A_2/A_1>1$、频率比$f_{r2}/f_{r1}>3$时，两模态控制中，一阶模态的转换能量比单模态一阶转换能量更多，但是二阶模态的转换能量比单模态二阶转换能量要少。

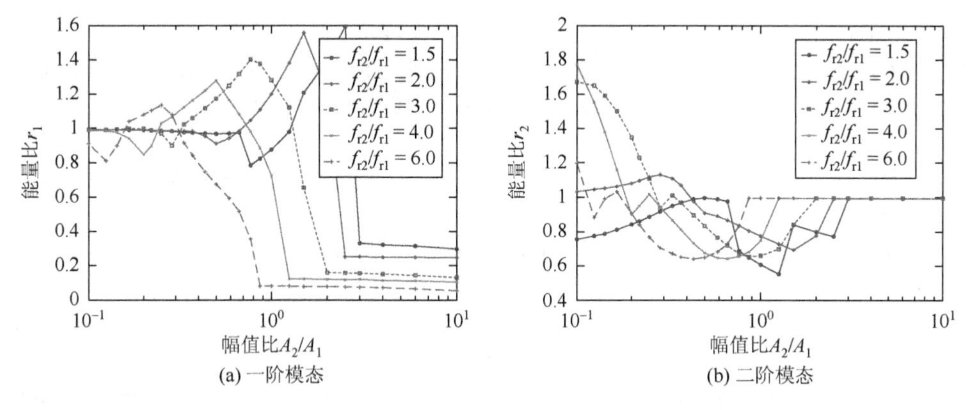

图 6.29　$\varUpsilon=0.7$ 时，不同频率比下，能量比 r_1 和 r_2 随幅值比 A_2/A_1 的变化

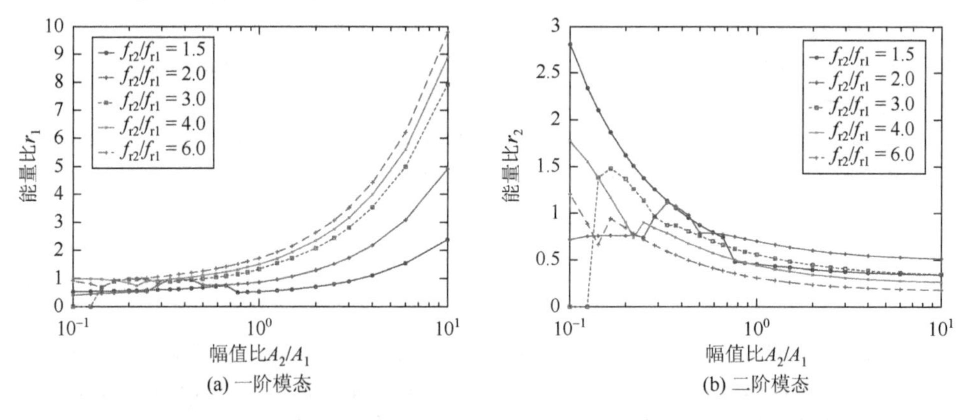

图 6.30　$\varUpsilon=1.0$ 时，不同频率比下，能量比 r_1 和 r_2 随幅值比 A_2/A_1 的变化

以上对两模态的能量分析方法同样可以拓展到 SSDI 控制中的三阶甚至更多阶模态振动控制中。在多模态控制中，每阶模态的机电能量转换效率的大小取决于多个参数，而且它们的变化也非常复杂。以上结论表明，跳过一些位移极值点，大都数情况下对低阶模态的机电能量转换是有好处的，但一定程度上也会影响到高阶模态的机电能量转换。

6.5 参考文献

[1] Corr L R，Clark W W. A novel semi-active multi-modal vibration control law for a piezoceramic actuator. Journal of Vibration and Acoustics，2003，125（2）：214-222.

[2] Harari S，Richard C，Gaudiller L. New semi-active multi-modal vibration control using piezoceramic components. Journal of Intelligent Material Systems and Structures，2009，20（13）：1603-1613.

[3] Ji H L，Qiu J H，Badel A，et al. Multimodal vibration control using a synchronized switch based on a displacement

switching threshold. Smart Materials and Structures，2009，18（3）：1-8.

[4] Ji H L，Qiu J H，Zhu K J，et al. Two-mode vibration control of a beam using nonlinear synchronized switching damping based on the maximization of converted energy. Journal of Sound and Vibration，2010，329（14）：2751-2767.

[5] Ji H L，Qiu J H，Zhu K J. Vibration control of a composite beam using self-sensing semi-active approach. Chinese Journal of Mechanical Engineering，2010，23（5）：663-670.

[6] Dongi F，Dinkler D，Kroplin B. Active panel flutter suppression using self-sensing piezoactuators. AIAA Journal，1996，34（6）：1224-1230.

[7] Dosch J J，Inman D J，Garcia E. A self-sensing piezoelectric actuator for collocated control. Journal of Intelligent Material Systems and Structures，1992，3（1）：166-185.

[8] Jones L，Garcia E，Waites H. Self-sensing control as applied to a PZT stack actuator used as a micropositioner. Smart Materials and Structures，1994，3（2）：147-156.

[9] Law W W，Liao W H，Huang J. Vibration control of structures with self-sensing piezoelectric actuators incorporating adaptive mechanisms. Smart Materials and Structures，2003，12（5）：720-730.

[10] Makihara K，Onoda J，Minesugi K. Novel approach to self-sensing actuation for semi-active vibration suppression. AIAA Journal，2006，44（7）：1445-1453.

[11] Oshima K，Takigami T，Hayakawa Y. Robust vibration control of a cantilever beam using self-sensing actuator. JSME International Journal Series C-Mechanical Systems Machine Elements and Manufacturing，1997，40（4）：681-687.

[12] Badel A，Sebald G，Guyomar D，et al. Piezoelectric vibration control by synchronzied switching on adaptive voltage sources：Towards wideband semi-actvie damping. The Journal of the Acoustical Society of America，2006，119（5）：2815-2825.

[13] Ji H L，Qiu J H，Badel A，et al. Semi-active vibration control of a composite beam by adaptive synchronized switching on voltage sources based on LMS algorithm. Journal of Intelligent Material Systems and Structures，2009，20（8）：939-947.

[14] Lefeuvre E，Guyomar D，Petit L，et al. Semi-passive structural damping by synchronized switching on voltage sources. Journal of Intelligent Material Systems and Structures，2006，17（8/9）：653-660.

[15] Ji H，Qiu J，Xia P，et al. Analysis of energy conversion in switched-voltage control with arbitrary switching frequency. Sensors and Actuators A，2012，174（1）：162-172.

第 7 章　基于负电容的同步开关阻尼半主动振动控制方法

前面几章介绍了基于同步开关阻尼技术的半主动控制方法，其中压电元件上电压的提高主要利用由外接电感和压电片固有电容组成的谐振回路来完成，其控制效果主要取决于电感的品质因子。电感的品质因子是电感器件的固有属性，只能通过改良器件的制作工艺来提高，通常情况下很难制作品质因子超过 20 的电感[1]。

负电容最早由 Forward 教授于 1979 年提出[2]，将负电容串联在压电元件的两端，构成被动控制回路，降低压电元件的固有电容，从而提高控制系统的机电耦合系数。在负电容电路中，负电容本身并不消耗能量，而是提高分支电路中电阻消耗能量的能力。目前关于负电容的被动控制的研究成果很多[3-6]。本章将介绍一种新的方法，将负电容与同步开关阻尼技术相结合，构造一种新型的基于负电容的 SSD 技术（sychronized switch damping technique based on negative capacitance，SSDNC）。

7.1　SSDNC 控制电路

基于负电容电路的 SSD 技术，其控制系统与基于同步电感的 SSD 控制方法几乎相同，除了将 SSDI 回路中的电感换成负电容，如图 7.1（a）所示。基于 SSDNC 控制系统的等效电路如图 7.1（b）所示。其中 C_p 是压电元件的等效电容，C_n 是负电容的绝对值，R 是串联回路的等效电阻。

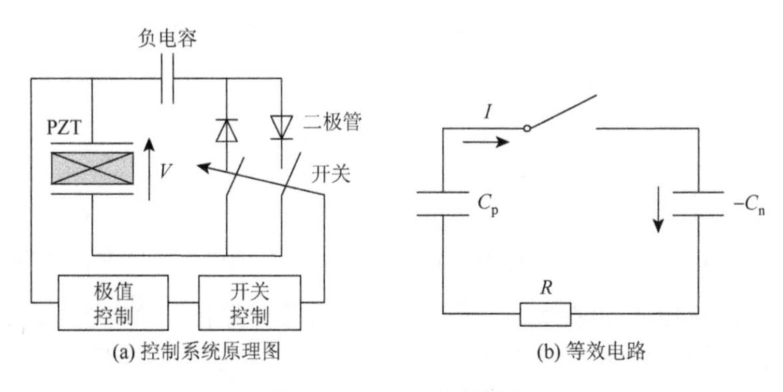

(a) 控制系统原理图　　(b) 等效电路

图 7.1　SSDNC 控制原理

负电容实际上是不存在的，只能通过合成电路来实现，如图 7.2（a）所示。根据基尔霍夫电流定理，节点 1 处有

$$I_1 + \frac{V_2 - V_1}{\overline{R}_1} = 0 \tag{7.1}$$

节点 2 处有

$$\frac{V_2 - V_1}{\overline{R}_2} + \frac{(0 - V_1)}{Z_L} = 0 \tag{7.2}$$

从上面两个公式中消除V_2，可得

$$-I_1\overline{R}_1 - \frac{-V_1\overline{R}_2}{Z_L} = 0 \tag{7.3}$$

根据式（7.1）～式（7.3），可以求得构造的负电容电路电阻为

$$Z_{in} = \frac{V_1}{I_1} = -\frac{\overline{R}_1}{R_2} Z_L \tag{7.4}$$

如果Z_L为电容C_g，则构造了一个负电容电路，如图 7.2（b）所示，负电容值为

$$-C_n = \overline{R}_2 C_g / \overline{R}_1 \tag{7.5}$$

如果Z_L为电阻，则构造了一个负电阻电路。在本书中只用负电容电路。

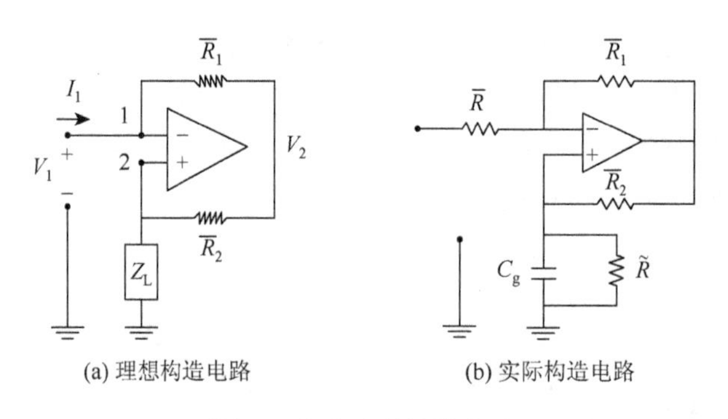

(a) 理想构造电路　　(b) 实际构造电路

图 7.2 负电容的构造电路

在实际使用中，可能需要在电容C_g两端并联一个泄压电阻$\tilde{R}$，如图 7.2（b）所示，来改善电路的电压特性。运算放大器不是理想器件，负电容电路会产生偏置电流，使得压电元件产生偏置电压，出现饱和。并联旁路电阻和电容构成高通滤波器，对电容C_g进行放电，限制偏置电流的通过[4, 7]。

7.2　SSDNC 控制原理

7.2.1　压电元件上电压的瞬态响应

根据基尔霍夫理论可知，一个闭环回路中电压之和为零。SSDNC 回路中，当开关闭合的时候，回路中的电压为

$$V_{a}+V_{C_{n}}+V_{R}=0 \tag{7.6}$$

式中，V_a、V_{C_n} 和 V_R 分别为压电元件上的电压、负电容上的电压，以及回路电阻上的电压，它们都是时间的函数。根据欧姆定律和电容特性可知，有下列关系成立：

$$I=I_{a}=I_{C_{n}}=C_{p}\frac{dV_{a}}{dt}=-C_{n}\frac{dV_{C_{n}}}{dt},\quad V_{R}=IR \tag{7.7}$$

式中，I、I_a 和 I_{C_n} 分别为回路中的电流、流经压电元件上的电流，以及流经负电容上的电流。对式（7.6）进行求导，并将式（7.7）代入，可得

$$RC_{p}\frac{d^{2}V_{a}}{dt^{2}}+\frac{C_{n}-C_{p}}{C_{n}}\frac{dV_{a}}{dt}=0 \tag{7.8}$$

对式（7.8）进行求解，可得

$$V_{a}=V_{a}'+V_{a}''e^{-t/\tau} \tag{7.9}$$

式中，V_a'、V_a'' 为由初始状态所决定的常量。其中，

$$\tau=R\tilde{C}_{p},\ \tilde{C}_{p}=\frac{C_{n}C_{p}}{C_{n}-C_{p}} \tag{7.10}$$

将式（7.9）代入式（7.7）可得电路中的电流为

$$I=-\frac{C_{p}}{\tau}V_{a}''e^{-t/\tau} \tag{7.11}$$

初始状态下，V_a 和 V_{C_n} 可以表示成

$$V_{a}(0)=V_{a_{0}},V_{C_{n}}(0)=V_{C_{n}0} \tag{7.12}$$

式中，V_{a_0} 和 V_{C_n0} 分别为开关闭合前压电元件和负电容上的电压值。

根据初始条件，可以计算得到 V_a'、V_a'' 分别为

$$V_{a}'=\frac{C_{n}V_{C_{n}0}+C_{p}V_{a0}}{C_{n}-C_{p}},\quad V_{a}''=\frac{C_{n}}{C_{n}-C_{p}}(V_{a0}+V_{C_{n}0}) \tag{7.13}$$

并将其代入式（7.9），可得开关闭合时，压电元件上的电压和电流分别为

$$V_{\mathrm{a}}=\frac{C_{\mathrm{n}}V_{C_{\mathrm{n}}0}+C_{\mathrm{p}}V_{\mathrm{a}0}}{C_{\mathrm{n}}-C_{\mathrm{p}}}+\frac{C_{\mathrm{n}}}{C_{\mathrm{n}}-C_{\mathrm{p}}}(V_{\mathrm{a}0}+V_{C_{n}0})\mathrm{e}^{-t/\tau} \tag{7.14}$$

$$I=-\frac{V_{\mathrm{a}0}+V_{C_{\mathrm{n}}0}}{R}\mathrm{e}^{-t/\tau} \tag{7.15}$$

当闭合时间足够长，即回路中的电流为零时，开关断开，此时压电元件和负电容上的电压为

$$V_{\mathrm{a}}(t=\infty)=V'_{\mathrm{a}},\quad V_{C_{\mathrm{n}}}(t=\infty)=-V'_{\mathrm{a}} \tag{7.16}$$

7.2.2 初次开关切换前后压电元件上的电压

假设初始状态下，结构刚开始振动时，结构的应变为零，压电元件上的电压和电荷为零，负电容上的电压也为零。随着结构的振动，结构产生应变，压电元件上开始充电，产生电压。当结构振动到第一个位移或应变极值时，此时压电元件上的电压为[8-10]

$$V_{\mathrm{a}}=\frac{\alpha}{C_{\mathrm{p}}}u_{\mathrm{M}} \tag{7.17}$$

式中，u_{M} 为结构振动的位移极值；α 为电压系数[8-10]。因此，当结构振动到位移极值处，开关第一次闭合前，压电元件和负电容上的初始电压分别为

$$V_{\mathrm{a}0}=\frac{\alpha}{C_{\mathrm{p}}}u_{\mathrm{M}},\quad V_{C_{\mathrm{n}}0}=0 \tag{7.18}$$

并将其代入式（7.14），可得第一次开关闭合后，压电元件上的瞬态电压为

$$V_{a}=\frac{\alpha}{C_{\mathrm{p}}}u_{\mathrm{M}}\left(-\frac{C_{\mathrm{p}}}{C_{\mathrm{n}}-C_{\mathrm{p}}}+\frac{C_{\mathrm{n}}}{C_{\mathrm{n}}-C_{\mathrm{p}}}\mathrm{e}^{-t/\tau}\right) \tag{7.19}$$

式（7.19）是压电元件上的电压随时间变化的情况，当时间足够长，即 $t=\infty$ 时，压电元件上的电压为

$$V_{\mathrm{a}}(t=\infty)=\frac{C_{\mathrm{p}}}{C_{\mathrm{n}}-C_{\mathrm{p}}}\frac{\alpha}{C_{\mathrm{p}}}u_{\mathrm{M}} \tag{7.20}$$

式（7.20）表明，当开关闭合后，压电元件上的电压幅值得到放大，放大倍数为 $C_{\mathrm{p}}/(C_{\mathrm{n}}-C_{\mathrm{p}})$，取决于压电元件电容与负电容的电容比，且电压相位发生改变，得到类似于 SSDI 控制时的电压翻转，但是翻转机理却完全不同。在 SSDI 中，

回路中的电感与压电元件的固有电容构成 LC 共振电路，使得压电元件上的电压得到翻转，回路中的电流和电压满足二阶系统方程[9-12]，电压放大倍数取决于回路的品质因子，即主要取决于电感的品质因子。两种不同方法控制时的电压与电流波形如图 7.3 所示。

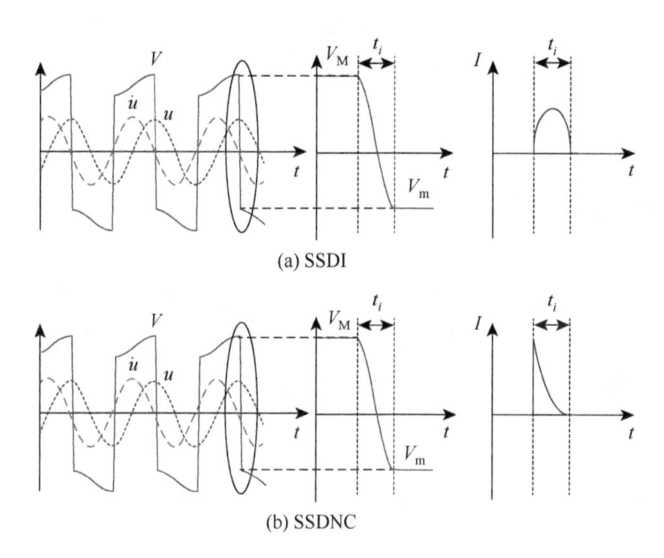

(a) SSDI

(b) SSDNC

图 7.3　SSDI 和 SSDNC 控制中压电元件上产生的电压与电流

7.2.3　压电元件上电压的稳态响应

在稳态时，开关切换前后压电元件上的电压分别为 V_M 和 V_m 。开关断开过程中，压电元件上产生的电压与结构振动产生的应变有如下关系：

$$V_{\mathrm{M}} = V_{\mathrm{m}} + \frac{2\alpha}{C_{\mathrm{p}}} u_{\mathrm{M}} \tag{7.21}$$

根据 7.2.1 的讨论可得到如下初始条件：

$$V_{\mathrm{a}0} = V_{\mathrm{M}},\ V_{C_{\mathrm{n}}0} = -V_{\mathrm{m}},\ V_{\mathrm{a}}(t=\infty) = -V_{\mathrm{m}},\ V_{C_{\mathrm{n}}}(t=\infty) = V_{\mathrm{m}} \tag{7.22}$$

联立式（7.16）、式（7.21）、式（7.22）可得

$$V_{\mathrm{m}} = \frac{C_{\mathrm{p}}}{C_{\mathrm{n}} - C_{\mathrm{p}}} \frac{\alpha}{C_{\mathrm{p}}} u_{\mathrm{M}} \tag{7.23}$$

$$V_{\mathrm{M}} + V_{\mathrm{m}} = \frac{C_{\mathrm{n}}}{C_{\mathrm{n}} - C_{\mathrm{p}} C_{\mathrm{p}}} \frac{2\alpha}{C_{\mathrm{p}}} u_{\mathrm{M}} \tag{7.24}$$

从式（7.20）和式（7.23）可以看出，稳态控制下，在开关断开时压电元件上的电

压V_{m}和第一次开关断开时的电压相同。由此可知，压电元件上存储的能量是第一次开关作用时，由负电容向其转换的能量，在之后的切换过程中，负电容不再给压电元件提供能量，且电压放大系数取决于压电元件和负电容的电容比$C_{\mathrm{n}}/C_{\mathrm{p}}$。选择合理的$C_{\mathrm{n}}$可以大大提高压电元件的电压。在 SSDI 控制中，压电元件上的能量是通过每一次开关切换作用积累起来的，且电压放大系数取决于回路中的电感品质因子，但是制造高品质因子的电感并不是很容易的事。因此 SSDNC 相比 SSDI，其控制效果更好且更快。

7.2.4 控制系统的稳定性分析

由于负电容是主动储能元件，因此需要考虑系统的稳定性问题。正如式（7.9）所示，当τ是正数，即C_{n}大于C_{p}时，电路是稳定的。否则，电路是不稳定的。当$C_{\mathrm{n}}=C_{\mathrm{p}}$时，电路处于临界状态。根据式（7.8），电压可以表示成如下形式：

$$V_{\mathrm{a}}=\overline{B}+\overline{A}t \tag{7.25}$$

式中，$\overline{A}$、$\overline{B}$为常数。如果开关切换前，压电元件的初始电压不为零，即$V_{\mathrm{a0}}\neq 0$，$V_{C_{\mathrm{n}}0}=0$，那么有

$$V_{\mathrm{a}}=V_{\mathrm{a0}}\left(1-\frac{t}{C_{\mathrm{p}}R}\right) \tag{7.26}$$

负电容上的电压为

$$V_{C_{\mathrm{n}}}=\frac{V_{\mathrm{a0}}}{C_{\mathrm{p}}R}t \tag{7.27}$$

式（7.26）和式（7.27）表明，随着时间的增加，压电元件上的电压和负电容的电压将无限增大，即电路是不稳定的。因此，在实际控制中必须满足$C_{\mathrm{n}}>C_{\mathrm{p}}$，保证电路稳定。这与负电容被动控制的要求是相同的[2, 4-6]。

7.2.5 最优控制下的能量转换

由于负电容是主动储能元件，可以传递能量给电路，因此分析 SSDNC 在控制过程中的能量传递关系至关重要。压电元件和负电容上的能量分别为

$$U_{C_{\mathrm{p}}}=\frac{1}{2}C_{\mathrm{p}}V_{\mathrm{a}}^{2},\quad U_{C_{\mathrm{n}}}=-\frac{1}{2}C_{\mathrm{n}}V_{C_{\mathrm{n}}}^{2} \tag{7.28}$$

当负电容上的电压不为零时，其能量一直是负值，因为负电容向压电元件传递能量。

首先考虑第一次开关作用时的能量转换关系。

当开关闭合前，压电元件和负电容上的初始能量为

$$U_{C_p 0}=\frac{1}{2}C_p\left(\frac{\alpha}{C_p}u_M\right)^2=\frac{1}{2}\frac{\alpha^2}{C_p}u_M^2,\quad U_{C_n 0}=0 \tag{7.29}$$

开关闭合后，当回路中的电流为零时，开关断开，此时，压电元件和负电容上存储的能量为

$$U_{C_p}(t=\infty)=\frac{1}{2}\frac{C\alpha^2}{(C_n-C_p)^2}u_M^2,\quad U_{C_n}(t=\infty)=\frac{1}{2}\frac{C_n\alpha^2}{(C_n-C_p)^2}u_M^2 \tag{7.30}$$

式（7.30）中第二个表达式表明，在开关第一次闭合过程中，负电容上的能量由零变为负值，负电容向压电元件转换能量。根据能量守恒原理，第一次开关切换过程中，回路中电路消耗的能量即为

$$\begin{aligned}U_R&=U_{C_p 0}+|U_{C_n}(t=\infty)|-U_{C_p}(t=\infty)\\&=\frac{1}{2}\frac{C_n}{C_n-C_p}\frac{\alpha^2}{C_p}u_M^2\end{aligned} \tag{7.31}$$

其次考虑稳态下的能量转换关系。

由于在开关切换前后，负电容上的电压幅值不变，意味着稳态情况下在开关切换过程中，负电容不再向回路传递净能量。根据能量守恒原理，电路中机电转换的能量（结构振动机械能转化为压电元件的电能）等于电路中电阻消耗的能量。那么，在稳态开关切换过程中，回路中电路消耗的能量为

$$\begin{aligned}U_{\mathrm{Conv}}&=\frac{1}{2}C_p(V_M^2-V_m^2)\\&=\frac{C_n}{C_n-C_p}\frac{2\alpha^2}{C_p}u_M^2\end{aligned} \tag{7.32}$$

通过比较式（7.31）和（7.32）发现，稳态下电路中电阻消耗的能量是第一次开关作用时电阻消耗能量的 4 倍。两者不同的原因在于，第一次开关闭合前压电元件上的初始电压为 V_{a0}，负电容向压电元件提供能量，使得压电元件的电压得到提高，在稳态控制下，每次开关闭合时的压电元件的电压为 V_M。但是值得注意的是，在稳态时负电容不再给压电元件传递能量。

7.2.6　最优控制下的控制效果

SSDNC 的阻尼表达式推导过程与半主动 SSD 方法相同。

在 SSDNC 控制系统中结构振动的一个周期内，当开关以最优频率和相位切换时，机电转换能量为

$$\int_0^T \alpha V_a \dot{u}\,dt = 2\alpha\, u_M(V_m + V_M) = \frac{C_n}{C_n - C_p}\frac{4\alpha^2}{C_p}u_M^2 \tag{7.33}$$

本小节主要讨论结构共振频率下的控制效果。根据能量守恒原理推导 SSDNC 振动阻尼表达式，其推导过程与 SSDI 相同，可得控制后的结构振动位移为

$$u_{M(SSDNC)} = \frac{F_{eM}}{C\omega_r + (4\alpha^2 / \pi C_p)[C_n / (C_n - C_p)]} \tag{7.34}$$

结构振动的阻尼表达式为

$$A = 20\lg\left[\frac{u_{M(控制前)}}{u_{M(控制后)}}\right] = 20\lg\left\{\frac{C\omega_r}{C\omega_r + (4\alpha^2 / \pi C_p)[C_n / (C_n - C_p)]}\right\} \tag{7.35}$$

当控制有效时，A 是负的，且 A 绝对值越大，控制效果越好。

7.2.7 控制效果的实验验证

实验装置如图 3.7 所示，悬臂梁的一阶共振频率为 11Hz。悬臂梁根部粘贴两个压电元件，压电元件的电容为 59.4nF。根据式（7.5）可知，负电容值的大小可以根据构造电路中 $\bar{R}_1$、$\bar{R}_2$、C_g 参数来调整。在本实验中，$\bar{R}_1$、$\bar{R}_2$、C_g 分别为 5kΩ、5kΩ 和 62.9nF。带入计算可得，负电容值为–62.9nF。根据前面的推导可知，在 SSDNC 控制中，电压的放大倍数取决于压电元件的固有电容和负电容之比，即 $C_p / (C_n - C_p)$，在本实验中，放大倍数为 16.8。

为了进行控制效果的比较，分别采用 SSDI 以及 SSDNC 方法对悬臂梁的一阶模态进行振动控制。在 SSDI 电路中，串联一个 1.28H 的电感，根据测试得到电路的品质因子为 2.9，通过计算得到电压翻转系数 γ 为 0.58[9, 10, 13]。在 SSDI 控制中，电压的放大倍数为 $2/(1-\gamma)$，即在本实验中为 4.76。

图 7.4 和图 7.5 分别是用 SSDNC 和 SSDI 方法对悬臂梁一阶振动进行控制的结果，图 7.4（a）是控制前后利用位移传感器测得的结构振动位移，图 7.4（b）是压电元件的控制电压和位移。通过计算可得，SSDNC 控制中振动减少了 90% 左右。控制前压电元件上的电压为 0.9V，控制后电压为 9V，提高了 9 倍，比理论计算的放大倍数小，这主要是由于一阶振动得到有效控制，结构振动位移非常小，测量中的噪声引起开关切换频繁，会激起其他频率的振动。与 SSDNC 方法获得 90%的振动控制效果相比，SSDI 方法的控制效果显得较为逊色，其一阶控制效果约为 40%，控制前压电元件上的电压为 0.9V，控制后电压为 2.4V，提高了

1.67 倍，比理论计算的放大倍数小，这主要是开关切换点与极值点位置有一定的相位差，导致了压电元件上的电压下降。

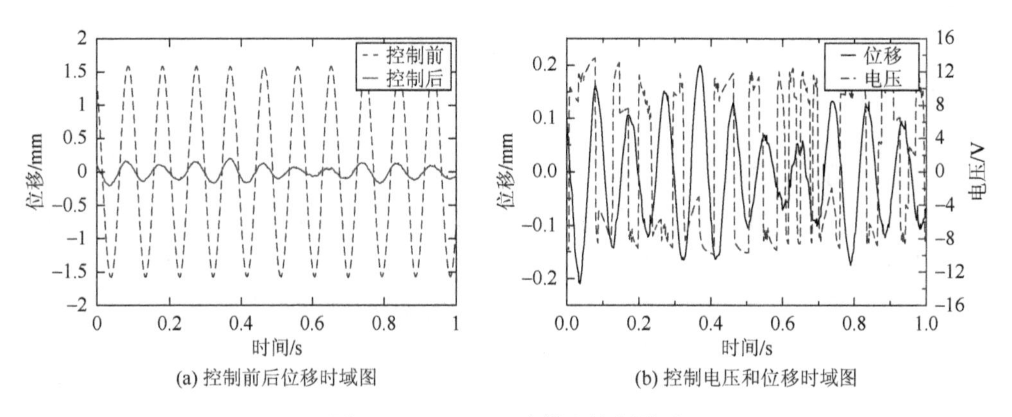

(a) 控制前后位移时域图　(b) 控制电压和位移时域图

图 7.4 SSDNC 一阶模态控制效果

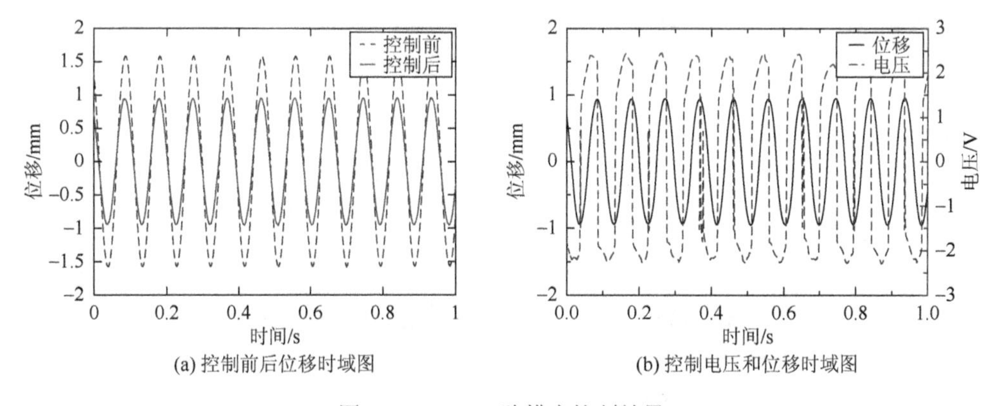

(a) 控制前后位移时域图　(b) 控制电压和位移时域图

图 7.5 SSDI 一阶模态控制效果

7.3 切换频率对控制效果影响

前文介绍了 SSDI 控制系统中开关切换频率对压电元件切换电压的影响。结果表明，当开关切换频率是结构振动频率的奇数倍时，开关切换产生的电压最大。当开关切换频率稍微偏离最优切换频率时，切换电压将变得非常复杂，且由切换电压产生的能量转换效率大大降低，严重影响了控制效果。因此，当实际控制系统中，传感信号混有噪声信号时，开关切换频繁，SSDI 控制效果很差。但是通过前面的实验发现，SSDNC 控制中，当开关不在位移极值处切换时，压电元件上的电压也变得相当复杂，如图 7.4（b）所示，但是仍有较理想的控制效果。这表明

SSDNC抗噪声影响比SSDI要好得多，更能满足实际使用要求。下面将采用和SSDI相同的研究方法，推导在SSDNC控制系统中，开关切换频率对切换电压、能量转换和控制效果的影响关系。

7.3.1 切换频率对电压的影响

假设结构振动频率为 f_0，开关切换频率为 f_{sw}，切换点的时间为 $t_k = k\tau_{\text{sw}}$，其中 $\tau_{\text{sw}} = 1/f_{\text{sw}}$ 为两切换点之间的时间间隔。t_k^- 和 t_k^+ 表示第 k 次切换点前后的时间。根据式（7.22）、式（7.23）和式（7.24）可知，开关切换后压电元件上产生的电压取决于开关切换前压电元件上的电压和负电容上的电压之差。开关切换前后的电压关系如式（7.36）所示[14]。

$$V_{\text{a}}(t_k^+) = -\frac{C_{\text{n}}}{C_{\text{n}} - C_{\text{p}}} V_{C_{\text{n}}}(t_k^-) - \frac{C_{\text{p}}}{C_{\text{n}} - C_{\text{p}}} V_{\text{a}}(t_k^-) \tag{7.36}$$

根据电学边界条件，有

$$V_{C_{\text{n}}}(t_k^-) = V_{C_{\text{n}}}(t_{k-1}^+) = -V_{\text{a}}(t_{k-1}^+) \tag{7.37}$$

当 $t_{k-1}^+ < t < t_k^-$ 时，压电元件上电压幅值为

$$V_{\text{a}}(t) = V_{\text{a}}(t_{k-1}^+) + \Delta V_{\text{st}}(t) \tag{7.38}$$

其中，

$$\Delta V_{\text{st}}(t) = V_{\text{st}}(t) - V_{\text{st}}(t_{k-1}) = \frac{\alpha}{C_{\text{p}}}[u(t) - u(t_{k-1})] \tag{7.39}$$

将式（7.36）、式（7.39）代入式（7.38），有

$$V_{\text{a}}(t_k^-) = V_{\text{a}}(t_{k-1}^+) + \Delta V_{\text{st}}(t_k) = V_{\text{a}}(t_{k-1}^+) + V_{\text{st}}(t_k) - V_{\text{st}}(t_{k-1}) \tag{7.40}$$

$$V_{\text{a}}(t_k^+) = V_{\text{a}}(t_{k-1}^+) - \frac{C_{\text{p}}}{C_{\text{n}} - C_{\text{p}}} \Delta V_{\text{st}}(t_k) \tag{7.41}$$

在 $t_k^+ \leqslant t \leqslant t_{k+1}^-$ 时间内的切换电压为

$$V_{\text{sw}}(t) = V_{\text{a}}(t) - V_{\text{st}}(t) = V_{\text{a}}(t_k^+) - V_{\text{st}}(t_k), \quad t_k^+ \leqslant t \leqslant t_{k+1}^- \text{且} k = 1, 2, \cdots \tag{7.42}$$

根据式（7.42）可得

$$V_{\text{sw}}(t_k^+) = V_{\text{a}}(t_k^+) - V_{\text{st}}(t_k) \tag{7.43}$$

从式（7.41）和式（7.43）可以得出

$$\begin{aligned}\Delta V_{sw}(t_k) &= V_{sw}(t_k^+) - V_{sw}(t_{k-1}^+) \\ &= V_a(t_k^+) - V_a(t_{k-1}^+) - [V_{st}(t_k) - V_{st}(t_{k-1})] \\ &= -\frac{C_p}{C_n - C_p}\Delta V_{st}(t_k) - \Delta V_{st}(t_k) \\ &= -\frac{C_n}{C_n - C_p}\Delta V_{st}(t_k) \\ &= -\frac{C_n}{C_n - C_p}\frac{\alpha}{C_p}\Delta u(t_k)\end{aligned} \tag{7.44}$$

其中，

$$\Delta V_{st}(t_k) = V_{st}(t_k) - V_{st}(t_{k-1}), \quad \Delta u(t_k) = u(t_k) - u(t_{k-1}) \tag{7.45}$$

式（7.44）表明，由开关切换引起的压电元件上电压的增量与两次切换点之间的位移增量成正比，所以切换引起的电压包括两个部分：与位移成正比的部分，以及由初始条件引起的部分。在实际系统中，由于开关分流电路的泄漏和电阻损耗，初始条件对切换电压的影响可以忽略不计。

因此，式（7.44）可以写成如下形式：

$$V_{sw}(t_k^+) = -\frac{C_n}{C_n - C_p}V_{st}(t_k) = -\frac{C_n}{C_n - C_p}\frac{\alpha}{C_p}u(t_k) \tag{7.46}$$

或更简单的表达式：

$$V_{sw}(k) = -\frac{C_n}{C_n - C_p}V_{st}(k) = -\frac{C_n}{C_n - C_p}\frac{\alpha}{C_p}u(k) \tag{7.47}$$

其中，

$$V_{sw}(k) = V_{sw}(t_k^+), \quad V_{st}(k) = V_{st}(t_k), \quad u(k) = u(t_k) \tag{7.48}$$

为了减少一些数学符号，在连续时间域、离散时域、频域和 z 域中，具有相同意义的物理变量采用同一符号。

在单频振动中，切换点 $t_k = k\tau_{sw}$ 处的位移可以表示成

$$u(k) = u_M \cos(\omega_0 k \tau_{sw}) = u_M \cos(k\varpi) \tag{7.49}$$

式中，k 为开关切换次数；ω_0 为结构振动角频率；$\varpi = \omega_0 \tau_{sw}$ 为无量纲角频率。然而，在给定的振动角频率下，它与切换周期 τ_{sw} 成比例。因此，根据其物理意义，将 ϖ 定义为无量纲切换周期更为合适。

将式（7.49）代入式（7.47）得

$$V_{sw}(k) = -\frac{C_n}{C_n - C_p}\frac{\alpha u_M}{C_p}\cos(k\varpi) \tag{7.50}$$

当电压在位移极值处切换，即 $\varpi = \pi$ 和 $t_k = k\pi$ 时，切换电压可以表示为

$$V_{sw}(k) = (-1)^{k+1} \frac{C_n}{C_n - C_p} \frac{\alpha u_M}{C_p} \tag{7.51}$$

当开关在每个位移极值点处切换时，$V_{sw}(k)$ 为一常数，产生的电压最大，这与 SSDI 的推导结果相同，且最优切换电压取决于负电容和压电元件固有电容之比。当 $\bar{\omega} = (2i-1)\pi (i \geqslant 2)$ 时，开关在每 $(2i-1)$ 个极值点处切换，由切换产生的切换电压幅值与在每个极值点处都切换的情况相同。因此，即使跳过 $2(i-1)(i \geqslant 2)$ 个极值点，切换电压幅值仍然不变。但由于开关切换次数减少，每个振动周期的平均转换能量将减小。

7.3.2 切换频率对能量转换的影响

参考文献中提出[15-22]，在 SSD 多模态控制中，开关并不始终以最优切换频率切换，转换的能量是产生模态耦合的一个主要因素。因此，研究 SSDNC 中开关切换频率对能量转换的影响是非常重要的。

第 5 章表明 SSDI 控制中，任意切换频率下能量转换的问题可以转化为计算由切换电压 $V_{sw}(t)$ 所引起的能量转换，因为

$$\int_0^T \alpha V_a(t) \dot{u} \mathrm{d}t \approx \int_0^T \alpha V_{sw} \dot{u} \mathrm{d}t \tag{7.52}$$

在 SSDNC 控制系统的研究中，也主要考虑由切换电压 $V_{sw}(t)$ 引起的能量转换。方便起见，假设在时间 $(0,T)$ 内，开关切换 n 次，即 $T = n\tau_{sw}$。振动周期数为 $m = n\omega_0 / \omega_{sw}$，其中 m 不一定是整数。在时间 $(0,T)$ 内，转换的总能量定义为 $U(n)$，其表达式为

$$U(n) = \int_0^T \alpha V_{sw}(t) \dot{u} \mathrm{d}t = \sum_{k=1}^{n} \alpha V_{sw}(k-1)[u(k) - u(k-1)] = \sum_{k=1}^{n} \hat{U}(k) \tag{7.53}$$

其中，

$$\hat{U}(k) = \alpha V_{sw}(k-1)[u(k) - u(k-1)] \tag{7.54}$$

$\hat{U}(k)$ 为第 $(k-1)$ 和 k 两切换点之间转换的能量。每个振动周期内转换的平均能量为

$$\bar{U} = \lim_{m\to\infty} \frac{1}{m} \int_0^T \alpha V_{sw}(t) \dot{u} \mathrm{d}t = \frac{\omega_{sw}}{\omega_0} \lim_{n\to\infty} \frac{1}{n} U(n) \tag{7.55}$$

根据式（7.53）有如下关系成立：

$$\mathscr{Z}[\hat{U}(k)] = \alpha \mathscr{Z}[V_{sw}(k-1)] * \mathscr{Z}[u(k) - u(k-1)] \tag{7.56}$$

式中，“*”为卷积算子。切换电压 $V_{sw}(k)$ 的表达式如式（7.47）所示，$V_{sw}(k-1)$ 的 z 变换为

$$V_{sw,-1}(z) = \mathscr{Z}[V_{sw}(k-1)] = -\frac{C_n}{C_n - C_p} \frac{\alpha u_M}{C_p} \frac{(z - \cos\bar{\omega})}{(z^2 - 2z\cos\bar{\omega} + 1)} \tag{7.57}$$

式中，$u(k)$ 表达式如式（7.49）所示，$u(k)-u(k-1)$ 的 z 变换为

$$\Delta u(z)=\mathscr{Z}[u(k)-u(k-1)]=u_{\mathrm{M}}\frac{(z^2-z\cos\varpi)}{(z^2-2z\cos\varpi+1)}(1-z^{-1}) \tag{7.58}$$

根据复变函数的卷积定义可得 $\hat{U}(k)$ 的 z 变换可表示为

$$\begin{aligned}\hat{U}(z)&=\mathscr{Z}[\hat{U}(k)]\\&=\frac{\alpha}{2\pi\mathrm{i}}\oint_{\mathrm{c}}V_{\mathrm{sw},-1}(\upsilon)\Delta u\left(\frac{z}{\upsilon}\right)\frac{1}{\upsilon}\mathrm{d}\upsilon\\&=\frac{1}{2\pi\mathrm{i}}\oint_{\mathrm{c}}\frac{C_{\mathrm{n}}}{C_{\mathrm{n}}-C_{\mathrm{p}}}\frac{\alpha^2u_{\mathrm{M}}^2}{C_{\mathrm{p}}}\frac{(\upsilon-\cos\varpi)}{(\upsilon^2-2\upsilon\cos\varpi+1)}\frac{z-\upsilon\cos\varpi}{z^2-2z\upsilon\cos\omega+\upsilon^2}(z-\upsilon)\frac{1}{\upsilon}\mathrm{d}\upsilon\\&=\frac{1}{2\pi\mathrm{i}}\oint_{\mathrm{c}}\vartheta(\upsilon)\mathrm{d}\upsilon\end{aligned} \tag{7.59}$$

式中，c 为收敛域内的任意一条封闭曲线。由于很难直接计算式（7.59）中的积分，下面将采用留数定理。积分 $\vartheta(\upsilon)$ 有 5 个极点：

$$\upsilon_1=0,\quad \upsilon_{2,3}=\cos\varpi\pm\mathrm{i}\sin\varpi=\mathrm{e}^{\pm\mathrm{i}\varpi}, \tag{7.60}$$

$$\upsilon_{4,5}=z(\cos\varpi\pm\mathrm{i}\sin\varpi)=z\mathrm{e}^{\pm\mathrm{i}\varpi}. \tag{7.61}$$

$\vartheta(\upsilon)$ 的收敛域取决于 $V_{\mathrm{sw},-1}(\upsilon)$ 和 $\Delta u(\upsilon/2)$ 的收敛域，定义为

$$|\upsilon|>1\text{ 和 }|z/\upsilon|>1 \tag{7.62}$$

则 $\vartheta(\upsilon)$ 的收敛域为

$$1<|\upsilon|<|z| \tag{7.63}$$

因此，在收敛域内的任意封闭曲线内，存在 3 个极点 υ_1、υ_2 和 υ_3。根据留数定理，式（7.59）可以表示成

$$\begin{aligned}\hat{U}(z)&=\frac{1}{2\pi\imath}\oint_{\mathrm{c}}\vartheta(\upsilon)\mathrm{d}\upsilon\\&=(\upsilon-\upsilon_1)\vartheta(\upsilon)|_{\upsilon=\upsilon_1}+(\upsilon-\upsilon_2)\vartheta(\upsilon)|_{\upsilon=\upsilon_2}+(\upsilon-\upsilon_3)\vartheta(\upsilon)|_{\upsilon=\upsilon_3}\\&=\frac{C_{\mathrm{n}}}{C_{\mathrm{n}}-C_{\mathrm{p}}}\frac{\alpha^2u_{\mathrm{M}}^2}{C_{\mathrm{p}}}\frac{[(z-1)\cos\varpi+z(z-\cos\varpi)]\sin^2(\varpi/2)}{(z-1)[1+z^2-2z\cos(2\varpi)]}\end{aligned} \tag{7.64}$$

根据式（7.53），$U(n)$ 可以表示为

$$U(n)=\sum_{k=1}^{n}\hat{U}(k)=\sum_{k=1}^{\infty}\hat{U}(k)\hat{u}(n-k)=\hat{U}(k)*\hat{u}(k) \tag{7.65}$$

式中，$\hat{u}(k)$ 为单位阶跃函数。因此有下列关系式成立：

$$U(z)=\hat{U}(z)\hat{u}(z) \tag{7.66}$$

式中，$U(z)$ 为 $U(n)$ 的 z 变换。$\hat{u}(k)$ 的 z 变换为

$$\hat{u}(z)=\frac{z}{z-1} \tag{7.67}$$

因此，$U(z)$ 可以表示成

$$U(z)=\frac{C_{\mathrm{n}}}{C_{\mathrm{n}}-C_{\mathrm{p}}}\frac{\alpha^2u_{\mathrm{M}}^2}{C_{\mathrm{p}}}\frac{z[(z-1)\cos\varpi+z(z-\cos\varpi)]\sin^2(\varpi/2)}{(z-1)^2(1+z^2-2z\cos2\varpi)} \tag{7.68}$$

根据 z 反变换的定义，开关切 n 次转换的总能量为

$$U(n)=\frac{1}{2\pi\mathrm{i}}\oint_c U(z)z^{n-1}\mathrm{d}z \tag{7.69}$$

收敛域为 $|z|>1$，c 为收敛域中的任意封闭曲线。在利用留数定理计算式（7.69）中的积分时，需要考虑三种不同的情况。

当 $\cos(2\varpi)\neq1$ 时，在封闭曲线 c 内，$U(z)$ 的极点为

$$z_1=1,\quad z_{2,3}=\cos2\varpi\pm\mathrm{i}\sin2\varpi=\mathrm{e}^{\pm2\mathrm{i}\varpi} \tag{7.70}$$

其中 $z_1=1$ 为二阶极点。根据留数定理，转换的总能量为

$$U(n)=\frac{C_{\mathrm{n}}}{C_{\mathrm{n}}-C_{\mathrm{p}}}\frac{\alpha^2u_{\mathrm{M}}^2}{C_{\mathrm{p}}}(1+n)(1-\cos\varpi) \tag{7.71}$$

每个周期内平均转换的能量为

$$\bar{U}=\frac{\omega_{\mathrm{sw}}}{\omega_0}\lim_{n\to\infty}\frac{1}{n}U(n)=\frac{\pi}{\varpi}\frac{\alpha^2u_{\mathrm{M}}^2}{C}\frac{C_{\mathrm{n}}}{C_{\mathrm{n}}-C_{\mathrm{p}}}\frac{\alpha^2u_{\mathrm{M}}^2}{C_{\mathrm{p}}}(1-\cos\varpi) \tag{7.72}$$

当 $\cos(2\varpi)=1$，$z_1=1$ 极点时，函数 $U(z)$ 分子分母都为 0。$\cos(2\varpi)=1$ 的解为 $\varpi=i\pi(i=1,2\cdots)$。当 $\varpi=(2i-1)\pi$ 和 $\varpi=2i\pi$ 时，函数 $U(z)$ 有不同的值。

当 $\varpi=(2i-1)\pi$ 时，有

$$U(z)=\frac{C_{\mathrm{n}}}{C_{\mathrm{n}}-C_{\mathrm{p}}}\frac{\alpha^2u_{\mathrm{M}}^2}{C_{\mathrm{p}}}\frac{z}{(z-1)^2} \tag{7.73}$$

函数 $U(z)$ 有一个二阶极点 $z_1=1$。转换的能量为

$$U(n)=\frac{C_{\mathrm{n}}}{C_{\mathrm{n}}-C_{\mathrm{p}}}\frac{2\alpha^2u_{\mathrm{M}}^2}{C_{\mathrm{p}}}n \tag{7.74}$$

每个周期内平均转换的能量为

$$\bar{U}=\frac{\omega_{\mathrm{sw}}}{\omega_0}\lim_{\mathrm{n}\to\infty}\frac{1}{n}U(n)=\frac{1}{2i-1}\frac{C_{\mathrm{n}}}{C_{\mathrm{n}}-C_{\mathrm{p}}}\frac{4\alpha^2u_{\mathrm{M}}^2}{C_{\mathrm{p}}} \tag{7.75}$$

式（7.75）给出了当切换电压在每 $2i-1$ 个位移极值处进行切换时，每个周期内平均转换的能量。当 $i=1$ 时，表明电压在每个位移极值处切换（即 $\varpi=\pi$），每个周期内平均转换的能量最大，即

$$\bar{U}_{\pi}=\frac{C_{\mathrm{n}}}{C_{\mathrm{n}}-C_{\mathrm{p}}}\frac{4\alpha^2u_{\mathrm{M}}^2}{C_{\mathrm{p}}} \tag{7.76}$$

以上推导的结果和前面 7.2.6 节中推导的式（7.33）结果相同。式（7.76）表明，跳过的极值点越多，每个振动周期内平均转换的能量越少。

值得注意的是，将 $\overline{\omega}=(2i-1)\pi(i=1,2\cdots)$ 代入式（7.72）中，得到的值只有由式（7.75）得到的值的一半。这表明在 $\overline{\omega}=(2i-1)\pi(i=1,2\cdots)$ 处，$\overline{U}$ 并不连续。这个推导结果对 $\overline{\omega}=\pi$ 处特别重要，因为开关切换频率有可能稍微偏离最优频率，SSDNC 控制效果会大大降低。

当 $\overline{\omega}=2i\pi$ 时，

$$U(z)=0 \tag{7.77}$$

每个周期内平均转换的能量为

$$\overline{U}=\frac{\omega_{\mathrm{sw}}}{\omega_0}\lim_{n\to\infty}\frac{1}{n}U(n)=0 \tag{7.78}$$

因此，当切换电压在每 $2i$ 个极值处切换时（此处意味着每次切换点仅发生在位移最小值或最大值处），每个周期内平均转换的能量为 0。

对上述推导结果进行总结，每个周期内平均转换的能量可以概括为

$$\overline{U}=\begin{cases}\dfrac{\pi}{\overline{\omega}}\dfrac{\alpha^2u_{\mathrm{M}}^2}{C}\dfrac{C_{\mathrm{n}}}{C_{\mathrm{n}}-C_{\mathrm{p}}}\dfrac{\alpha^2u_{\mathrm{M}}^2}{C_{\mathrm{p}}}(1-\cos\overline{\omega}), & \overline{\omega}\neq(2i-1)\pi\\[2ex] \dfrac{1}{2i-1}\dfrac{C_{\mathrm{n}}}{C_{\mathrm{n}}-C_{\mathrm{p}}}\dfrac{4\alpha^2u_{\mathrm{M}}^2}{C_{\mathrm{p}}}, & \overline{\omega}=(2i-1)\pi\end{cases} \tag{7.79}$$

式（7.76）给出了最优切换频率下可能获得的最大转换能量。下面将以最大转换能量对任意开关切换频率下获得的每个周期内平均转换的能量进行归一：

$$\begin{aligned}\overline{\overline{U}}&=\overline{U}/\overline{U}_{\pi}\\&=\begin{cases}\dfrac{\pi}{4\overline{\omega}}(1-\cos\overline{\omega}), & \overline{\omega}\neq(2i-1)\pi\\[2ex] \dfrac{1}{(2i-1)}, & \overline{\omega}=(2i-1)\pi\end{cases}\end{aligned} \tag{7.80}$$

随着 $\overline{\omega}$ 的变化（$0<\overline{\omega}<2\pi$），归一化平均转换的能量 $\overline{\overline{U}}$ 如图 7.6 所示。当 $\overline{\omega}=\pi$ 时，$\overline{\overline{U}}$ 为 1。当稍微偏离 π 时，$\overline{\overline{U}}$ 为 0.5。当 $0.5\leqslant\overline{\omega}/\pi<1$ 时，$\overline{\overline{U}}\geqslant0.5$。这表明，在该区域内的控制性能虽然没有 $\overline{\omega}=\pi$ 处的好，但仍有较好的控制效果。当 $\overline{\omega}/\pi<0.5$ 或 $\overline{\omega}/\pi>1$ 时，$\overline{\overline{U}}$ 小于 0.5。与 SSDI 控制中归一化的转换能量相比，在相同开关切换频率下，SSDNC 控制转换的能量要大得多。因此，SSDNC 控制方法在任意切换频率下，较 SSDI 控制效率更高。

图 7.7 为当 $0<\overline{\omega}<10\pi$ 时，归一化平均转换的能量 $\overline{\overline{U}}$。从图中可以看出，SSDNC 控制方法与 SSDI 控制方法类似[19, 20]，但是在非最优切换频率下，SSDNC 转换的能量效率更高。

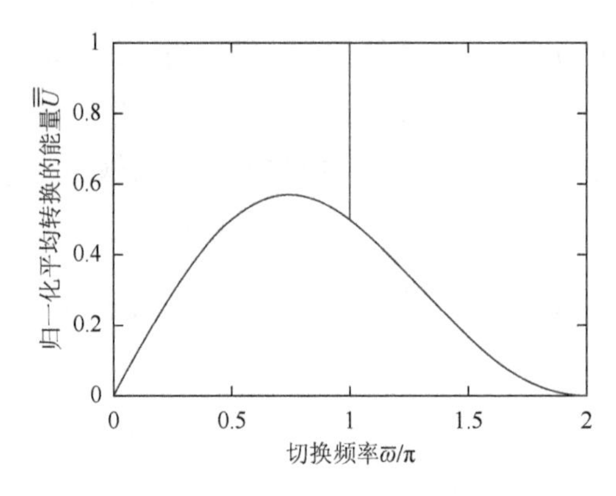

图 7.6　当 $0<\varpi<2\pi$ 时不同开关切换周期下的归一化平均每个周期转换的能量

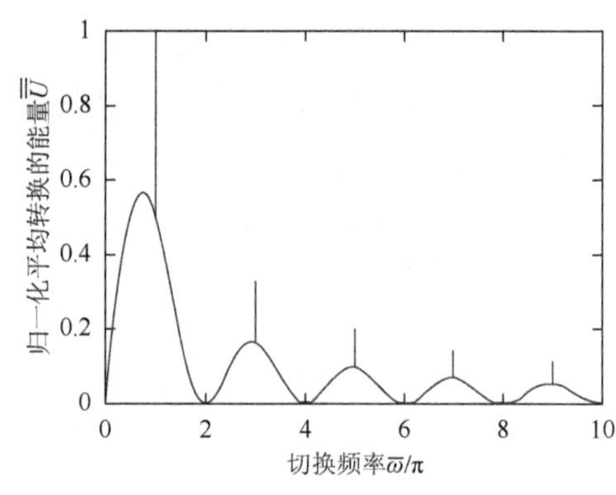

图 7.7　当 $0<\varpi<10\pi$ 时归一化平均每个周期转换的能量

7.3.3　切换频率对控制效果的影响

单自由度系统的运动方程可以写成如下形式：

$$M\ddot{u}+C\dot{u}+K^{E}u=F_{\mathrm{e}}-\alpha(V_{\mathrm{st}}+V_{\mathrm{sw}}) \tag{7.81}$$

正如前面讨论的，切换电压 $V_{\mathrm{sw}}(t)$ 为分段常数函数，也可以通过零阶保持器，从采样序列 $V_{\mathrm{sw}}(k)$ 获得。正如式（7.47）所示，$V_{\mathrm{sw}}(k)$ 是 $u(k)$ 的函数。由于 $u(k)$ 是 $u(t)$ 的采样序列，$V_{\mathrm{sw}}(t)$ 可以表示成以下形式：

$$V_{\mathrm{sw}}(t)=\mathcal{H}_0\left[\sum_{k=-\infty}^{\infty}V_{\mathrm{sw}}(k)\delta(t-k\tau_{\mathrm{sw}})\right]=-\xi\frac{\alpha}{C_{\mathrm{p}}}\mathcal{H}_0\{\mathcal{S}_{\tau_{\mathrm{sw}}}[u(t)]\} \tag{7.82}$$

式中，$\xi=C_{\mathrm{n}}/(C_{\mathrm{n}}-C_{\mathrm{p}})$；$\mathcal{H}_0$ 是零阶保持器算子；$\mathcal{S}_{\tau_{\mathrm{sw}}}$ 是采样周期为 τ_{sw} 的采样算子。为了方便起见，已经将式（7.82）中的求和区间拓展到 $(-\infty,\infty)$。

为了简化，假设激励和响应有如下关系：

$$F_{\mathrm{e}}=F_{\mathrm{eM}}\cos(\omega_0 t),\quad u(t)=u_{\mathrm{M}}\cos(\omega_0 t+\varphi) \tag{7.83}$$

$u(t)$ 的频谱为

$$u(j\omega)=\pi u_{\mathrm{M}}[\mathrm{e}^{-\mathrm{i}\varphi}\delta(\omega+\omega_0)+\mathrm{e}^{\mathrm{i}\varphi}\delta(\omega-\omega_0)] \tag{7.84}$$

经采样的位移为

$$u^{*}(t)=\mathcal{S}_{\tau_{\mathrm{sw}}}[u(t)]=\sum_{k=-\infty}^{\infty}\delta(t-k\tau_{\mathrm{sw}})u(k\tau_{\mathrm{sw}}) \tag{7.85}$$

根据信号处理的知识[23]，$u^{*}(t)$ 的频谱可以表示成如下形式：

$$\begin{aligned}u^{*}(j\omega)&=\frac{1}{\tau_{\mathrm{sw}}}\sum_{n=-\infty}^{\infty}u^{*}(j\omega-jn\omega_{\mathrm{sw}})\\&=\frac{\pi u_{\mathrm{M}}}{\tau_{\mathrm{sw}}}\sum_{n=-\infty}^{\infty}[\mathrm{e}^{-\mathrm{i}\varphi}\delta(\omega-n\omega_{\mathrm{sw}}+\omega_0)+\mathrm{e}^{\mathrm{i}\varphi}\delta(\omega-n\omega_{\mathrm{sw}}-\omega_0]\end{aligned} \tag{7.86}$$

上述表达式表明，经采样的位移由许多不同频率的谐波成分组成。因此，在时域内，采样位移可以表示为

$$u^*(t)=\frac{u_{\mathrm{M}}}{\tau_{\mathrm{sw}}}\cos(\omega_0 t+\varphi)+\frac{u_{\mathrm{M}}}{\tau_{\mathrm{sw}}}\sum_{n=1}^{\infty}\{\cos[(n\omega_{\mathrm{sw}}-\omega_0)t+\varphi]+\cos[(n\omega_{\mathrm{sw}}+\omega_0)t+\varphi]\} \tag{7.87}$$

为了准确计算切换电压，需要考虑零阶保持器的影响。根据数字信号处理的理论可知[24]，离散序列经过零阶保持器后，其谐波分量的幅值和相位发生了改变，其变化为 $\mathrm{e}^{-\mathrm{i}\omega_0\tau_{\mathrm{sw}}/2}\sin[(\omega_0\tau_{\mathrm{sw}}/2)/(\omega_0\tau_{\mathrm{sw}}/2)]$，其中 ω_0 为采样前原信号的角频率。

$$\begin{aligned}V_{\mathrm{sw}}(t)&=-\xi\frac{\alpha}{C_{\mathrm{p}}}\mathcal{H}_0[u(k\overline{\omega})]=-\xi\frac{\alpha}{C_{\mathrm{p}}}\tau_{\mathrm{sw}}\mathrm{e}^{-\mathrm{i}\omega_0\tau_{\mathrm{sw}}/2}\sin(\omega_0\tau_{\mathrm{sw}}/2)u^*(t)\\&=-\xi\frac{\alpha u_{\mathrm{M}}}{C_{\mathrm{p}}}\mathrm{e}^{-\mathrm{i}\omega_0\tau_{\mathrm{sw}}/2}\sin(\omega_0\tau_{\mathrm{sw}}/2)\Big(\cos(\omega_0 t+\varphi)\\&\quad+\sum_{n=1}^{\infty}\{\cos[(n\omega_{\mathrm{sw}}-\omega_0)t+\varphi]+\cos[(n\omega_{\mathrm{sw}}+\omega_0)t+\varphi]\}\Big)\\&=V_{\mathrm{sw},0}(t)+\sum_{n=1}^{\infty}[V_{\mathrm{sw},nl}(t)+V_{\mathrm{sw},nr}(t)]\end{aligned} \tag{7.88}$$

其中，

$$\sin(\omega_0\tau_{\mathrm{sw}}/2)=\sin(\omega_0\tau_{\mathrm{sw}}/2)/(\omega_0\tau_{\mathrm{sw}}/2) \tag{7.89}$$

$$V_{\mathrm{sw},0}(t)=-\xi\frac{\alpha u_{\mathrm{M}}}{C_{\mathrm{p}}}\mathrm{e}^{-\mathrm{i}\omega_0\tau_{\mathrm{sw}}/2}\sin(\omega_0\tau_{\mathrm{sw}}/2)\cos(\omega_0 t+\varphi) \tag{7.90}$$

$$V_{\mathrm{sw},nl}(t)=-\xi\frac{\alpha u_{\mathrm{M}}}{C_{\mathrm{p}}}\mathrm{e}^{-\mathrm{i}\omega_0\tau_{\mathrm{sw}}/2}\sin(\omega_0\tau_{\mathrm{sw}}/2)\cos[(n\omega_{\mathrm{sw}}-\omega_0)t+\varphi] \tag{7.91}$$

$$V_{\mathrm{sw},nr}(t)=-\xi\frac{\alpha u_{\mathrm{M}}}{C_{\mathrm{p}}}\mathrm{e}^{-\mathrm{i}\omega_0\tau_{\mathrm{sw}}/2}\sin(\omega_0\tau_{\mathrm{sw}}/2)\cos[(n\omega_{\mathrm{sw}}+\omega_0)t+\varphi] \tag{7.92}$$

式（7.88）表明，开关切换电压包含无穷多个谐波分量。为了方便起见，$V_{\mathrm{sw},0}(t)$ 称为主分量，$V_{\mathrm{sw},nl}(t)$ 和 $V_{\mathrm{sw},nl}(t)(n=1,2\cdots)$ 定义为高阶分量。对于实际的系统，$V_{\mathrm{sw},nl}(t)$ 和 $V_{\mathrm{sw},nr}(t)$ 的频率有可能小于 $V_{\mathrm{sw},0}(t)$。控制力由压电元件中的切换电压产生，由于切换电压中含有高阶成分，因此切换电压会激起结构的高阶振动。但是通常情况下，由控制力激起的高阶振动要比由外部激励引起的基频振动小得多。

因此，下面的讨论中主要考虑主分量的影响。当 $\omega_{\mathrm{sw}}\neq 2\omega_0/(2i-1)$ 时，$\omega_{\mathrm{sw},0}(t)$ 仅包含频率 ω_0 的电压分量。将式（7.90）中的正弦电压与式（7.86）中的激励力和位移表示成复数形式，代入式（7.81）中，得以下表达式：

$$\left\{ \iota\left[\omega_0 C_{\rm p}+\beta\frac{\alpha^2}{C_{\rm p}}\sin(\bar{\varpi}/2)\sin(\bar{\varpi}/2)\right] + \left[K^E - M\omega_0^2+\frac{\alpha^2}{C_{\rm p}}+\beta\frac{\alpha}{C_{\rm p}}\cos(\bar{\varpi}/2)\sin(\bar{\varpi}/2)\right]\right\} u_{\rm M}{\rm e}^{{\rm i}\varphi}=F_{\rm eM} \tag{7.93}$$

从式（7.93）可以得到任意激励频率 ω_0 下的结构振动幅值和相位。式（7.93）表明切换电压不仅可以提高结构的阻尼，也可以提高结构刚度。

由于共振对结构的影响是主要的，下面只考虑激励频率 ω_0 等于结构共振频率时的振动控制效果，即结构发生共振时有如下关系式：

$$\omega_0=\omega_{\rm r},\quad K^E - M\omega_0^2+\alpha^2/C_{\rm p}=0 \tag{7.94}$$

振动幅值为

$$u_{\rm M}=\frac{F_{\rm eM}}{\sqrt{\left[\omega_{\rm r} C_{\rm P}+\beta\frac{\alpha^2}{C_{\rm p}}\sin(\bar{\varpi}/2)\sin(\bar{\varpi}/2)\right]^2+\left[\beta\frac{\alpha^2}{C_{\rm p}}\cos(\bar{\varpi}/2)\sin(\bar{\varpi}/2)\right]^2}} \tag{7.95}$$

定义归一化的位移为

$$\bar{u}_{\rm M}=u_{\rm M}/u_{\rm M0}=\frac{1}{\sqrt{[1+\xi K_{\rm s}Q_{\rm m}\sin(\bar{\varpi}/2)\sin(\bar{\varpi}/2)]^2+[\lambda K_{\rm s}Q_{\rm m}\cos(\bar{\varpi}/2)\sin(\bar{\varpi}/2)]^2}} \tag{7.96}$$

式（7.96）表明，控制效果主要取决于四个参数：结构耦合系数 K_s 、机械品质因子 $Q_{\rm m}$ 、系数 ξ 和开关切换周期 $\bar{\varpi}$ 。

当 $\omega_{\rm sw}=2\omega_{\rm e}/(2i-1)$ 时，在 $n=2i-1$ 的情况下， $V_{{\rm sw},nl}(t)$ 与 $V_{{\rm sw},0}(t)$ 有相同的频率。因此，频率为 ω_0 的电压分量中包含了 $V_{{\rm sw},0}(t)$ 和 $V_{{\rm sw},nl}(t)(n=2i-1)$ 的成分。采用与上面相同的方法，可以得到任意激励频率下的结构振动幅值。因此，在 $\bar{\varpi}=(2i-1)\pi$ 和 $\omega_0=\omega_{\rm r}$ 的情况下，归一化的位移幅值为

$$\bar{u}_{\rm M}=u_{\rm M}/u_{\rm M0}=\frac{1}{\sqrt{[1+2\xi KQ_{\rm m}\sin(\bar{\varpi}/2)\sin(\bar{\varpi}/2)]^2+[2\xi KQ_{\rm m}\cos(\bar{\varpi}/2)\sin(\bar{\varpi}/2)]^2}} \tag{7.97}$$

用分贝表示控制性能指标的定义如下：

$$A=-20\lg\bar{u}_{\rm M} \tag{7.98}$$

根据这个定义可知，指数越大，表示控制性能越好。根据式(7.96)可计算 $\bar{\varpi}\neq\pi$ 情况下的控制效果，根据式（7.97）可计算 $\bar{\varpi}=\pi$ 情况下的控制效果。 $K_{\rm s}Q_{\rm m}=0.1$ 和 $K_{\rm s}Q_{\rm m}=0.2$ 时，不同开关切换频率下的控制效果如图 7.8 所示。计算中压电元件的电容设为 59.4nF，其中图 7.8（a）为负电容 $C_{\rm n}=70{\rm nF}$ 的控制效果，图 7.8（b）

为负电容 $C_{\mathrm{n}}=65\mathrm{nF}$ 的控制效果。从图中可以看出，负电容的值与压电元件的固有电容值越接近，控制效果越好。结构耦合系数 K_{s} 和机械品质因子 Q_{m} 越高，控制效果越好。

这里将 SSDNC 在不同切换频率下的控制效果与 SSDI 进行比较。不同开关切换频率下 SSDI 的控制效果如第 5 章图 5.10 所示。随着切换周期 ϖ 减小，转换的能量减少，控制效果减弱，当 ϖ 接近为 0 时，转换的能量几乎为 0，没有控制效果。但是从图 7.8 可以看出，SSDNC 的控制效果比 SSDI 要好，且切换频率对控制效果的影响没有 SSDI 大，当 ϖ 降到 0 附近时，仍有一定的控制效果。从式(7.96)和式（7.97）可以看出，SSDNC 控制效果的产生主要是通过增加结构的阻尼和刚度。在 $\varpi=\pi$ 附近，阻尼效应比刚度效应影响更大。随着 ϖ 降低，逐渐减小为 0，刚度效应成为主要影响因素。由于 SSDI 只有阻尼效应，没有刚度效应，因此 SSDNC 在更宽的切换周期内 ϖ 比 SSDI 有更好的控制效果。

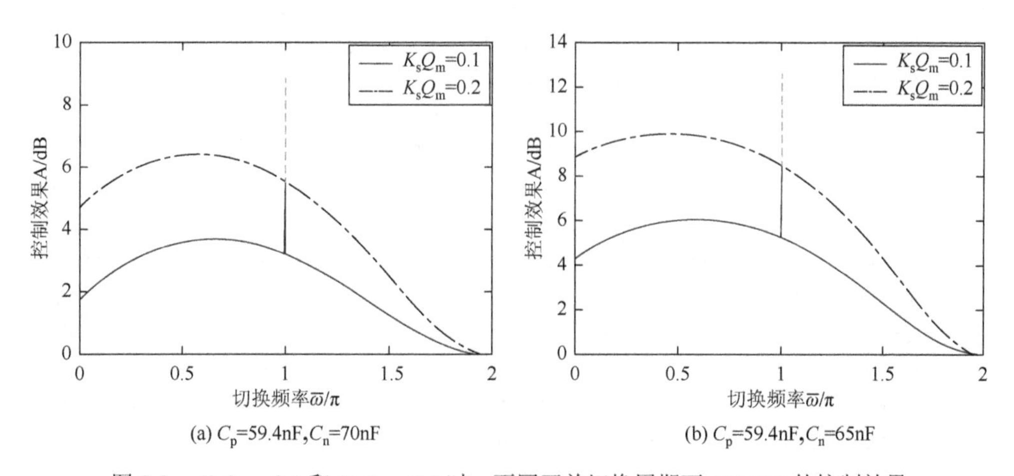

(a) C_p=59.4nF,C_n=70nF　(b) C_p=59.4nF,C_n=65nF

图 7.8　$K_{\mathrm{s}}Q_{\mathrm{m}}=0.1$ 和 $K_{\mathrm{s}}Q_{\mathrm{m}}=0.2$ 时，不同开关切换周期下 SSDNC 的控制效果

7.4　参 考 文 献

[1] 程军. 压电智能结构的减振技术研究. 南京：南京航空航天大学硕士学位论文，2010.

[2] Forward R L. Electromechanical transducer-coupled mechanical structure with negative capacitance compensation circuit：US，4158787，1979-06-19.

[3] Behrens S，Fleming A J，Moheimani S O R. A broadband controller for piezoelectric shunt damping of structural vibration. Smart Materials and Structures，2003，12（1）：18-28.

[4] Marneffe B De，Preumont A. Vibration damping with negative capacitance shunts：Theory and experiment. Smart Materials and Structures，2008，17（3）：4006-4032.

[5] Park C H，Baz A. Vibration control of beams with negative capacitive shunting of interdigital electrode piezoceramics. Journal of Vibration and Control，2005，11（3）：331-346.

[6] Park C H，Park H C. Multiple-mode structural vibration control using negative capacitive shunt damping. KSME International Journal，2003，17（11）：1650-1658.

[7] Cheng J，Ji H L，Qiu J H，et al. Semi-active vibration suppression by a novel synchronized switch circuit with negative capacitance. International Journal of Applied Electromagnetics and Mechanics，2011，37（4）：291-308.

[8] Badel A，Sebald G，Guyomar D，et al. Piezoelectric vibration control by synchronzied switching on adaptive voltage sources：Towards wideband semi-actvie damping. The Journal of the Acoustical Society of America，2006，119（5）：2815-2825.

[9] Ji H L，Qiu J H，Badel A，et al. Semi-active vibration control of a composite beam by adaptive synchronized switching on voltage sources based on LMS algorithm. Journal of Intelligent Material Systems and Structures，2009，20（8）：939-947.

[10] Ji H L，Qiu J H，Badel A，et al. Semi-active vibration control of a composite beam using adaptive SSDV approach. Journal of Intelligent Material Systems and Structures，2009，20（3）：401-412.

[11] Ji H L，Qiu J H，Xia P Q. Semi-Active vibration control based on switched piezoelectric transducers//Lallart M. Vibration Control. Rijeka：In Tech，2010：235-264.

[12] Richard C，Guyomar D，Audigier D，et al. Enhanced semi-passive damping using continuous switching of a piezoelectric device on an inductor. Proceedings of the SPIE International Symposium on Smart Structures and Materials：Damping and Isolation，2000，3989：288-299.

[13] Makihara K，Onoda J，Minesugi K. Low-energy-consumption hybrid vibration suppression based on an energy-recycling approach. AIAA Journal，2005，43（8）：1706-1715.

[14] Ji H L，Qiu J H，Cheng J，et al. Application of a negative capacitance circuit in synchronized switch damping techniques for vibration suppression. Journal of Vibration and Acoustics，2011，133（4）：041015-1～041015-10.

[15] Guyomar D，Badel A. Nonlinear semi-passive multi-modal vibration damping：An efficient probabilistic approach. Journal of Sound and Vibration，2006，294（1-2）：249-268.

[16] Guyomar D，Lallart M. Switching loss reduction in nonlinear piezoelectric conversion under pulsed loading. IEEE Transactions on Ultrasonics，Ferroelectrics，and Frequency Control，2011，58（3）：494-502.

[17] Ji H L，Qiu J H，Badel A，et al. Multimodal vibration control using a synchronized switch based on a displacement switching threshold. Smart Materials and Structures，2009，18（3）：1-8.

[18] Ji H L，Qiu J H，Guyomar D. The influences of switching phase and frequency of voltage on piezoelectric actuator upon vibration damping effect. Smart Materials and Structures，2010，20（1）：1-16.

[19] Ji H L，Qiu J H，Xia P Q. Analysis of energy conversion in two-mode vibration control using synchronized switch damping approach. Journal of Sound and Vibration，2011，330（15）：3539-3560.

[20] Makihara K，Onoda J，Minesugi K. Comprehensive assessment of semi-active vibration suppression including energy analysis. Journal of Vibration and Acoustics，2007，129（1）：84-93.

[21] Qiu J H，Ji H L. Research on applications of piezoelectric materials in smart structures. Frontiers of Mechanical Engineering，2011，6（1）：99-117.

[22] 赵永春. 基于压电材料的悬臂梁振动半主动控制研究. 南京：南京航空航天大学硕士学位论文，2009.

[23] 郑君里，杨为理，应启珩. 信号与系统——上下册. 2 版. 北京：高等教育出版社，2000.

第 8 章　非对称同步开关阻尼半主动振动控制方法

传统的同步开关阻尼半主动振动控制系统中，压电元件两端电压都是对称翻转的，即压电元件工作过程中最大正电压和最大负电压相等。但对于工作电压范围非对称的压电材料，如 MFC（micro-fiber composite），其工作电压范围为–500～+1500V[1-3]，如果仍然使用传统的半主动控制方法，其使用效率势必较低。因此在利用 MFC 对结构进行振动控制前，需要设计电压非对称翻转的同步开关阻尼技术。本章将介绍一种非对称的同步开关阻尼半主动振动控制方法。

8.1　非对称半主动振动控制电路[4]

非对称同步开关阻尼半主动振动控制电路如图 8.1 所示。在传统 SSDV 电路的基础上，在压电元件两端并联一个无极性的非对称旁路电容 C_b 和二极管 D3 串联的电路，同时在二极管两端并联一个开关 SW3。在控制过程中，对压电元件两端电压进行检测，进而产生非对称开关控制信号来控制开关 SW3 的通断，即可实现非对称控制电压。根据二极管 D3 的方向和控制策略的不同，可实现不同的非对称切换电压的要求。

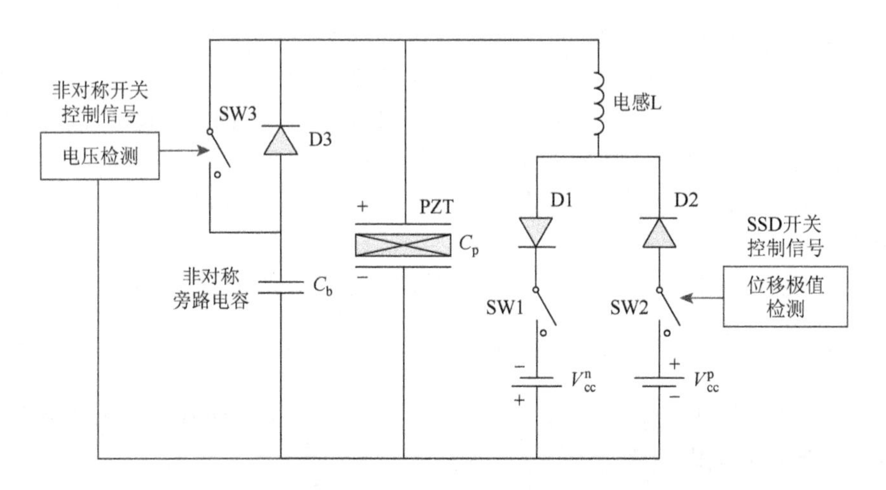

图 8.1　非对称同步开关阻尼半主动振动控制电路图

8.2　非对称半主动振动控制原理

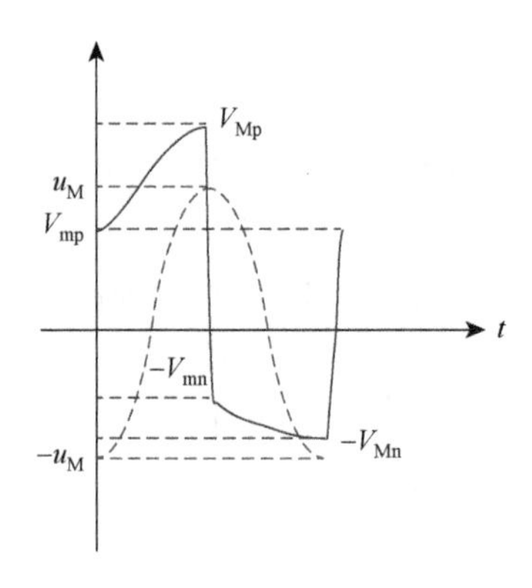

图 8.2　非对称同步开关阻尼半主动振动控制的电压和位移

图 8.2 为控制过程中一个周期内压电元件两端电压和结构振动位移。V_{mp} 为压电元件上的电压从负值翻转到正值时的初始值，V_{Mp} 为压电元件上的电压从正值翻转到负值之前的电压值，V_{mn} 为电压从正值翻转到负值时的初始值的绝对值，V_{Mn} 则为反向电压翻转到正向电压之前的电压值的绝对值，u_{M} 为位移极值。假设结构受到谐波激励时，其位移响应为

$$u = -u_{\mathrm{M}} \cos(\omega_{\mathrm{m}} \mathrm{t}) \tag{8.1}$$

式中，ω_{m} 为结构振动的角频率。一个振动周期内，非对称同步开关阻尼技术可分为六个工作阶段。

8.2.1　控制过程中的电压变化

如图 8.1 所示的原理图中，为了实现传统的 SSD 电路的通断，将二极管 D1、D2 和开关 SW1、SW2 组合使用。为了分析方便，此处将其统一简化为图 8.3 中的开关 SW，而外加电压源也统一使用 V_{cc} 表示，不分极性。

1）阶段一

阶段一：结构位移从最小值变化至最大值。

在此过程中，控制系统中的开关 SW 和 SW3 均处于断开状态。由于压电元件的正压电效应，电压从 V_{mp} 随着结构位移增加而增大至正向最大值 V_{Mp}，SSD 回路中电流为零，如图 8.3 所示。由于二极管的反向截止作用，非对称支路中电流为零，非对称旁路电容不参与工作。图 8.3 为阶段一压电元件电压变化曲线和结构位移曲线。

由于 SSD 回路中电流 $I=0$，压电元件两端电压表达式如下：

$$V_{\mathrm{a}} = V_{\mathrm{mp}} + \alpha u_{\mathrm{M}}[1+\sin(\omega_{\mathrm{m}} t - \pi/2)]/C_{\mathrm{p}}, \quad 0 \leqslant t \leqslant \pi/\omega_{\mathrm{m}} \tag{8.2}$$

式中，ω_{m} 为结构振动的角频率。当结构振动半个周期后，位移达到正向最大值，此时压电元件两端电压值为

$$V_{\mathrm{Mp}} = V_{\mathrm{mp}} + 2\alpha u_{\mathrm{M}} / C_{\mathrm{p}} \tag{8.3}$$

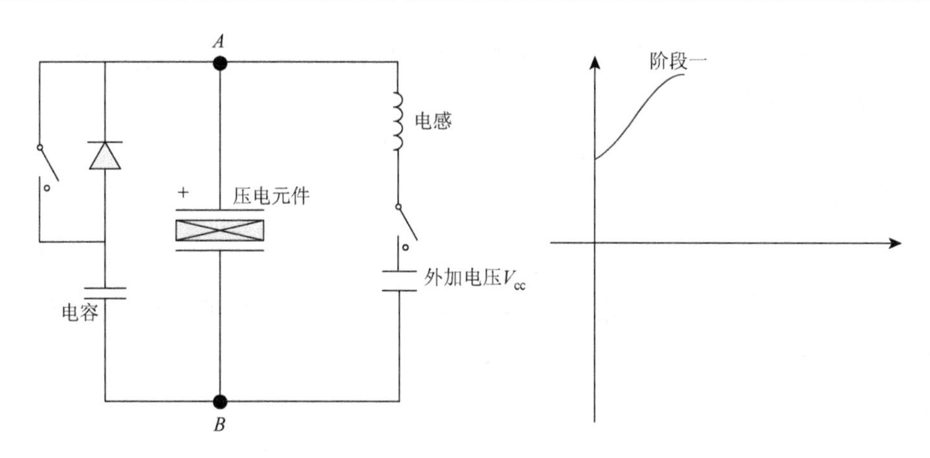

图 8.3　阶段一的开关状态及电压变化曲线

2）阶段二

阶段二：结构位移最大值处电压翻转，旁路电容不工作。

当结构位移达到正向最大值时，闭合 SSD 回路开关 SW，此时压电元件等效电容 C_p 与电感 L 构成 LC 谐振回路，电压开始翻转，电路中电流方向如图 8.4 所示。而由于二极管的截止作用，非对称回路中电流仍然为零，旁路电容不工作。

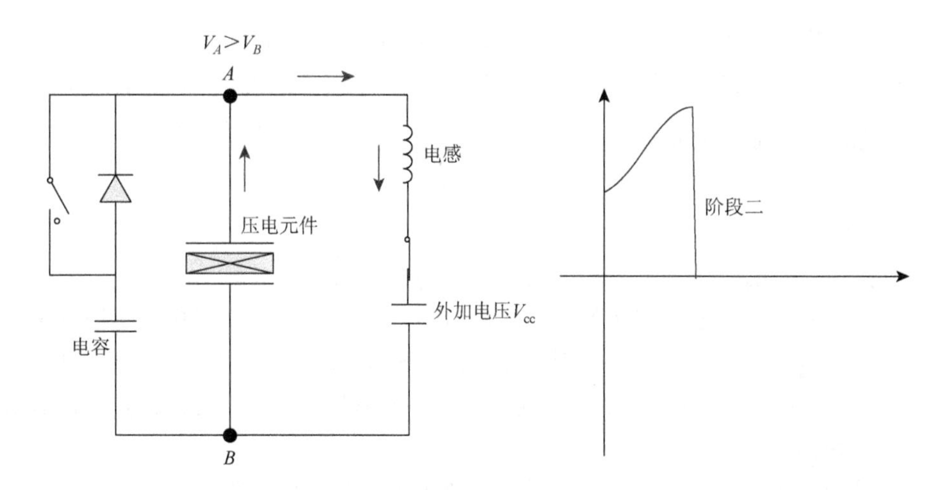

图 8.4　阶段二的开关状态及电压变化曲线

在 SSD 控制中，LC 谐振电路的频率 ω_e 要比结构机械振动的频率 ω_m 大得多，因此在位移极值处，压电元件上电压满足方程：

$$LC_p\ddot{V}_a + RC_p\dot{V}_a + V_a + V_{cc}^n = 0 \tag{8.4}$$

式中，L 为电感值；C_p 为压电元件等效电容；R 为回路中的内阻；V_{cc}^n 为负电压源电压。初始条件为

$$V_a(0)=V_{Mp},\quad \dot{V}_a(0)=0 \tag{8.5}$$

通过推导计算，压电元件电压为

$$V_a(t)=(V_{Mp}+V_{cc}^n)e^{-\frac{\omega_e}{2Q_e}t}\cos\sqrt{1-\varsigma_e^2}\omega_e t-V_{cc}^n,\quad 0\leqslant\omega_e t\leqslant\pi/2 \tag{8.6}$$

式中，$\omega_e=1/\sqrt{LC}$ 为谐振回路的角频率；$Q_e=\sqrt{L/C_p}/R$ 为谐振回路的品质因子，主要由电感和回路的内阻决定；$\varsigma_e=1/(2Q_e)$ 为谐振回路的阻尼比。回路中电流大小为

$$\begin{aligned}I(t)=C_p\dot{V}_a=&-C_p\frac{\omega_e}{2Q_e}(V_{Mp}+V_{cc}^n)e^{-\frac{\omega_e}{2Q_e}t}\cos(\sqrt{1-\varsigma_e^2}\omega_e t)\\&-C_p\sqrt{1-\varsigma_e^2}\omega_e(V_{Mp}+V_{cc}^n)e^{-\frac{\omega_e}{2Q_e}t}\sin(\sqrt{1-\varsigma_e^2}\omega_e t)\end{aligned} \tag{8.7}$$

谐振回路的阻尼比 $\varsigma_e\ll1$，并且可以认为 $\sqrt{1-\varsigma_e^2}\approx1$。阶段二与阶段三的分界处压电元件电压 $V_a=0$，如果电压源电压 $V_{cc}^n=0$，则在边界处 $t_{2,3}=\pi/(2\omega_e)$，此时有

$$V_a=0,\quad I=-C_pV_{Mp}\gamma^{1/2}\omega_e \tag{8.8}$$

如果电压源电压 $V_{cc}^n\neq0$，此时 $t_{2,3}<\pi/(2\omega_e)$，时间 $t_{2,3}$ 的表达式较复杂，但由于电压源电压 $V_{cc}^n\ll V_{Mp}$，因此可做简化处理，认为 $t_{2,3}=\pi/(2\omega_e)$。此时边界处压电元件电压和电流值分别为

$$V_a=-V_{cc}^n,\quad I=-C_p(V_{Mp}+V_{cc}^n)\gamma^{1/2}\omega_e \tag{8.9}$$

3）阶段三

阶段三：结构位移最大值处电压翻转，旁路电容工作。

当压电元件两端电压翻转为负值时，由于 $V_A<V_B$，非对称回路中二极管正向导通，旁路电容开始工作，电路中电流方向如图 8.5 所示。此时 SSD 开关继续保持闭合，非对称开关 SW3 保持断开状态。旁路电容与压电元件并联，共同构成新的 LC 谐振回路。

二极管正向导通，压降近似为零，旁路电容两端电压与压电元件两端电压近似相等，压电元件上电压满足方程：

$$L(C_p+C_b)\ddot{V}_a+R'(C_p+C_b)\dot{V}_a+V_a+V_{cc}^n=0 \tag{8.10}$$

压电元件电压可以表示成如下形式：

$$V_a'(t')=(V_{Mp}'+V_{cc}')e^{-\frac{\omega_e'}{2Q_e'}t'}\cos\sqrt{1-\varsigma_e'^2}\omega_e't'-V_{cc}^n,\quad \pi/2\leqslant\omega_e't'\leqslant\pi \tag{8.11}$$

式中，压电元件两端电压用 V_a' 表示；$\omega_e' = 1/\sqrt{L(C_p + C_b)}$ 为旁路电容 C_b 参与构成的 LC 谐振回路角频率；$Q_e' = \sqrt{L/(C_p + C_b)}/R'$ 为谐振回路的品质因子；$\varsigma_e' = 1/(2Q_e')$ 为谐振回路的阻尼比。利用阶段二与阶段三的分界处条件，即式（8.8）与式（8.9），可以推导出如下关系：

$$\begin{aligned} V_{Mp}' + V_{cc}' &= \frac{C_p}{C_p + C_b}\left(\frac{\gamma}{\gamma'}\right)^{1/2}\frac{\omega_e}{\omega_e'}(V_{Mp} + V_{cc}^n) \\ &= \left(\frac{C_p}{C_p + C_b}\right)^{1/2}\left(\frac{\gamma}{\gamma'}\right)^{1/2}(V_{Mp} + V_{cc}^n) \end{aligned} \tag{8.12}$$

式中，$\gamma' = e^{-\pi/2Q_e'}$ 为旁路电容参与的谐振回路电压翻转因子。

阶段三结束时，回路中的电流为零，压电元件两端电压为 $-V_{mn}$，其理论值为

$$\begin{aligned} V_{mn} &= \gamma'\left(\frac{C_p}{C_p + C_b}\right)^{1/2}\left(\frac{\gamma}{\gamma'}\right)^{1/2}(V_{Mp} + V_{cc}^n) + V_{cc}^n \\ &= \left(\frac{C_p}{C_p + C_b}\right)^{1/2}(\gamma\gamma')^{1/2}V_{Mp} + \left[1 + \left(\frac{C_p}{C_p + C_b}\right)^{1/2}(\gamma\gamma')^{1/2}\right]V_{cc}^n \end{aligned} \tag{8.13}$$

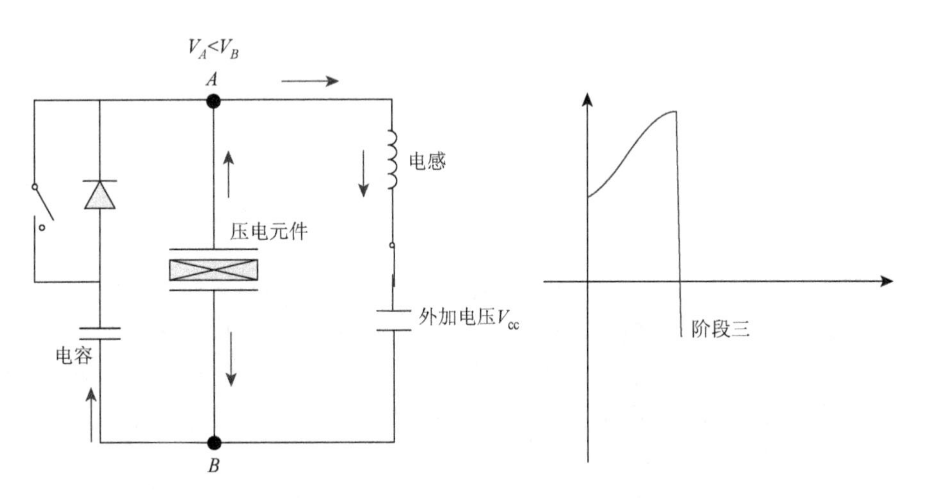

图 8.5　阶段三的开关状态及电压变化曲线

4）阶段四

阶段四：结构位移从最大值变化至最小值的过程。

在此过程中，控制系统中开关 SW 和 SW3 均处于断开状态，压电元件两端电压从 $-V_{mn}$ 随着结构位移增加而减小至反向极值 $-V_{Mn}$，SSD 回路中电流为零，非对

称回路中二极管处于正向导通状态，非对称旁路电容参与工作，压电元件中由结构应变产生的电荷将会对旁路电容进行充电。图 8.6 给出了阶段四的压电元件电压变化曲线。

非对称旁路电容两端电压与压电元件两端电压相等，SSD 回路中 $I=0$，可以得到

$$V_{\mathrm{a}}=-V_{\mathrm{mn}}-\alpha u_{\mathrm{M}}[1+\sin(\omega_{\mathrm{m}}t-\pi/2)]/(C_{\mathrm{p}}+C_{\mathrm{b}}),\quad 0\leqslant t\leqslant\pi/\omega_{\mathrm{m}} \tag{8.14}$$

当结构振动半个周期，位移达到最小值时，压电元件两端电压达到最小值：

$$V_{\mathrm{Mn}}=V_{\mathrm{mn}}+2\alpha u_{\mathrm{M}}/(C_{\mathrm{p}}+C_{\mathrm{b}}) \tag{8.15}$$

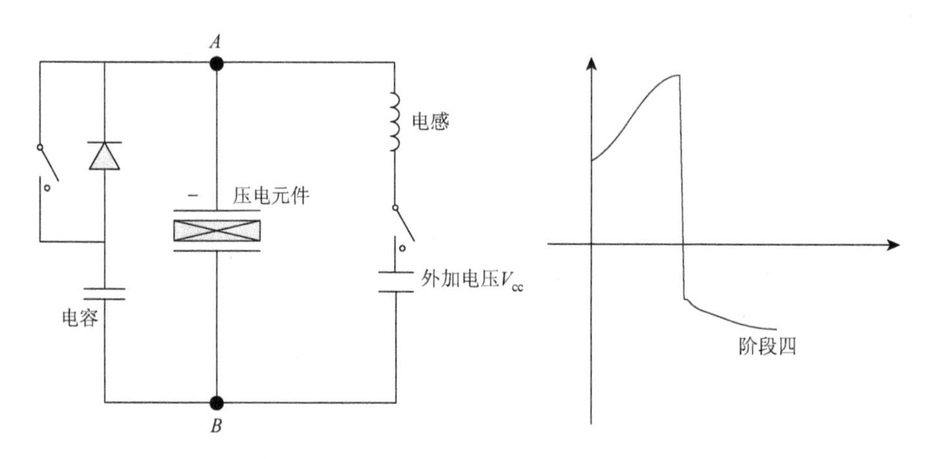

图 8.6　阶段四的开关状态及电压变化曲线

5）阶段五

阶段五：结构位移最小值处电压翻转，旁路电容不参与工作。

当结构位移达到最小值时，SSD 回路的开关 SW 闭合，同时闭合开关 SW3，此时旁路电容不受二极管的反向截止作用影响，继续与压电元件并联构成 LC 谐振回路，电压开始翻转。压电元件电压从 V_{Mn} 翻转至零。电路中的电流方向以及电压变化曲线如图 8.7 所示。

压电元件两端电压满足：

$$L(C_{\mathrm{p}}+C_{\mathrm{b}})\ddot{V}_{\mathrm{a}}+R(C_{\mathrm{p}}+C_{\mathrm{b}})\dot{V}_{\mathrm{a}}+V_{\mathrm{a}}+V_{\mathrm{cc}}^{\mathrm{p}}=0 \tag{8.16}$$

式中，$V_{\mathrm{cc}}^{\mathrm{p}}$ 为正向电压源电压。初始值为

$$V_{\mathrm{a}}(0)=-V_{\mathrm{Mn}},\quad \dot{V}_{\mathrm{a}}(0)=0 \tag{8.17}$$

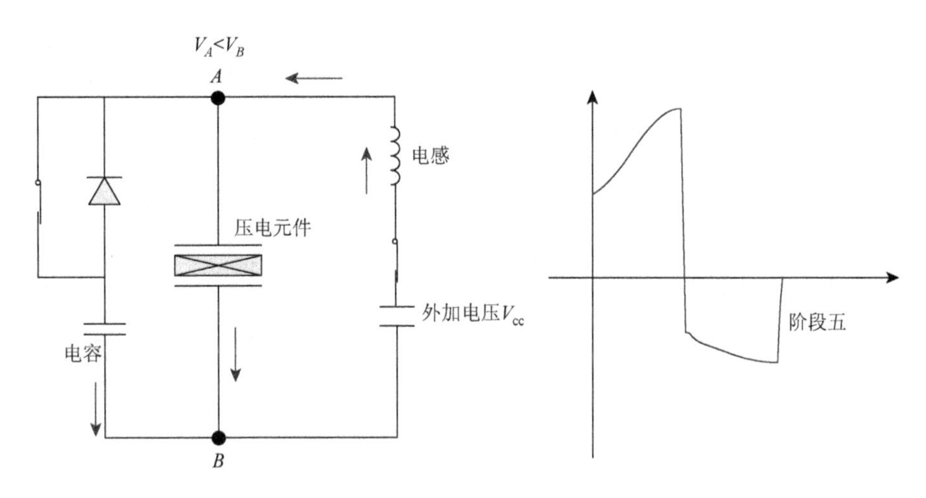

图 8.7 阶段五的开关状态及电压变化曲线

压电元件电压表达式为

$$V_a'(t') = -(V_{Mn} + V_{cc}^p)e^{-\frac{\omega_e'}{2Q_e'}t'}\cos\sqrt{1-\varsigma_e'^2}\,\omega_e't' + V_{cc}^p, \quad 0 \leqslant \omega_e't' \leqslant \pi/2 \tag{8.18}$$

如果电压源 $V_{cc}^p = 0$，则在阶段五结束时，$t_{5,6} = \pi/(2\omega_e')$，此时电压和电流大小分别为

$$V_a = 0, \quad I = -(C_p + C_b)(V_{Mp} + V_{cc}^p)\gamma'^{1/2}\omega' V_{Mn} \tag{8.19}$$

如果 $V_{cc}^p > 0$，则 $t_{5,6} < \pi/(2\omega_e')$，时间 $t_{5,6}$ 的表达式较复杂，因此与阶段二一样做简化处理，认为 $t_{5,6} = \pi/(2\omega_e')$。此时边界处压电元件的电压和电流值分别为

$$V_a = V_{cc}, \quad I = -(C_p + C_b)(V_{Mp} + V_{cc}^p)\gamma'^{1/2}\omega' V_{Mn} \tag{8.20}$$

6）阶段六

阶段六：结构位移最小值处电压翻转，旁路电容不工作。

阶段六结构位移仍处于最小值处，此时 SSD 开关 SW 继续保持闭合状态，而非对称开关 SW3 断开，由于 $V_A > V_B$，二极管反向截止，旁路电容不再工作，而 SSD 回路继续完成电压翻转，电流方向如图 8.8 所示。

该阶段压电元件满足方程：

$$LC_p\ddot{V}_a + RC_p\dot{V}_a + V_a + V_{cc}^p = 0 \tag{8.21}$$

压电元件电压可以表示成如下形式：

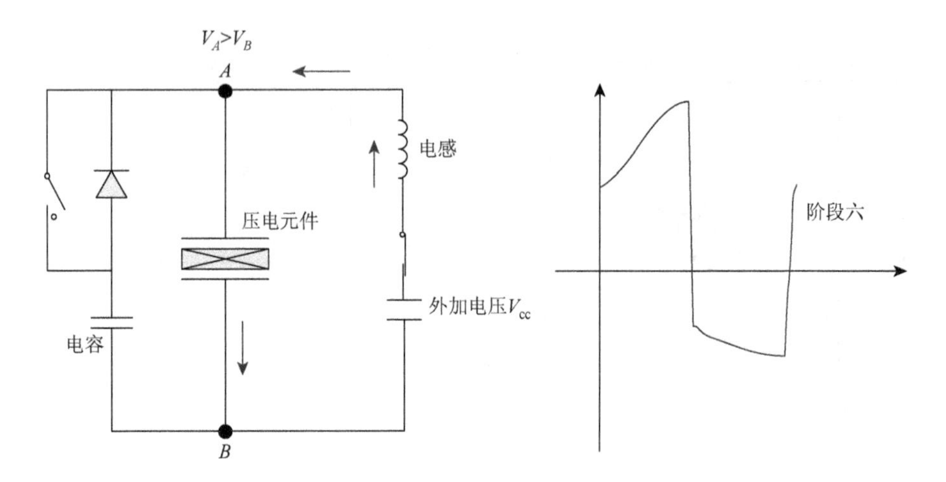

图 8.8　阶段六的开关状态及电压变化曲线

$$V_{\mathrm{a}}'(t)=-(V_{\mathrm{Mn}}'+V_{\mathrm{cc}}')\mathrm{e}^{-\frac{\omega_{\mathrm{e}}}{2Q_{\mathrm{e}}}t}\cos\sqrt{1-\varsigma_{\mathrm{e}}^{2}}\,\omega_{\mathrm{e}}t+V_{\mathrm{cc}}^{\mathrm{p}},\quad \pi/2\leqslant\omega_{\mathrm{e}}'t'\leqslant\pi \tag{8.22}$$

利用阶段五与阶段六的分界处条件，可以推导出如下关系式：

$$\begin{aligned}V_{\mathrm{Mn}}'+V_{\mathrm{cc}}'&=\frac{C_{\mathrm{p}}+C_{\mathrm{b}}}{C_{\mathrm{p}}}\left(\frac{\gamma'}{\gamma}\right)^{1/2}\frac{\omega_{\mathrm{e}}'}{\omega_{\mathrm{e}}}(V_{\mathrm{Mn}}+V_{\mathrm{cc}}^{\mathrm{p}})\\&=\left(\frac{C_{\mathrm{p}}+C_{\mathrm{b}}}{C_{\mathrm{p}}}\right)^{1/2}\left(\frac{\gamma'}{\gamma}\right)^{1/2}(V_{\mathrm{Mn}}+V_{\mathrm{cc}}^{\mathrm{p}})\end{aligned} \tag{8.23}$$

当阶段六结束时，即为阶段一的初始状态，此时回路中电流为零，压电元件电压变为 V_{Mp}，且有

$$\begin{aligned}V_{\mathrm{Mp}}&=\gamma\left(\frac{C_{\mathrm{p}}+C_{\mathrm{b}}}{C_{\mathrm{p}}}\right)^{1/2}\left(\frac{\gamma'}{\gamma}\right)^{1/2}(V_{\mathrm{Mn}}+V_{\mathrm{cc}}^{\mathrm{p}})+V_{\mathrm{cc}}^{\mathrm{p}}\\&=\left(\frac{C_{\mathrm{p}}+C_{\mathrm{b}}}{C_{\mathrm{p}}}\right)^{1/2}(\gamma\gamma')^{1/2}V_{\mathrm{Mn}}+\left[1+\left(\frac{C_{\mathrm{p}}+C_{\mathrm{b}}}{C_{\mathrm{p}}}\right)^{1/2}(\gamma\gamma')^{1/2}\right]V_{\mathrm{cc}}^{\mathrm{p}}\end{aligned} \tag{8.24}$$

8.2.2　电压非对称比例系数

将式（8.13）、式（8.15）、式（8.24）代入式（8.3）可以得到：

$$
\begin{aligned}
V_{\mathrm{Mp}} &= V_{\mathrm{mp}} + 2\alpha u_M / C_{\mathrm{p}} \\
&= \left(\frac{C_{\mathrm{p}}+C_{\mathrm{b}}}{C_{\mathrm{p}}}\right)^{\frac{1}{2}} (\gamma\gamma')^{\frac{1}{2}} V_{\mathrm{Mn}} + \left[1+\left(\frac{C_{\mathrm{p}}+C_{\mathrm{b}}}{C_{\mathrm{p}}}\right)^{\frac{1}{2}} (\gamma\gamma')^{\frac{1}{2}}\right] V_{\mathrm{cc}}^{\mathrm{p}} + \frac{2\alpha u_{\mathrm{M}}}{C_{\mathrm{p}}} \\
&= \left(\frac{C_{\mathrm{p}}+C_{\mathrm{b}}}{C_{\mathrm{p}}}\right)^{\frac{1}{2}} (\gamma\gamma')^{\frac{1}{2}} \left(V_{\mathrm{mn}} + \frac{2\alpha u_M}{C_{\mathrm{p}}+C_{\mathrm{b}}}\right) + \left[1+\left(\frac{C_{\mathrm{p}}+C_{\mathrm{b}}}{C_{\mathrm{p}}}\right)^{\frac{1}{2}} (\gamma\gamma')^{\frac{1}{2}}\right] V_{\mathrm{cc}}^{\mathrm{p}} + \frac{2\alpha u_{\mathrm{M}}}{C_{\mathrm{p}}} \\
&= \left(\frac{C_{\mathrm{p}}+C_{\mathrm{b}}}{C_{\mathrm{p}}}\right)^{\frac{1}{2}} (\gamma\gamma')^{\frac{1}{2}} \left\{\left(\frac{C_{\mathrm{p}}}{C_{\mathrm{p}}+C_{\mathrm{b}}}\right)^{\frac{1}{2}} (\gamma\gamma')^{\frac{1}{2}} V_{\mathrm{Mp}} + \left[1+\left(\frac{C_{\mathrm{p}}}{C_{\mathrm{p}}+C_{\mathrm{b}}}\right)^{\frac{1}{2}} (\gamma\gamma')^{\frac{1}{2}}\right] V_{\mathrm{cc}}^{\mathrm{n}} \right. \\
&\quad \left. + \frac{2\alpha u_M}{C_{\mathrm{p}}+C_{\mathrm{b}}}\right\} + \left[1+\left(\frac{C_{\mathrm{p}}+C_{\mathrm{b}}}{C_{\mathrm{p}}}\right)^{\frac{1}{2}} (\gamma\gamma')^{\frac{1}{2}}\right] V_{\mathrm{cc}}^{\mathrm{p}} + \frac{2\alpha u_{\mathrm{M}}}{C_{\mathrm{p}}} \\
&= \gamma\gamma' V_{\mathrm{Mp}} + \left[1+\left(\frac{C_{\mathrm{p}}}{C_{\mathrm{p}}+C_{\mathrm{b}}}\right)^{\frac{1}{2}} (\gamma\gamma')^{\frac{1}{2}}\right] \frac{2\alpha u_{\mathrm{M}}}{C_{\mathrm{p}}} + \left[\left(\frac{C_{\mathrm{p}}+C_{\mathrm{b}}}{C_{\mathrm{p}}}\right)^{\frac{1}{2}} + (\gamma\gamma')^{\frac{1}{2}}\right] (\gamma\gamma')^{\frac{1}{2}} V_{\mathrm{cc}}^{\mathrm{n}} \\
&\quad + \left[1+\left(\frac{C_{\mathrm{p}}+C_{\mathrm{b}}}{C_{\mathrm{p}}}\right)^{1/2} (\gamma\gamma')^{1/2}\right] V_{\mathrm{cc}}^{\mathrm{p}}
\end{aligned}
\tag{8.25}
$$

求解式（8.25）可得到正向电压最大值 V_{Mp} 为

$$
\begin{aligned}
V_{\mathrm{Mp}} &= \frac{1}{1-\gamma\gamma'}\left[1+\left(\frac{C_{\mathrm{p}}}{C_{\mathrm{p}}+C_{\mathrm{b}}}\right)^{1/2} (\gamma\gamma')^{1/2}\right] \frac{2\alpha u_{\mathrm{M}}}{C_{\mathrm{p}}} \\
&\quad + \frac{1}{1-\gamma\gamma'}\left[\left(\frac{C_{\mathrm{p}}+C_{\mathrm{b}}}{C_{\mathrm{p}}}\right)^{1/2} + (\gamma\gamma')^{1/2}\right] (\gamma\gamma')^{1/2} V_{\mathrm{cc}}^{\mathrm{n}} \\
&\quad + \frac{1}{1-\gamma\gamma'}\left[1+\left(\frac{C_{\mathrm{p}}+C_{\mathrm{b}}}{C_{\mathrm{p}}}\right)^{1/2} (\gamma\gamma')^{1/2}\right] V_{\mathrm{cc}}^{\mathrm{p}}
\end{aligned}
\tag{8.26}
$$

同样可以得到反向电压最大值 V_{Mn} 为

$$
\begin{aligned}
V_{\mathrm{Mn}} &= \frac{1}{1-\gamma\gamma'}\left[1+\left(\frac{C_{\mathrm{p}}+C_{\mathrm{b}}}{C_{\mathrm{p}}}\right)^{1/2} (\gamma\gamma')^{1/2}\right] \frac{2\alpha u_{\mathrm{M}}}{C_{\mathrm{p}}+C_{\mathrm{b}}} \\
&\quad + \frac{1}{1-\gamma\gamma'}\left[1+\left(\frac{C_{\mathrm{p}}}{C_{\mathrm{p}}+C_{\mathrm{b}}}\right)^{1/2} (\gamma\gamma')^{1/2}\right] V_{\mathrm{cc}}^{\mathrm{n}}
\end{aligned}
\tag{8.27}
$$

$$+\frac{1}{1-\gamma\gamma'}\left[\left(\frac{C_p}{C_p+C_b}\right)^{1/2}+(\gamma\gamma')^{1/2}\right](\gamma\gamma')^{1/2}V_{cc}^{p}$$

SSD 控制效果主要取决于开关切换电压V_{sw}^{p}与V_{sw}^{n}，通过计算得到正向和反向开关切换电压分别为

$$\begin{aligned}V_{sw}^{p}&=(V_{Mp}+V_{mp})/2=V_{Mp}-\alpha u_M/C_p\\&=\frac{1}{1-\gamma\gamma'}\left[1+2\left(\frac{C_p}{C_p+C_b}\right)^{1/2}(\gamma\gamma')^{1/2}+\gamma\gamma'\right]\frac{\alpha u_M}{C_p}\\&\quad+\frac{1}{1-\gamma\gamma'}\left[\left(\frac{C_p+C_b}{C_p}\right)^{1/2}+(\gamma\gamma')^{1/2}\right](\gamma\gamma')^{1/2}V_{cc}^{n}\\&\quad+\frac{1}{1-\gamma\gamma'}\left[1+\left(\frac{C_p+C_b}{C_p}\right)^{1/2}(\gamma\gamma')^{1/2}\right]V_{cc}^{p}\end{aligned}\tag{8.28}$$

$$\begin{aligned}V_{sw}^{n}&=(V_{Mn}+V_{mn})/2\\&=V_{Mn}-\alpha u_M/(C_p+C_b)\\&=\frac{1}{1-\gamma\gamma'}\left[1+2\left(\frac{C_p+C_b}{C_p}\right)^{1/2}(\gamma\gamma')^{1/2}+\gamma\gamma'\right]\frac{\alpha u_M}{C_p+C_b}\\&\quad+\frac{1}{1-\gamma\gamma'}\left[1+\left(\frac{C_p}{C_p+C_b}\right)^{1/2}(\gamma\gamma')^{1/2}\right]V_{cc}^{n}\\&\quad+\frac{1}{1-\gamma\gamma'}\left[\left(\frac{C_p}{C_p+C_b}\right)^{1/2}+(\gamma\gamma')^{1/2}\right](\gamma\gamma')^{1/2}V_{cc}^{p}\end{aligned}\tag{8.29}$$

定义电压非对称比例系数：

$$\beta=V_{sw}^{p}/V_{sw}^{n}\tag{8.30}$$

从式（8.28）、式（8.29）和式（8.30）可以得出，电压非对称比例系数主要由并联的非对称旁路电容C_b决定。如果$C_b=0$，则电压翻转因子$\gamma'=\gamma$。

8.3　非对称同步开关阻尼半主动振动控制实验验证[4]

8.3.1　控制电压

MFC 压电材料的有效电压范围为−500～1500V。在实验中采用高压二极管和

场效应晶体管开关，以及非对称开关切换电路，实现 MFC 的非对称高压驱动。将 MFC 驱动器粘贴在梁上，将梁完全夹住。为了减小漏电流的影响，在压电元件两端并联了 1.4μF 的电容；为了实现非对称电压切换，并联了 10μF 的旁路电容，通过调整电压源的大小，可以获得不同的 MFC 驱动电压。当电压源的输出电压为 130V 时，MFC 产生的驱动电压如图 8.9 所示，最大正电压为 1150V，最大负电压绝对值为 410V，正负电压绝对值之比为 2.8。

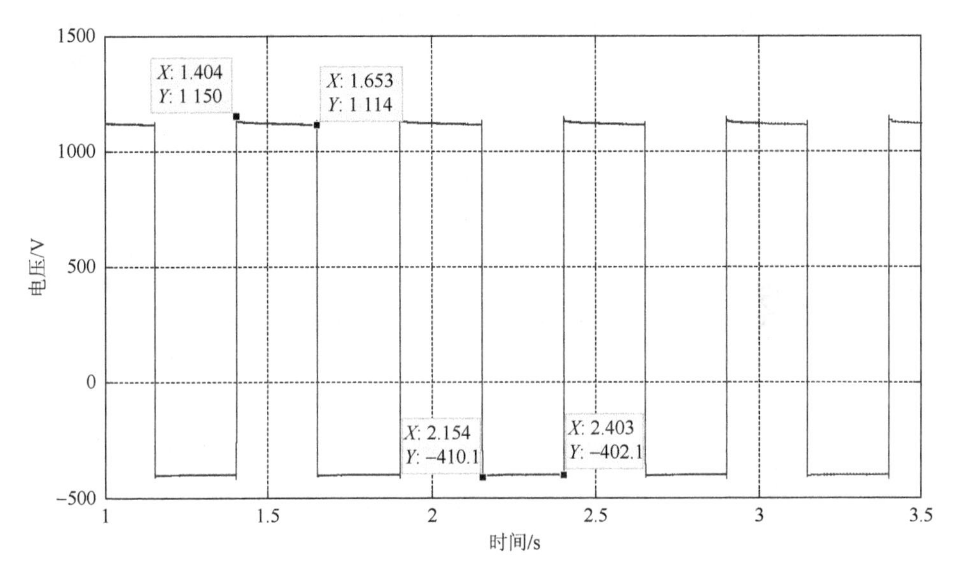

图 8.9　非对称开关切换下 MFC 产生的驱动电压

为了验证旁路电容与电压非对称比例的关系，设定电压源 V_{cc} 为 5V，旁路电容从 0μF 变化到 8μF，间隔为 1μF，图 8.10 为不同旁路电容下正负最大电压绝对

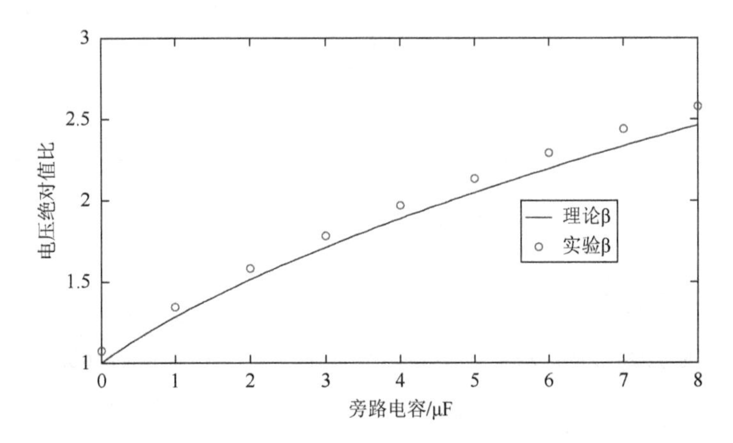

图 8.10　不同旁路电容下正负最大切换电压绝对值之比

值之比。从图中可见，理论和实验结果具有相同的趋势。这也进一步证明了电压非对称比例系数主要由并联的非对称旁路电容决定。

8.3.2　控制效果

搭建如图 8.11 所示的柔性悬臂梁结构，其材料为铝，在其根部粘贴两片 MFC 作为驱动器。利用激光位移传感器采集柔性梁的振动幅值信号，输入 dSPACE 中产生 SSD 开关切换信号。表 8.1 为柔性梁结构的相关参数。实验中选用美国 Smart—Material 公司生产的型号为 M-8557-P1 的 MFC 元件，表 8.2 给出了实验过程中所使用的 MFC 的相关参数。

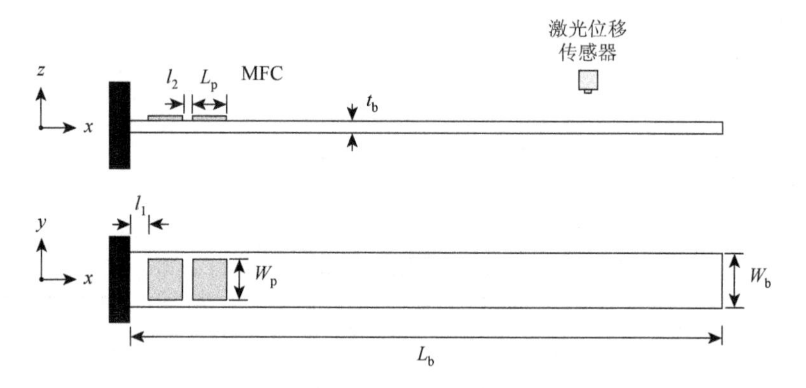

图 8.11　粘贴有 MFC 的压电智能柔性悬臂梁结构

表 8.1　柔性悬臂梁结构相关参数

参数	数值	参数	数值
长度 L_b	1 200mm	杨氏模量 E	72GPa
宽度 W_b	76mm	泊松比 υ	0.34
厚度 t_b	1.5mm	密度	2 700kg/m^3

表 8.2　实验用 MFC 相关参数

参数	数值
几何参数	103mm×64mm×0.3mm
有效几何参数（$L_p \times W_p \times t_p$）	85mm×57mm×0.3mm
间距 l_1	40mm
间距 l_2	20mm

续表

参数	数值
密度	5 440kg/m^3
泊松比	$\nu_{12}=0.31, \nu_{13}=0.31, \nu_{23}=0.3$
弹性常数	$E_{11}=30.336\text{GPa}, E_{22}=15.857\text{GPa}, E_{33}=12.857\text{GPa}$ $G_{12}=5.515\text{GPa}, G_{13}=5.515\text{GPa}, G_{23}=6.1\text{GPa}$
压电常数	$d_{33}=400\text{pC/N}, d_{31}=-170\text{pC/N}$
相对介电常数	$\varepsilon_{11}=\varepsilon_{33}=1800$

对悬臂梁的一阶模态振动进行对称 SSDV 和非对称 SSDV 的控制。由于 MFC 驱动器的固有电容较小，当开关切换频率较低时，驱动电压对电路漏电流的影响很敏感，在实验中为了减小泄漏的影响，在 MFC 压电元件两端并联了 1μF 的电容[3]。

（1）对称 SSDV 的控制效果。

首先以 0.98Hz 激励悬臂梁的一阶振动，MFC 用于控制结构的一阶振动。利用对称 SSDV 进行控制，当电压源的输出电压为 13.0V 时，获得的电压 V_{Mp}、$-V_{\text{Mn}}$、V_{sw}^{p}、V_{sw}^{n} 分别为 71.7V、–69.0V、74.8V 和–72.4V，获得了 7.2dB 的控制效果。

（2）非对称 SSDV 的控制效果。

相同实验条件下利用非对称 SSDV 对悬臂梁的单模态进行控制。在非对称电路中并联了 2μF 的旁路电容，以实现非对称电压。当电压源的输出电压为 13.8V 时，MFC 用于控制结构的一阶振动，电压 V_{Mp}、$-V_{\text{Mn}}$、V_{sw}^{p}、V_{sw}^{n} 分别为 90.2V、–52.6V、93.8V 和–53.4V。在非对称 SSDV 中，电压源的输出电压 13.8V，略高于对称 SSDV 控制中电压源的输出电压 13.0V，这是为了保证在两次不同方法控制中，具有相同的电压 $\hat{V}_{\text{sw}}$，即都为 73.6V。一阶振动降低了 5.9dB，与对称 SSDV 的控制效果相同。这也进一步通过实验证实了控制效果取决于电压 $\hat{V}_{\text{sw}}$。

当电压源的输出电压为 19.7V 时，非对称 SSDV 控制时产生的电压 $\hat{V}_{\text{sw}}$ 也进一步提高，控制效果较之前有很大的改善。一阶共振频率 0.98Hz 处的振动从 14.6dB 下降到–6.0dB，获得了 20.6dB 的控制效果。电压 V_{Mp}、$-V_{\text{Mn}}$、V_{sw}^{p}、V_{sw}^{n} 分别为 120.0V、–70.3V、124.7V 和–71.5V。切换电压 $\hat{V}_{\text{sw}}$ 从 73.6V 提高到 98.1V，但是最大负电压的幅值没有改变。这表明利用非对称 SSDV 控制电路，可以充分发挥压电元件的的驱动能力。利用对称 SSDV 和非对称 SSDV 对一阶单模态进行控制，其控制效果如表 8.3 所示。

表 8.3　一阶模态控制效果比较

一阶模态	V_{cc}/V	V_{Mp}/V	V_{mp}/V	V_{sw}^{p} /V	$-V_{Mn}$ /V	$-V_{mn}$/V	$-V_{sw}^{n}$ /V	$\hat{V}_{sw}$ /V	控制效果/dB
对称 SSDV	13.0	71.7	77.9	74.8	−69.0	−75.8	−72.4	73.6	−7.2
非对称 SSDV	13.8	90.2	97.4	93.8	−52.6	−54.3	−53.4	73.6	−7.4
非对称 SSDV	19.7	120.0	129.4	124.7	−70.3	−72.6	−71.5	98.1	−20.6

8.4 参考文献

[1] Feenstra J，Granstrom J，Sodano H. Energy harvesting through a backpack employing a mechanically amplified piezoelectric stack. Mechanical Systems and Signal Processing，2008，22（3）：721-734.

[2] 崔艳梅，冯宪章，张锐，等. 一种不对称电压驱动的压电陶瓷驱动器. CN，103066882A，2013-04-24.

[3] Sodano H A，Park G，Inman D J. An investigation into the performance of macro-fiber composites for sensing and structural vibration applications. Mechanical Systems and Signal Processing，2004，18（3）：683-697.

[4] Ji H，Qiu J，Zhang J，et al. Semi-active vibration control based on unsymmetrical synchronized switching damping：Circuit design. Journal of Intelligent Material Systems and Structures，2016，27（8）：1106-1120.